多媒体技术应用

主编　齐晓明

HEUP 哈尔滨工程大学出版社

内 容 简 介

本书分上、中、下三篇,上篇主要介绍多媒体基础知识、多媒体硬件设备、多媒体应用软件、课件及课件教学方法;中篇主要介绍图像获取与处理、动画获取与处理、视频获取与处理、音频获取与处理;下篇主要介绍应用 Flash 制作课件的方法。本书在内容的组织上符合教学及认知规律,针对高等师范的教学目标、学生职前教育的需要、学生具备的知识基础及接受能力的实际情况,科学地选择、编排了教学内容。本书内容翔实,图文并茂,并配有思考题和典型实例,具有很强的实用性和操作性。

本书适用于三年制(高中起点)和五年制(初中起点)大学专科初等(学前)教育专业的学生,包括普师、音乐、美术、体育、英语、双语、计算机各类专业的学生,其他专业的学生也可参考使用。

图书在版编目(CIP)数据

多媒体技术应用 / 齐晓明主编. — 哈尔滨:哈尔
滨工程大学出版社,2015.7(2021.6 重印)
ISBN 978 - 7 - 5661 - 1053 - 4

Ⅰ. ①多… Ⅱ. ①齐… Ⅲ. ①多媒体技术 - 高等学校
- 教材 Ⅳ. ①TP37

中国版本图书馆 CIP 数据核字(2015)第 162561 号

责任编辑 张淑娜
封面设计 恒润设计

出版发行	哈尔滨工程大学出版社
社　　址	哈尔滨市南岗区南通大街 145 号
邮政编码	150001
发行电话	0451 - 82519328
传　　真	0451 - 82519699
经　　销	新华书店
印　　刷	北京中石油彩色印刷有限责任公司
开　　本	787 mm × 1 092 mm　1/16
印　　张	19
字　　数	484 千字
版　　次	2015 年 8 月第 1 版
印　　次	2021 年 6 月第 5 次印刷
定　　价	40.00 元

http://www.hrbeupress.com
E-mail:heupress@ hrbeu. edu. cn

辽宁省师范（高职高专）院校

初等（学前）教育专业教材编写委员会

辽宁省师范（高职高专）院校

初等（学前）教育专业教材审定委员会

序　言

国家的兴盛在教育,教育的基础在教师。《中共中央国务院关于深化教育改革全面推进素质教育的决定》《国务院关于基础教育改革与发展的决定》及教育部颁发的《基础教育课程改革纲要》对教师教育提出了新的更高的要求。我省的教师教育已在"九五"计划期间进行了规模、布局和结构调整,平稳地由三级师范过渡为二级师范,大学专科初等(学前)教育专业已经成为我省培养小学、幼儿园师资的主要阵地。

但是,适合大学专科程度小学、幼儿园教师的培养模式还在探索中,适合这种模式的课程体系还在构建中,特别是适应这个专业的教材体系也在开发之中。

为适应形势的需要,在省教育厅的关怀指导下,辽宁省教育学会教师教育专业委员会联合全省17所院校共同发起成立了辽宁省师范(高职高专)院校初等(学前)教育专业教材编写委员会,联合编写大学专科初等(学前)教育专业系列教材,供我省大学专科初等(学前)教育专业各学科选用。

这套系列教材编写的指导思想是以"教育要面向现代化,面向世界,面向未来"为指针,以国家教育部下发的《关于加强专科以上学历小学教师培养工作的几点意见》为依据,以目前专科学历小学、幼儿园教师培养的研究与教学实践为基础,积极适应基础教育课程改革,吸引借鉴国内外小学、幼儿园教师教育新成果,构建具有先进性、时代性的初等(学前)教育专业的教材体系。新教材要体现改革精神;体现以学生为本的教育理念;体现思想性、科学性、师范性和整体性,树立精品意识。

本套系列教材的编写人员绝大部分是省内外师范高等专科学校的学科带头人,他们具有丰富的大专教学经验和较高的学术水平。全部书稿都经过了知名专家的审定。

本套系列教材适用于初中起点、五年制和高中起点、三年制大学专科初等(学前)教育专业的学生,包括普师、音乐、美术、体育、英语、双语、计算机各类专业的学生,其他专业的学生也可使用本套教材。

在教材编写的过程中,得到了省教育厅有关领导、省教育厅基础教育与教师教育处有关领导和省内有关学校的大力支持,在此一并表示诚挚的谢意。

辽宁省师范(高职高专)院校初等
(学前)教育专业教材编写委员会
2015年1月

编 写 说 明

21世纪,人类社会正处在由工业化向信息化飞速发展的重要时期。信息时代的到来不但极大地改变着人们的生产方式和生活方式,而且极大地改变着人们的思维方式和学习方式,并促进学校教育越来越走向网络化、国际化、虚拟化和个性化。一种全新的教育理念、全新的教育形式、全新的基础教育课程改革,正有力地推动着现代教育技术向纵深发展。如今,教育的实践领域不断拓宽,教育的手段日趋先进,教育的知识和内容丰富多彩,教学设备的综合、人机对话的结合、教师素质的整合,已引发应用现代教育技术的新的浪潮。对传统的教育方式既是严峻的挑战,又是千载难逢的发展机遇。新时期对教师的素质和教师的能力提出了更高的期盼,本书就是在新一轮基础教育改革伊始、适应教育发展的新形势而编写的。

本书力求紧密结合教育现代化的现状,针对高等师范的教学目标、学生职前教育的需要、学生具备的知识基础及接受能力的实际情况,科学地选择、编排了教学内容。教材阐述力求简明具体,文字表达力求通俗易懂。既注重了前瞻性、科学性、师范性的特点;又注重了普及性、实用性和可操作性的统一。

本书是在辽宁省教育厅基础教育教师教育处和省教育学会教师教育专业委员会指导下编写的,供全省大学本科和专科小学教育专业教学使用,同时也可作为中小学教师自学的参考资料。

本书分上、中、下三篇,上篇主要介绍多媒体技术、课件及课件教学方法;中篇主要介绍多媒体课件素材的采集和制作;下篇主要介绍应用 Flash 制作课件的方法。

本书由齐晓明编写。在编写这本教材的过程中,参考了有关课件制作专家及名师的书籍和资料,得到了辽宁省教育厅基础教育教师教育处、辽宁省教育学会教师教育专业委员会及部分师范院校的大力支持,特别得到刘永刚老师无私的帮助,在此一并表示衷心的感谢。

由于编写时间仓促,难免存在错误和疏漏,恳请专家、同仁赐教指正。

编 者

2015 年 1 月

目　　录

上　　篇

中　　篇

下　篇

上　篇

第1章　多媒体技术

1.1　教育技术概述

1.1.1　现代教育技术的定义

1. AECT'94 定义

美国教育传播与技术协会(the Association for Educational Communications and Technology)在 1994 年给出现代教育技术的定义:

Instructional technology is the theory and practice of design, development, utilization, management, and evaluation of processes and resources for learning.

—— AECT'94

教学(教育)技术是关于学习过程和学习资源的设计、开发、运用、管理和评价的理论与实践。

——美国教育传播与技术协会(1994)

2. 教育技术 AECT'94 定义的内涵

教育技术是人类教育活动中所采用的一切技术和方法的总和,可分为有形的和无形的两类,而非仅指用于教育的媒体和手段。

(1)研究形态

理论与实践并重,以系统理论、教育理论、学习理论、传播理论为理论基础,以先进理论指导教学实践活动。

(2)研究内容

设计:教学系统设计、信息设计、教学策略设计、学习者特征分析。

开发:把设计方案转化为物理形态。

运用:媒体的运用、革新与推广、实施和制度化、政策和法规等。

管理:包括项目管理、资源管理、教学系统管理和信息管理等。

评价:问题分析、参照标准评价、形成性评价和总结性评价等。

(3)研究对象

学习过程作为研究和实践的对象,标志着教育技术在观念上从传统的"教"向"学"转移。学习资源极大丰富,为优化学习过程提供了必要条件。

3. 教育技术的新定义

Educational technology is the study and ethical practice of facilitating learning and improving performance by creating, using and managing appropriate technological processes and resources.

——AECT'05

　　教育技术是通过对与指定目标合适一致的技术过程和资源进行合理的创建、利用和管理,从而促进学习,改善绩效的研究与合乎规范的实践。

——美国教育传播与技术协会(2005)

　　教育技术 AECT'94 和 AECT'05 的比较见表 1－1。

表 1－1　教育技术 AECT'94 和 AECT'05 比较

时间 / 类别	1994	2005
名称	教学技术	教育技术
研究范畴	设计、开发、利用、管理和评价	创建、利用、管理
研究对象	过程和资源	适当的技术、过程和资源
研究目标	优化学习	促进学习和提高绩效
研究领域	理论和实践	研究与合乎规范的实践

1.1.2　教育技术的发展与趋势

　　美国教育技术的发展史见表 1－2。

表 1－2　美国教育技术的发展史

阶段	时间	媒体介入	理论
萌芽阶段	19 世纪末	幻灯机	视觉教育
起步阶段	20 世纪 20—30 年代	无声电影、播音	视觉教育
快速发展阶段	20 世纪 30—50 年代	有声电影	视听教育
系统发展阶段	20 世纪 50—60 年代	电视、计算机、卫星	视听传播
网络信息发展阶段	20 世纪 70 年代至今	互联网、智能通信设备	教育技术

　　我国从"电化教育"(20 世纪 30 年代)到"教育技术"(20 世纪 90 年代)经历了曲折的发展过程(表 1－3)。

表 1－3　我国教育技术的发展史

阶段	时间	媒体介入	理论
萌芽阶段	20 世纪 20 年代	幻灯机	视觉教育
起步阶段	20 世纪 20—30 年代	无声电影、播音	播音教育
快速发展阶段	20 世纪 50 年代	有声电影	视听教育
系统发展阶段	20 世纪 80—90 年代	电视、计算机、卫星	电化教育
网络信息发展阶段	20 世纪 90 年代至今	互联网、智能通信设备	教育技术

　　教育技术的发展趋势如下:
　　(1)教育技术作为交叉学科的特点将日益突出。
　　(2)教育技术将日益重视实践性和支持性研究。

（3）教育技术的手段将日益网络化、智能化、虚拟化。

（4）教育技术将日益关注技术环境下的学习心理研究。

思考与练习

1. 简述现代教育技术的内涵。

2. 简述美国教育技术发展史。

1.2　多　　媒　　体

1.2.1　多媒体的概念

多媒体是当今信息时代伴随着计算机应用日益普及于社会各个领域而迅速流行起来的专业术语。从语言学的角度来看，它分为两部分："多"和"媒体"。"多"意味着不止一个；"媒体"的含义是指中介物、媒介物、传递信息的工具等，因此它是以某种物质形态为标志的，如报纸、书刊、电视、广播、电话、录音及幻灯片、投影片等，具有储存、处理和传递信息的功能。从此意义上可知，常规的"多媒体"是指多种物化的信息传递工具和手段组合。

随着计算机技术和通信技术的发展，使人们有能力把各种非数值媒体信息在计算机内均以数字形式表示，并综合起来形成一种全新的媒体概念——计算机多媒体。由此把原来只能承担数值运算任务的计算机发展成为能对文本、图形、图像、音频、活动视频和动画等多种非数值信息进行加工、处理、呈现和传输的综合性工具。因此，在以计算机为核心的信息技术领域，"媒体"有两层含义：一是指用来存储信息的物理实体，如磁带、磁盘、光盘和半导体存储器等；二是信息表达和传播的非实物载体，如数字、文本、声音、图形、图像、活动视频和动画等。多媒体计算机技术中的"媒体"通常是指后者，显然，计算机领域中的"多媒体"就成为有别于常规"多媒体"的专门术语，具体是指文本、声音、图形、图像、活动视频和动画等多种非数值信息的表现形态以及处理、传递和呈现这些信息内容的工具和手段的集成。

1.2.2　多媒体信息

1. 文本

文本是指以文字和各种专用符号表达的信息形式，它是现实生活中使用得最多的一种信息存储和传递方式，如各种报刊、杂志、印刷书籍和教材等都是文本的载体。人类使用文字来传情达意已经有六千多年的历史了，在各种现代文化中，阅读和写作的能力都被看作是普及性的技能。在众多的教学媒体中，文字也一直被认为是最基本、最重要的教学信息传播媒介，从整个传播来看，仍然占据着重要的地位。文本也是多媒体应用系统中不可缺少的信息表达形式。文本信息使用范围广，属于抽象层次。用文本表达信息给人充分的想象空间，它主要用于对知识的描述性表示，如阐述概念、定义、原理和问题以及显示标题、菜单等内容。文本信息的制作处理比较简单，可通过键盘输入、扫描输入或直接由多媒体编辑软件制作。

2. 图像

图像是多媒体软件中最重要的信息表现形式之一，是决定一个多媒体软件视觉效果的关键因素。图像也是信息容量较大的一种信息表现形式,它可以将复杂和抽象的信息非常直观形象地表达出来,有助于分析理解内容、解释观点或现象,是常用的媒体元素。运用图像表述事物信息,可根据具体内容,采用客观真实的实物实景图片、简洁鲜明的绘图、装饰性图案或形象性的标志等不同形式。图像还为应用系统实现美观的界面提供了强大有力的手段。在多媒体课件中图像具有吸引学生的注意力、图像化交互界面、操作简单方便、信息表现直观形象、能帮助学生更好地理解教学内容、提高学生的想象力和为学生创建更逼近现实的学习环境等方面的特点。

3.动画

动画是利用人的视觉暂留特性,快速播放一系列连续运动变化的图形图像,也包括画面的缩放、旋转、变换、淡出/淡入等特殊效果。使用得当的动画可以增强多媒体软件的视觉效果,起到强调主题、增加趣味的作用。

在多媒体课件中,利用动画可模拟演示一些现实生活中无法观察或比较抽象、用实验方法难以表现的有关理论和现象的变化过程。通过动画可以把抽象的内容形象化,使许多难以理解的教学内容变得生动有趣,达到事半功倍的效果。

4.声音

声音是人们用来传递信息、交流感情最方便、最熟悉的方式之一。多媒体系统中的声音主要有两方面的特性:瞬态性和顺序性。通常屏幕上的视觉信息(文本、图形)可以根据需要而保持,学习者可以观看这些信息的显示,一直到它们移开为止。但声音信息就不行,声音一产生就很快消失了,这就是声音的瞬态性。声音的另一个特性是它的顺序性,如果你正在听一段句子,是不可能在句子的后半段听到句子的前面部分的。

在多媒体的课件中,声音可以用多种形式来传播,通常可按其表达形式分为讲解、音乐、效果三类。

讲解是以自然语言的方式对屏幕内容进行解说和叙述,它可以强化刺激,吸引学生的注意力。课件中讲解的声音要亲切、自然,使学习者感觉像老师在热情、耐心、细致地讲课一样。或快或慢,有的地方提出重点,有的地方轻描淡写,要避免单调呆板、平铺直叙。

音乐是通过节奏、旋律、和声、音色等音乐手段塑造形象、表达思想情绪的一种情感叙述方式。多媒体课件中适当编配音乐,能深化主题、烘托渲染气氛。

效果是片段地模拟大自然、高度抽象地反映社会生活的某种事实和人类情感的声音。如刮风的声音、鸟叫的声音、哭声、笑声、欢乐声和恐怖声等。

5.视频影像

视频影像是多媒体课件中的一种重要的媒体元素,一般是通过数字摄像或电视摄像获取。它具有顺序性与丰富的信息内涵,常用于交代事物的发展过程。在多媒体课件中加入视频影像,可以更有效地表达有关内容及所要表现的主题,观看者通过视频的引导可以加深对所看内容的印象。视频信息有声有色,在多媒体中充当起重要的角色。

思考与练习

1.什么是多媒体?

2.多媒体一般包括哪些媒体信息?

1.3 多媒体技术

1.3.1 音频技术

音频技术主要包括四个方面:音频的数字化、语言处理、语音合成及语音识别。

音频技术的数字化就是将连续、模拟的音频信号等价地转换成离散的数字音频信号,以便利用计算机进行处理。音频信息处理主要集中在音频信息压缩上,例如,目前最新的语音压缩算法可将声音压缩6倍以上。

1.3.2 视频技术

视频技术包括两个方面:视频信号的数字化和视频编码技术。

视频数字化的目的是将模拟视频信号经 A/D(模/数)转换和彩色空间变换,转换成多媒体计算机可以显示和处理的数字信号。视频编码技术是将数字化的视频信号经过编码成为电视信号,从而可以录制到录像带中或在电视系统中播放。

1.3.3 数据压缩和解压缩技术

数据压缩技术是多媒体技术发展的关键所在,是计算机处理语音、静止图像和视频图像数据以及进行数据网络传输的重要基础。许多多媒体类型的数据文件是非常庞大的。例如,10 s 的声音段要占用 1 720 KB 的磁盘空间,一段 1 min 的音乐电视图像则要消耗超过400 MB 的磁盘空间。如此之大的数据量不仅超出了当前计算机的存储能力,更是当前通信信道的传输速率所无法接受的。因此,为了使这些数据能够在多媒体计算机中进行存储、处理和传输,必须进行数据压缩。

数据是信息的载体,它是用来记录和传送信息的。真正有用的不是数据本身,而是数据所携带的信息。信息量等于数据量加数据冗余量。如何压缩图像和语音数据中的冗余量,这是多媒体数据压缩技术的主要任务。因此,首先必须搞清楚多媒体数据中数据冗余的类型,从而采取相应的数据压缩技术与方法。

压缩有无损压缩和有损压缩之分。无损压缩是指压缩后的数据经解压后还原得到的数据与原始数据相同,不存在任何误差,但压缩率不是很高。常用的无损压缩方法有Shannon Fano 编码、Huffman 编码、行程长编码、LZW 编码和算术编码等。有损压缩是指压缩后的数据经解压缩后,还原得到的数据与原数据之间存在一定的差异。由于允许存在一定的误差,因而这类技术往往可以获得较大的压缩比。压缩和解压缩是一对作用互逆的运算过程。

1.3.4 大容量光学存储技术

光学存储技术是通过光学的方法读出(有时也包括写入)数据,由于它使用的光源基本上是激光,所以又称为激光存储。

在多媒体计算机系统中,数字化的媒体信息虽然经过压缩处理,但仍然包含了大量的数据,而且硬盘存储器的存储介质是不可交换的,不能用于多媒体信息和软件的发行。因此,只有采用大容量光学存储技术才能解决这一问题。在光学存储技术中通常是采用大容量光盘（CD－ROM），每张CD－ROM光盘的外径为5 in①，可存储约600 MB的数据，并像软盘片那样可用于信息交换。VCD和DVD都是光学存储媒体，但DVD的存储容量和带宽都明显高于VCD，VCD和DVD盘片的尺寸与CD相同，但其存储容量比现在的CD盘片大得多。

1.3.5　超文本和超媒体链接技术

多媒体技术和超媒体是密不可分的，正是超媒体信息处理技术使得多媒体信息的高效存取和浏览成为可能，已广泛应用于多媒体信息处理的各个方面，也是编制优质多媒体课件的主要方法。

超媒体概念的前身是超文本。超文本是一种新颖的文本信息管理技术，是一种典型的数据库技术。它是一个非线性的结构，以结点为单位组织信息，在结点与结点之间通过表示它们之间关系的链加以连接，构成表达特定内容的信息网络，这种表达信息方式不仅是文字，还包括图像和声音等形式，称为超媒体系统。使用者可以有选择地查阅自己感兴趣的文本。比如，常用的Windows系统中的帮助系统，就是采用超文本方式来有机地组织帮助信息的。只需点击窗口中处于高亮状态的术语，就可看到相应的定义描述，这与人类的联想记忆方式十分类似。

随着多媒体技术的发展，超文本结点中的文本已经可以是图形、音频和视频等信息，多媒体与超文本的结合产生了超媒体概念。换言之，用超文本方式组织和处理多媒体信息就是超媒体。超媒体的本质是相互作用和探索性，其特征在于所包含的信息是以多种形式出现的，而且以非线性方式进行控制。

超媒体技术可以十分高效地组织和管理具有逻辑关系的大容量多媒体信息，例如，多媒体课件、百科全书和参考类CD－ROM光盘的信息都是由超媒体技术来组织的。另外，超媒体也是Internet上流行的信息检索技术。与普通超媒体有所不同的是，在这里，对于各个网络结点的链接，不但可以是指向同一场所的另一篇文本、声音、图形或图像，而且可以是指向网络上不同地点的资源，这种链接又称为超链接。超媒体技术环境突破了纸张印刷品严格的序列形式，也突破了一般视频技术的线性呈现方式，可以随机访问，并且其多路径的性质使得学习者能够随机地获取大量的信息。

1.3.6　媒体同步技术

在多媒体技术系统所处理的信息中，各个媒体都与时间有着或多或少的依从关系，例如图像、语音都是时间的函数。在多媒体应用中，通常要对某些媒体执行加速、放慢、重复等交互性处理。多媒体系统允许用户改变事件的顺序并修改多媒体信息的表达。各媒体具有本身的独立性、共存性、集成性和交互性。系统中各媒体在不同的通信路径上传输，将分别产生不同的延迟和损耗，造成媒体之间协同性的破坏。因此，媒体同步也是多媒体技术中的一个关键问题。

多媒体系统中有一个"多媒体核心系统"（即多媒体操作系统）就是为了解决文字、声音、图形和图像等多媒体信息的综合处理，解决多媒体信息的时空同步问题。例如，在视频图像以30帧/秒的速率播放时，要求声音实时处理同步进行，使得声音和视频图像的播放不

---

① 　1 in = 0.025 4 m。

能中断,这就需要支持对多媒体信息进行实时处理的操作系统。

1.3.7　多媒体网络技术

要充分发挥多媒体技术对多媒体信息的处理能力,必须与网络技术结合。多媒体信息要占用很大的存储空间,即使将数据压缩,对一台多媒体计算机来说,要获得丰富的多媒体信息仍然有困难。此外,在多个平台上独立使用相同数据,其性价比小。特别是在某些特殊情况下,要求许多人共同对多媒体数据进行操作时,如远程教学、电视会议等,不借助网络就无法实施。

多媒体网络通信分同步通信和异步通信。同步通信主要在电路交换网络的终端设备间交换实时语音、视频信号,它应能满足人体感官分辨力的要求。异步通信主要在成组交换网络上异地提供同步信道和异步信道。

多媒体网络技术的使用,使多媒体技术在通信技术和广播电视声像技术的基础上飞速发展,日臻成熟,它将数字音频、数字视频及其他多种最先进的技术与计算机融合在一起,为计算机对多媒体的处理展现了一个新领域。

思考与练习

1. 视、音频信号在计算机上是如何处理的?
2. 多媒体信息是如何在网络上传输的?

1.4　多媒体计算机的基本配置

1.4.1　多媒体计算机的硬件

1. 音频卡

音频卡用于处理音频信息。它可以把话筒、录音机、电子乐器等输入的声音信息进行模/数转换、压缩等处理,也可以把经过计算机处理的数字化的声音信号通过还原(解压缩)、数/模转换后用扬声器播放出来,或者用录音设备记录下来。

2. 视频卡

视频卡主要是用来支持视频信号的输入与输出。这里所说的视频信号是指电视图像之类的活动图像信号。视频卡可以对模拟的视频信号采样,对数字化的图像数据进行压缩与还原。

3. 视频采集卡

视频采集卡能将电视信号的某一特定帧的画面或一段连续画面转换成计算机的数字信号,便于计算机及有关软件对转换后的数字信号进行剪辑处理、加工和色彩控制。目前,一些带 TV 输出的高级显示卡具有视频采集卡的部分功能。

4. 扫描仪

扫描仪可以作为计算机的"眼睛"输入各种图文资料。它通过数以千计的类似于人眼感光细胞的感应体(CCD 器件),完成光电转换作用。置于扫描仪内部的 CCD 器件,通常排成一个线状的线性阵列。扫描光源通过待扫材料,再经一组镜面反射到 CCD,CCD 器件将不同强弱的亮度信号转换为不同大小的电信号,最后经 A/D 变换,产生一行图像数据,然后随着扫描光源与待扫材料的相对运动,完成整个图像的扫描过程。

5. 数码相机

数码相机又称数字相机,是利用数字技术研究出来的新型相机。其主要功能包括:

(1)操作简单,利用数码技术变焦,减小了相机的体积。

(2)可选择拍摄质量,可根据要求选择拍摄影像质量。

(3)可视、音录制,具备视频录制和同期录音功能,并有视频输出接口。

(4)具有预览功能,在液晶屏上观看构图效果,待画面理想时及时按动快门拍摄。

(5)可以即拍即现,拍摄之后能立刻在液晶屏上浏览,若拍摄不理想,可以随时重拍。

(6)具备白平衡选择功能。图 1-1 所示为数码相机应用程序。

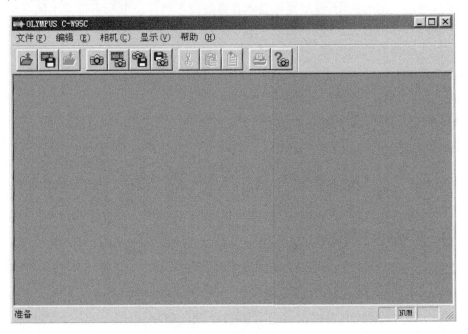

图 1-1　数码相机应用程序

6. 可读写光盘驱动器

可读写光盘驱动器,又称光盘刻录机。一般多媒体计算机中的光驱为 CD - ROM 驱动器,它只能读取 CD - ROM 盘片中的信息,对于主要以具备交互播放功能为主的教育、培训系统而言,CD - ROM 光驱可满足使用要求。但对于具有编辑和播放双重功能的开发系统而言,往往需要将硬盘中的多媒体信息输出,以便存储信息、集中合成或外出交流等。因此,在这种情况下就需要配备可读写光驱,存储大量信息。

1.4.2　多媒体计算机软件

每种类型的素材,一般都有多种工具软件用来制作和编辑。常用的素材编辑软件包括:

1. 声音编辑软件 Cool Edit Pro

Syntrillium 公司的 Cool Edit Pro 2.1 是一个很不错的声音编辑软件,用它录制、编辑和播放声音十分方便。Cool Edit Pro 的编辑界面如图 1 – 2 所示。

图 1 – 2   Cool Edit Pro 的编辑界面

Cool Edit Pro 的编辑界面的中间是波形显示窗,其中上面是左声道波形;下面是右声道波形;左下角是播放 CD 的控制面板。Cool Edit Pro 的编辑实例如图 1 – 3 所示。

图 1 – 3   Cool Edit Pro 的编辑实例

Cool Edit Pro 编辑声音的功能很强。例如,通过麦克风录制声音;通过播放 CD 而录制声音;转换声音文件的格式;剪辑波形;给波形加上回声,插入静音、消音、淡入、淡出、扩音以及反向播放等。

Cool Edit Pro 操作十分简便。例如,要去掉某段波形,只需通过鼠标拖动选中该段波形,再单击工具栏中的剪切按钮即可。

在录制声音时,采样位数与采样频率的确定是十分关键的。一般说来,采样频率越高、量化位数越大,声音质量就越好,但相应的数字文件也越大。

2. 绘图软件 CorelDRAW

CorelDRAW 是矢量图形制作、编辑软件,CorelDRAW 11 的编辑界面如图 1 - 4 所示。界面中间是绘图窗口,它相当于画家手中的画纸,其中的长方形称为绘图页面,它相当于正式画纸,旁边的是辅助画纸,一般情况下,只有在绘图页面中绘制的图形才能打印。

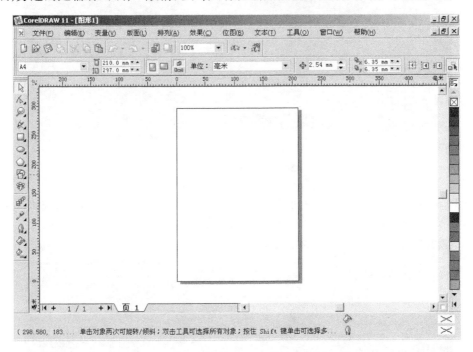

图 1 - 4　CorelDRAW 11 的编辑界面

图像处理软件 Photoshop 擅长的是位图处理,而 CorelDRAW 擅长的是矢量图形的制作和处理。作为图像处理软件,它们的界面、使用方法等,都有许多相似之处。因此,学习了其中一个软件之后,再学习另外一个软件就比较容易了。

3. 二维动画制作软件 Flash 8

Flash 动画由矢量图形组成,内容丰富多彩,而生成的文件却很小。Flash 采用流技术,可以边下载边播放,如果速度控制得当,用户根本感觉不到文件的下载过程。因此,越来越多的人喜欢用 Flash 制作网页和多媒体课件,以便通过网络进行交流。如图 1 - 5 所示为Flash 操作界面。

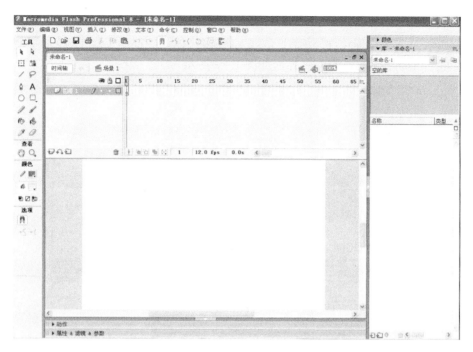

图1-5 Flash 8 操作界面

4. 三维动画制作软件 3ds max

3ds max 具有建立高分辨率 3D 模型、着色投影、材质编辑、动画处理、生成、后期剪辑等强大功能。3ds max 6.0 的编辑界面如图1-6所示。

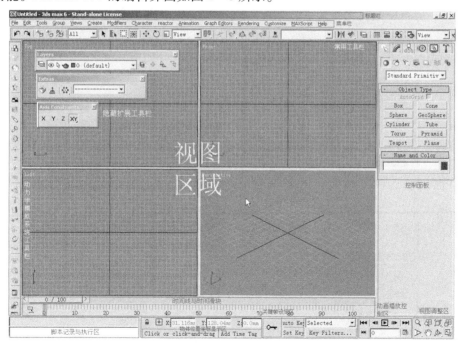

图1-6 3ds max 6.0 的编辑界面

5. Photoshop 及图像编辑

Photoshop 是图像处理软件,功能非常强大,在多媒体课件创作工程中,经常用 Photoshop 来编辑素材。Photoshop 6.0 的编辑界面如图 1-7 所示。

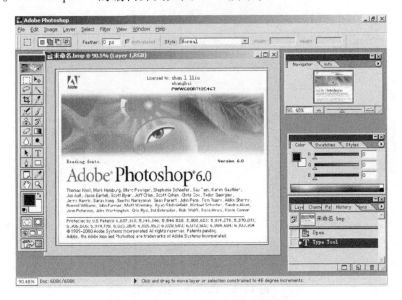

图 1-7　Photoshop 6.0 的编辑界面

6. 视频编辑软件 Premiere

Premiere 是著名视频编辑软件,可以在原始视频播放过程中捕捉任何视频画面并加以编辑;在同一屏幕中把视频与文字、图形、动画进行连接;在为视频图像配音时,具有提供多轨及其切换的功能,可以选择音响或多重语言播放;可以精确剪辑视频素材;涉及视频的淡入、淡出和特技效果;可进行视频格式转换等。Premiere 60 的编辑界面如图 1-8 所示。

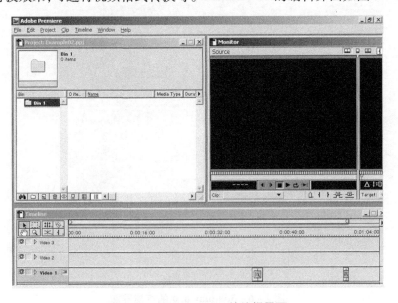

图 1-8　Premiere 6.0 的编辑界面

思考与练习

1. 简述多媒体计算机的配置。

2. 各种素材的常用编辑软件有哪些？

1.5 多媒体教室

1.5.1 投影机

投影机是本系统中最重要的设备之一,所以投影机的好坏直接关系到系统的整体效果。主要技术指标:亮度,以流明为单位,专业多媒体教室一般要在 3 000 lm 左右,普通多媒体教室要在 2 000 lm 以上;分辨率,一般用 1 024 × 768 为好。投影机分为工程机和便携机。工程机适于安装在教室内,便携机适于移动使用。

1.5.2 视频展示台(NEWTEK IIIA)

视频展示台又叫作实物展台,它的出现渐渐取代了传统的胶片投影仪/幻灯机的大部分作用。视频展示台不但能将胶片上的内容投到屏幕上,而且可以将各种实物,甚至可活动的图像投到屏幕上。它的应用范围也大大超出传统的幻灯机。

视频展台搭配投影机在教学中的应用可以称得上完美组合。展台上的文档、实物、实验活动等都可以通过大屏幕投射出来,让观看者得到视觉上的享受。视频展台有多种设计:"双侧灯台式""单侧灯台式",以及带液晶监视器的展台、可以接驳计算机进行数据交换(计算机通过视频捕捉卡连接展台,通过相关程序软件可将视频展台输出的视频信号输入计算机进行各种处理)等。

1.5.3 集中控制器

集中控制器是指将投影仪、视频展台、计算机、银幕、影碟机等设备集中控制的设备,可完成银幕升降、信号切换、设备开关机、影碟机播放控制等操作。已经广泛应用于各种电化教室、多媒体会议室、演播厅等场合。集中控制器具有红外学习功能,可学习记忆各种设备的遥控代码,实现对各种设备的遥控。

1.5.4 多媒体教室的使用

1. 液晶投影仪的使用

现以 LVP - X400BU 型液晶投影仪为例介绍其功能和使用方法。

(1)外部各主要操作部件的名称及作用(如图 1 - 9 所示)

①电源键:用于打开光源灯。

②声音(VOLUME)控制" - "键:减小音量。

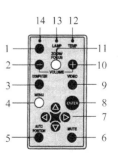

图 1 - 9 液晶投影仪的操作板

③计算机信号键(COMPUTER):选择计算机送来的信号。

④菜单键(MENU):进入菜单状态。

⑤自动定位键(AUTO POSITION):信号源为 COMPUTER 而图像未在正确位置时调整图像位置用。

⑥静音键(MUTE):使图像和声音暂时消失/再次出现。

⑦方向键:菜单操作时用。

⑧输入键(ENTER):菜单操作时用。

⑨视频信号键(VIDEO):选择 AV 设备送来的信号。

⑩声音(VOLUME)控制"＋"键:增大音量。

⑪变焦/聚焦(ZOOM/FOCUS)键:用于调整图像的大小和清晰度。

⑫温度指示灯(TEMP):指示投影仪温度状态。

⑬光源灯指示灯(LAMP):指示投影仪光源工作状态。

⑭电源指示灯:指示投影仪电源工作状态。

(2)端子板(接口板)各主要部件名称及作用(图 1 - 10)

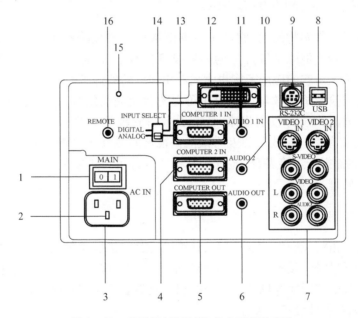

图 1 - 10　端子板(接口板)各主要部件名称

①主电源开关:打开、关闭主电源。

②接地端:电源接地。

③电源插座:接电源线。

④计算机输入 2 端口(COMPUTER 2 IN):输入计算机送来的信号(与具有小型 D - SUB15 针接口的计算机连接)。

⑤计算机输出端口(COMPUTER OUT):输出计算机信号。

⑥音频输出插孔(AUDIO OUT):输出声音信号。

⑦视频/音频输入端口:输入 S 视频、视频、音频信号。

⑧USB 端子:用投影仪遥控器作计算机的鼠标时,用此端子连接带有 USB 接口的计

算机。

⑨RS-232C 端口:用投影仪的遥控器作计算机的鼠标时,用此端子连接带有 PS/2 接口的计算机。

⑩计算机音频输入 2 插孔(AUDIO 2 IN):输入计算机送来的声音信号。

⑪计算机音频输入 1 插孔(AUDIO 1 IN):输入计算机送来的声音信号。

⑫计算机输入 1 端口(COMPUTER 1 IN):输入计算机送来的信号。

⑬计算机输入 1 端口(COMPUTER 1 IN):输入计算机送来的信号(与具有小型 D-SUB15 针接口的计算机连接)。

⑭输入选择开关(INPUT SELECT):选择数字或模拟信号。

⑮复原键:菜单不动作时,按此键。

⑯有线遥控器插孔(REMOTE):接有线遥控器。

(3)液晶投影仪的线路连接

①与 VCD/DVD/录像机等视频设备的连接。

a.视频、音频连接方式,如图 1-11 所示。

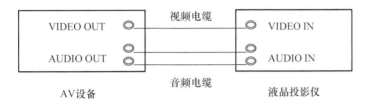

图 1-11　液晶投影仪与 AV 设备的连接

b.S 端子视频、音频连接方式,如图 1-12 所示。

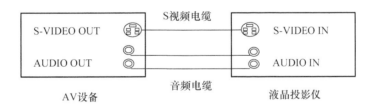

图 1-12　液晶投影仪与 S 端子视频、音频设备的连接

②与计算机的连接,如图 1-13 所示。

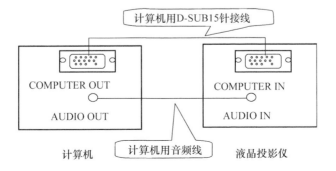

图 1-13　液晶投影仪与计算机的连接

（4）液晶投影仪的操作

①接通电源，打开主电源开关，投影仪进入待机模式。

②按主机或遥控器上的电源键，打开投影仪电源（按电源键后投影仪需经过一段时间预热后屏幕上才出现画面）。

③按 COMPUTER 或 VIDEO 键选择所需的外接信号源，COMPUTER 键用于选择计算机送来的信号，VIDEO 键用于选择 AV 设备送来的信号。

④按菜单（MENU）键进入菜单，可以设置相应选项，如画面亮度、对比度、色彩、梯形修正、影像倒置等。

⑤按 ZOOM/FOCUS 键，可以设置画面大小和清晰度。按此键当屏幕上出现"ZOOM"时，用" + "" - "键调节画面大小；再按此键，当屏幕上出现"FOCUS"，用" + "" - "键调节画面清晰度。

⑥按音量" + "" - "键，调节扬声器音量。

⑦放映完毕，按电源键，屏幕出现提示后再按电源键关闭光源灯（此时排风扇将继续工作一会儿以冷却光源灯和 LCD 板）。

⑧关闭主电源开关。

2．视频展示台的使用

现以 AV - P850CE 视频展示台为例讲解其主要功能和使用方法。

（1）外部主要操作部件的名称及功能

①主机各部件名称，如图 1 - 14 所示。

②操作面板各按钮名称及功能，如图 1 - 15 所示。

a. 变焦按钮（ZOOM）：用于改变显示图像的大小。

b. 自动聚焦按钮（AUTO FOCUS）：用于启动自动聚焦功能。

c. 手动聚焦按钮（MANUAL FOCUS）：用于手动调节聚焦功能。

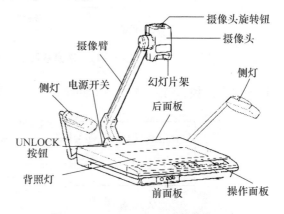

图 1 - 14　AV - P850CE 视频展示台主机各部件名称

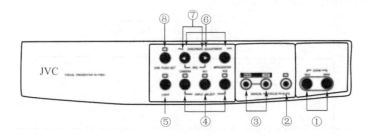

图 1 - 15　AV - P850CE 视频展示台操作面板各按钮名称

d. 输入选择按钮（INPUT SELECT）：用于选择信号输入系统。

　　e.照明按钮(LIGHT):用于开关侧灯和背照灯。

　　f.屏幕调整按钮(ONSCREEN ADJUSTMENT):通过屏幕显示菜单调整或设定摄像部分时使用。

　　g.光圈按钮(IRIS):用于调整图像的明暗程度。

　　h.单触设定按钮(ONE PUSH SET):可用单触设定方式调整白平衡。

　　③后面板各接口的名称及功能,如图 1-16 所示。

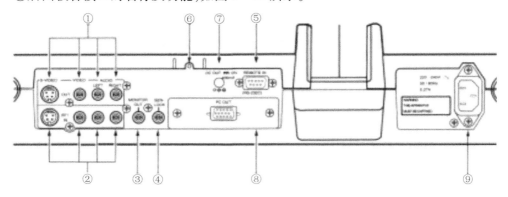

图 1-16　AV-P850CE 视频展示台后面板各接口的名称

　　a.视频/音频输出端(VIDEO/AUDIO OUT):输出 INPUT SELECT 选择的输入信号。

　　b.视频/音频输入端(VIDEO/AUDIO IN):输入来自 AV 设备的 S 视频、复合视频和音频信号。

　　c.监视器输出端子(MONITOR OUT):可连接液晶显示器(AV-Z7)。

　　d.同步耦合端(GENLOCK):使展台与其他机器同步时使用此端。

　　e.遥控输入端(REMOTE IN):用于连接控制展台的计算机。

　　f.液晶显示器安装座:用于安装液晶显示器。

　　g.直流输出端(DC OUT):液晶显示器(AV-Z7)的电源插座。

　　h.数字信号输出端(PC OUT):用于连接计算机。

　　i.交流电源输入端(AC IN):交流电源插座。

　　(2)视频展示台的操作

　　①打开摄像臂、侧灯。

　　②调整摄像头的方向,使其面向平台。

　　③接通电源。

　　④若显示实物,须按 INPUT SELECT 钮选择 CAMERA 信号并将被展示物放在平台上,按 ZOOM 钮调整图像大小至合适(聚焦自动调整),若光线暗,应打开侧灯;若展示透明物,须打开背照灯;若展示幻灯片,须打开侧灯并将幻灯片插入幻灯片架。

　　⑤若显示其他视频媒体送来的信号,须按 INPUT SELECT 钮选择 AV1 或 AV2 端输入的信号。

　　⑥显示完毕,关闭电源,收好摄像臂及侧灯。

　　3.集中控制器的使用

　　(1)系统连接图

　　集中控制系统连接图如图 1-17 所示。

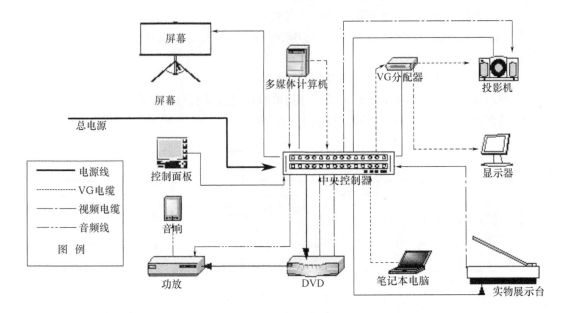

图1-17　集中控制系统连接图

（2）集中控制器的操作

集中控制器有两种使用方法：一种是利用操作面板控制多媒体教学设备；另一种是利用计算机中控管理软件，管理多媒体教学设备。

现以"USER MANUAL"中控为例介绍中控使用方法。

①操作面板使用方法

操作面板如图1-18所示。

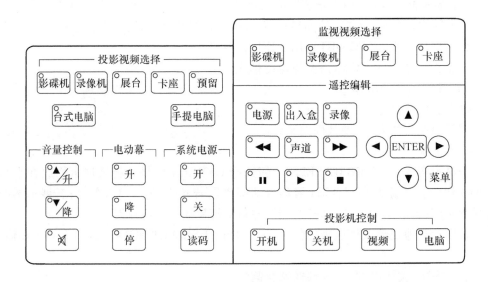

图1-18　操作面板

a. 投影视频选择：用于切换不同的视、音频信号源。按影碟机键，影碟机的视、音频信号将由投影机和音箱播放出去。按台式电脑键,台式电脑的视、音频信号将由投影机和音箱播放出去。

　　b.音量控制:是控制音箱的声音的大小。

　　c.电动幕:是控制银幕的升降。

　　d.投影机控制:用于控制投影机的电源开关机和投影机的输入信号。

　　e.监视视频选择:用于将所示通道的视、音频信号直接切换出监视通道。

　　f.遥控编辑:用于编辑和控制影碟机、录像机、录音卡座等设备的播放。

②计算机控制系统介绍

系统界面如图 1 – 19 所示。

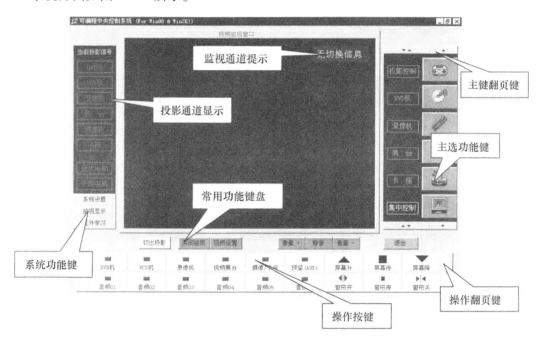

图 1 – 19　系统界面图

　　使用中鼠标点按相应的按键,就可进行相应的操作。如银幕上升,就点屏幕上升按键;银幕下降,就点下降按键。使用比较简单。

　　思考与练习

　　1.多媒体教室一般需配备哪些设备?

　　2.练习常用设备的连接。

第 2 章　多媒体课件

2.1　多媒体课件的概念及类型

2.1.1　多媒体课件的概念

1. 多媒体课件的概念

多媒体课件是根据一定的教学目标,表现特定教学内容,反映一定教学策略的多媒体应用软件。根据其功能可以分为展示型多媒体课件、交互型多媒体课件和网络型多媒体课件等。

多媒体教学课件由文本、图形、动画、声音、视频等多种媒体信息组成,给学生提供多种感官的综合刺激,教师通过多媒体课件可以非常形象直观地讲述过去很难描述的课程内容,提高了学生学习的兴趣和积极性。

2. 多媒体课件的作用

在中小学教学中,多媒体课件对课堂教学内容的补充、深化具有明显的作用。在多媒体课件的支持下,教师的教学手段更加丰富,教学形式更加活泼;学生的学习方式更加自主,获取知识的途径也更加广阔。

多媒体课件是为了解决某一学科的教学重点和教学难点而开发的,可以收到事半功倍的效果。它注重对学生的启发、引导,很大程度上适应了学生个体发展的需要,其强大的交互能力使学习者可以根据需要选择学习进度和学习内容,最大限度地调动他们的学习热情。发挥他们已有的经验、挖掘他们的潜在能力,使他们真正成为自己学习的主人。

2.1.2　多媒体课件的类型

1. 课堂演示型

课堂演示型模式的课件是应用在课堂教学中,在多媒体综合电子教室或多媒体网络教室的环境下,由教师向全体学生播放多媒体教学课件,演示教学过程,创设教学情境,或进行标准示范等。这种课件设计的主要目的是揭示教学内容的内在规律,将抽象的教学内容用形象具体的动画等形式表现出来。

2. 课堂学生自主学习型

课堂学生自主学习型教学模式是在课堂教学中,在多媒体网络教室的环境下,教师向学生提出学习要求,学生利用学生工作站进行个别化自主学习。对于具有协作学习功能的多媒体网络教室,学生还可以利用网络的通信功能进行协作学习。在学生进行自主学习的时候,教师可对学生进行监控或个别指导。目前,在学校的课堂多媒体教学中,集中演示教学模式和学生自主学习模式常常结合在一起使用。

3. 专业技能训练型

专业技能训练型的多媒体教学课件主要是通过问题的形式来训练和强化学生某方面的知识和能力;或在学科多媒体专用教室的环境下,利用专门的教学功能进行专业技能的示范和训练,或进行特殊情境的仿真及实验数据的分析处理等。

4. 课外学生检索阅读型

课外学生检索阅读型的教学课件是学生在课余时间,在多媒体电子阅览室环境下,进行资料的检索或浏览,以获取信息,扩大知识面。这种类型的软件包括各种电子工具书、电子字典以及各类图形库、动画库、声音库等,这种类型的教学课件只提供某种教学功能或某类教学资料,并不反映具体的教学过程。

5. 教学游戏型

教学游戏型的多媒体教学课件与一般的游戏软件不同,它是基于学科的知识内容,寓教于乐,通过游戏的形式,令学生掌握学科的知识和能力,并引发学生对学习的兴趣。对于这种类型软件的设计,特别要求趣味性强、游戏规则简单。

6. 模拟型

模拟也称仿真,就是用计算机来模仿真实的自然现象或社会现象。"模拟"在教学中的应用是近几十年以来发展起来的教学模式,日益受到人们的重视。多媒体教学的"模拟"首先要建立一个经过简化的模型,课件提供用户与模型间某些参数的交互,模拟出事件的发展结果,分为实验模拟、管理模拟及训练模拟等。

思考与练习

1. 多媒体课件的类型有几种?
2. 多媒体课件与一般的动画有何区别?

2.2　多媒体课件的设计

2.2.1　多媒体课件的设计原则

制作课件要经过教学目标确定、教学内容和任务分析、教学活动结构及界面设计等环节。课件开发、设计和制作必须符合课程标准,必须满足教学实际需要,必须遵循学习的规律。

1. 积极反应原则

传统教学主要是教师传授知识,学生被动地接受知识,很少有机会对教师提出的每个问题做出反应。要改变这种被动学习的现象,就要求在课件的每一项目中让学生做出积极反应。通过选择、填空、书写答案和"按键"等方式使学生做出反应,以保持积极的学习动机。

2. 即时强化原则

即时强化原则是指当学习者做出反应后,必须使他们知道其反应是否正确。要求课件对学生的反应给予"及时强化"或"即时确认"。尤其对学习者做出的正确反应给予及时强化,就会提高学生学习的积极性和主动性。

3.综合协调原则

综合协调原则是指要对不同学科中相关的内容,加以综合协调,使学生的认知结构进一步分化和完善。对课件内容的设计不仅要注意本学科的知识体系,把握好内部的逻辑联系,还要注意将有关知识向其他学科延伸,或对相关知识点给予更多辅助信息的支持。

4.开放性原则

开放性原则是指设计的课件应有多个学习起点和多条学习路径。为学习者从多角度、多层次进入学习活动提供课件环境,为灵活地展开学习进程创造良好条件。

5.情境性原则

情境性原则是指课件要给学习者提供与现实生活相类似的情境,以利于学习者在这种环境中去探索或发现问题、解决问题,从而提高学习的质量。

2.2.2　多媒体课件的设计过程

1.前期分析

多媒体课件开发的前期分析阶段通常包括课件的需求分析、内容分析、使用对象分析和开发成本估算等几项任务。

多媒体课件的需求分析,就是分析课件是否符合学生学习的需求,即分析课件开发的必要性。应当知道"为何要开发这个课件""这个课件可能对教学产生什么影响"。

多媒体课件的内容分析主要解决"教什么""怎么教"的问题,前者主要确定教学的范围和深度,后者则确定教学中所采用的策略。

多媒体课件的使用对象分析,即分析学习者在从事新的学习或练习时,其原有知识水平或原有的心理发展水平对新的学习的适应性。该项分析通常涉及:学习者的一般特点(年龄、性别、文化程度、工作经历、学习动机以及经济、文化和社会背景等);学习者对学习内容的态度以及已经具备的相关基础知识与技能;学习者使用计算机的技能三个方面。

2.教学设计

教学设计是课件开发过程中最能体现教师教学经验和教师个性的部分,也是教学思想最直接、最具体的表现。教学设计阶段的主要任务包括详细分析教学内容、划分教学单元、确定课件制作的具体计划等。

教学内容分析指的是根据教学目标,具体划分出教学内容的范围,揭示教学内容各部分之间的联系。

一个教学单元进行一小段相对独立的教学活动。一般说来,在一个教学单元中主要讲授一个新概念或一个知识点,然后从学生那里取得回答信息,并对回答做出反馈。

教学单元划分的依据是课程标准,划分前应当仔细地分析教材和参考书,把教学目标逐步演化成一系列的教学单元。并根据教学内容的难易程度和知识体系情况,选择控制教学单元前进的策略,即确定课件的结构方式。

具体确定要传授的教学内容,详细规定呈现教学内容的信息形式、向学生提出的问题以及对学生回答问题的各种可能答案做出预计并准备相应的反馈信息等,都是教学设计阶段的任务。

3.脚本编写

（1）脚本

脚本也称稿本,它是在教学设计基础上所做出的计算机与学生交互过程方案设计的详细报告,是下一阶段进行软件编写的直接蓝本。因此,脚本设计阶段也是课件开发过程中由面向教学策略的设计到面向计算机软件实现的过渡阶段。

从脚本所描述的内容来看,多媒体课件的脚本可分为文字脚本和制作脚本两种。前者是由教师按照教学要求对课件所要表达的内容进行的文字描述;后者则像影视制作中的分镜头脚本,是在文字脚本基础上改写而成的能体现软件结构和教学功能,并作为软件编制的直接依据的一种具体描述。

（2）文字脚本

文字脚本通常包括教学目标、教学内容和知识点的确定,学习者特征的分析,学习模式的选择,教学策略的制定以及媒体的选择等。表 2 - 1 所示是课件"圆的周长"的文字脚本,可供制作时参考。

名称:圆的周长

文字脚本:叶波

制作人员:刘申

适用对象:小学五年级

教学模式:指导型、问题求解型、实验与练习型

表 2 - 1　文字脚本实例

知识单元	知识点	素材	教学目标
复习	正方形和长方形的周长计算	文本、图像	引导学生从正方形和长方形的周长的计算联想到圆的周长计算
教学内容	1. 了解圆的周长; 2. 推导圆周长的计算公式; 3. 理解圆周率的意义	文本、图像、动画	1. 清楚怎样计算圆的周长; 2. 会熟练运用圆周率; 3. 学会测量圆形物体的周长,解决简单实际问题; 4. 了解祖冲之在圆周率研究方面的贡献,增强民族自豪感
练习	实际测量	图像	运用圆周率,解决实际问题

（3）制作脚本

制作脚本是在文字脚本的基础上,依据教育科学理论和教学设计思想,进行课件交互式界面以及媒体表现方式的设计,是将文字脚本进一步改编成适合于计算机实现的形式。制作脚本的描述格式并没有统一的规定,但所包含的内容是大致相同的,即在脚本中应注明计算机屏幕上要显示的内容(包括文字、图形、动画、图像和影像等)、音响系统中所发出的声音以及这些内容输出的具体顺序与主界面方式等。图 2 - 1 是课件"圆的周长"主界面的制作脚本实例。

课件进入方式：

①运行课件时，直接进入。

②其他模块，按相应键进入。

课件输出方式：

①单击不同模块，可进入相应的教学内容。

②按动作按钮，可展开相应的操作，演示教学过程。

图2-1　课件"圆的周长"主界面

2.2.3　多媒体课件的评价

课件评价与测量是课件制作过程中的一个重要阶段。该项工作实际上应存在于课件制作的环境分析、教学设计、程序编写的每一阶段之中。在课件正式使用之前，还应进行较为全面的评价，检验一下课件是否达到预期的效果，在教学中能否发挥应有的作用，是否完备，还有哪些需要补充、修改和完备的地方。

1. 课件评价的原则

（1）科学性原则

科学性原则是指课件所涉及的内容必须是科学的、正确的。课件要本着尊重事实、合理开发的科学精神和态度，将书本上的抽象符号以多媒体的形式表现出来。

（2）教育性原则

教育性原则是指课件要有明确的教育目的和任务。课件作为教学的一种重要辅助手段，一定要注意充分发挥其教育功能，即课件既可以帮助学生学习，也可以帮助教师教学，又能够提高学生的思想品德，发展学生的智能和技能。也就是说课件要有明确的教学目的和任务，具有教育性，并把这种思想贯穿于整个课件始终。决不能随意添加或删减内容，也不能为了显示制作技巧而忽视教学目的和任务，从而使课件丧失了教育性。

（3）教学性原则

教学性原则是指课件要有恰当、合理的教学策略，在方法和方式上，能够适应教与学的需要。教学性主要体现在满足教师的教学和学生的学习上，这也是教学性原则与教育性原则的区别所在。

（4）技术性原则

技术性原则是指课件在其制作和编辑上要达到特定的标准，要做到课件开关自如、运行流畅。跳转灵活，要设置友好的交互界面，有使用方便的"菜单"和"导航"技术措施，充分发挥计算机的特性。课件的技术性也往往是评价课件的主要因素。

（5）艺术性原则

艺术性原则是指课件的画面、声音的表现要体现符合审美的规律，要在不违背科学性和教育性的原则基础上，使课件所要呈现的内容具有艺术性和感染力。

2. 课件评价的方法

课件评价方法是指以特定的组织形式和步骤对课件进行分析和判断的一种途径。主要有如下几个方面：

（1）实验方法

实验方法是在特别安排的教学条件下，将课件放在教学实验室或实验组中使用，在最有利、最典型的环境下判断课件的质量的方法。其具有如下的特点：

①实施一定的人为控制，以便观察到自然条件下所看不到的现象；

②可以把某种特定的因素分离出来，以便查明每一种因素所起的作用；

③可以对研究对象进行测量，得到数量化的结果；

④可以重复实验。

（2）测验方法（问卷法）

测验方法是指借助一组有特定标准的试题，对测试对象进行测量并取得数据资料的方法。测验方法可以分为标准测验和非标准测验。标准测验是由测验专家设计测验题，并给出标准答案的测验。非标准测验是指教师为了解决教学中的某种状态或检查教学结果，由自己出题、自己评分的测验。测验方法可以在任何形式和任务的评价中使用，其优点是：

①特别适合于了解学生对知识的掌握和理解的程度。

②具有较高的客观性。

（3）专家评估法

专家评估法是指由计算机辅助教学和课件制作及相关学科的专家通过查阅课件产生的文档资料，观察与记录课件运行的情况，并按照一定的判断标准来进行评价的方法。

专家评估的方法是目前采取比较多的方法，其优点是：

①有经验的专家，可以对课件设计和制作中存在的问题给予准确的判断，并提出较好的建议。

②参加课件评价过程主要是专家，操作过程简单易行，成本较低。

③采用这种方法可以在较短的时间内对较多的课件教学进行评价，提高工作效率。但专家评价方法也存在着不足之处，这种方法往往是在脱离教学实际环境的情况下进行的，缺乏教学实际效果的真实反馈信息，容易造成主观臆断、先入为主等现象的发生，导致对课件的评价失真。

（4）现场应用的方法

现场应用的方法是指将课件直接应用到教育教学的实际中去，向教师和学生收集反馈的信息，并根据所收集到的信息对课件加以评价的方法。

现场应用的方法的优点是：

①课件在实际教学过程中的应用真实地检验了课件的质量，能够对课件有一个客观的评价。

②这种方法能够克服因个别专家主观臆断而对课件造成的不公正的评价。

（5）综合应用的方法

综合应用的方法是指专家评估方法和现场应用方法结合起来用于课件评价的方法。二者综合使用能够做到优缺点互补、扬长避短，使对课件的评价更为公平、公正、准确。

思考与练习

1.简述多媒体课件的设计原则。

2.简述课件的设计过程。

3.结合小学课本设计一个教学课件。

第3章　多媒体教学应用

3.1　多媒体教学的特点和意义

3.1.1　多媒体教学的特点

1. 教学信息的显示多媒体化

多媒体化是指教学信息显示方式包括文字、图像、图形、声音、视频图像、动画等多种形式。利用这种优势，课件为学习者创设多样化的情景，使学生获得生动形象的感性素材。一个人的认识过程首先需要有外部刺激，充分发挥多媒体教学的优势，就是要尽量提供多样化的外部刺激。

2. 教学信息组织的超文本方式

超文本技术可以把教学信息采集用超文本方式组织，形成非线性的结构，为教师提供多样化的教学方案。超文本的另一种重要作用是为学生提供多种认知途径，可以从不同的角度去认识事物。超文本不仅是一种技术，还是一种思维方式，它为教师提供多种适合不同学习对象的教学方案和学习途径。

3. 教学过程的交互性

教学过程的交互性是多媒体教学的另一个突出的优势。录像也能实现多媒体显示，但它不具备交互功能。计算机则可以进行人机交互，并且具有丰富友好的交互界面。利用这种特性，可以激发学生的学习兴趣，调动参与学习的积极性，从而充分发挥学生主体的作用。

4. 教学信息的大容量存储

一张光盘可以储存 650 MB 的内容，能够为学习者提供大量丰富的学习资料。学生可以通过这种丰富的学习资料，学会如何获取信息、探究信息，建构自己的知识结构，培养学生的学习能力。这是其他教学资源，如投影片、幻灯片等难以做到的。

5. 教学信息传输的网络化

通过计算机网络，如多媒体计算机网络教室、校园网络和计算机远程教育网络，可为学习者提供丰富的学习资源。

6. 教学信息处理的智能化

虽然实现智能化还有一定的难度，但现在已经取得了一些突破，如具有学习模型的阅读软件、具有自动批改作文的教学软件的研究已取得很好的成果，这些现代教育技术的优势，将十分有利于因材施教，有利于学生个性的发展。

3.1.2　多媒体教学的意义

1. 多媒体教学有利于学生左右脑的平衡发展

神经学和生理学研究发现,人的大脑的神经细胞共有 120 亿～140 亿个,大脑两半球之间由大约两亿条神经纤维组成的胼胝体沟通,并以每秒传递 40 亿个神经冲动于两半球之间,使人左右脑具有协调统一的功能。统计资料表明最有成就的科学家也不过使用了脑力的 15%。一般人则仅用了 5%～10%,也就是说尚有 90% 的潜能待开发,大脑功能用进废退。人参与解决问题越多,大脑皮层上兴奋点越多,就会变得越聪明。因此激发学习兴趣,创造学习者参与的环境是锻炼思维、发掘大脑潜能的有效途径。

多媒体教学系统以丰富多彩的形式呈现教学信息,具有良好的交互性。研究证明大脑两半球功能高度专门化。左半球具有语言、概念、分析、计算等功能,它在阅读、写作和数学计算方面起决定作用,对控制神经系统起主导作用,是比较积极地执行任务较多的半球。右半球是"沉默"的半球,它在音乐、美术、空间和形状识别、短暂的视觉记忆方面起决定作用;在空间认知能力、对复杂关系的理解能力、整体综合能力、直觉能力和想象能力方面优于左半球。左半球是以线性方式处理信息,而右半球能平衡地处理大量信息,并能在关系很远的信息之间建立想象联系,即创造性的联系。

我国的传统教育,在教学计划、教材编排、教学方法和考试制度等方面都偏重发展学生的左半脑,使学生左脑使用过多,负担过重,易疲劳,影响学习效果。右半脑负担不足,得不到应有的发展,这就造成了大脑两半球在使用和发展上失调。为促进左右脑功能的协调发展,教学中用词语和可视空间相结合的方式呈现教学材料,在词语教学中配以音乐、图像、动画、电影等信息,交替运用大脑的两半球,会收到良好的教学效果,并且有利于培养学生的创造力。

2. 多媒体教学有利于提高学习效果

人类的学习过程是通过眼、耳、鼻、舌、身等感官把外界信息传递到大脑,经过分析、综合从而获得知识的过程。心理学家做过人类的各种信息来源与学习和记忆的关系实验,结果表明:人的知识的获取 0.95% 通过味觉,1.55% 通过触觉,3.5% 通过嗅觉,11% 通过听觉,83% 通过视觉。也就是说,94% 的信息通过听觉和视觉获得。

在记忆形成的过程中:阅读占 10%,听到的占 20%,看到的占 30%,看到和听到的占 50%,交谈时自己叙述的占 70%。

以上资料说明,视觉和听觉相结合,变被动学习为主动参与,是最有利于学习和记忆的学习模式,这正是多媒体教学的重要意义。

思考与练习

1. 多媒体教学与传统教学有何区别?
2. 为什么要用多媒体教学?

3.2　多媒体教学的模式

多媒体教学模式反映了利用计算机辅助进行教学活动的人－机交互方式和教学策略。

只有了解多媒体的各种基本教学模式后,我们才能根据教学目的、内容和学生特点,在适当的时刻选用适合的多媒体模式进行教学,从而获得更有效的教学效果。

我们可以从不同的角度出发对多媒体的基本模式进行分类。例如,根据教学形式的不同,可以将多媒体分为操练与练习、个别辅导、辅助测验、模拟、问题求解、教学游戏、协作学习、虚拟教室、微世界等常用模式。

3.2.1　操练与练习

1.基本形式

操练与练习主要用来巩固和熟练某些知识和技能,通常在学生练习阶段使用,这是多媒体中常用的模式。

一个理想的操练与练习课件应当具有一定的自适应能力。计算机先让学生做几个题目,然后根据答案的正确性判断出学生已掌握该方面知识的程度。若已经掌握,就自动加大难度或另换一组题;若学生的反应不佳,就降低难度或者退回到以前的程度重新练习。

2.特点及应用

与传统的教师布置的操练与练习相比,多媒体的操练与练习有如下的优点:

(1)反馈及时

学生在每做完一个题目后就能获得即时的信息反馈而不必等待老师评判作业,因而可以及时纠正错误。同时,多媒体课件提供的操练与练习中,每个学生所需完成的题目数量通常由软件固定给出或根据学生回答情况自动确定,这就在一定程度上保证了量的适当。多媒体的操练与练习还有一个明显的优点就是能为学生给出个别化的反馈信息,而不仅仅指出答题的“对”或“错”,目前这一类能够“理解”学生错误的智能化技术正在发展之中。

(2)激励学生

在多媒体课件中,影像、图形和声音的运用,即时反馈中的鼓励信息,成绩排行榜功能的设置等,都能够增加学生做操练与练习的兴趣以及延长他们有效持续该活动的时间。

(3)成绩保存

记录每一位学生所做练习的类型、所花的时间、获得的成绩以及所处的名次。教师可以随时通过该内容来了解学生的学习情况,这对因材施教、提高教学质量有着重要的作用。

3.2.2　个别辅导

1.基本形式

个别辅导是指由计算机扮演教师角色,向学生传授新的知识或技能。这种模式能较好体现多媒体个别化教学特点,常常用于学生自学或补习功课。

在该模式中,通常将教学内容划分成一些较小的教学单元,每个单元只讲授一个概念或知识点。在每个教学单元的教学中,计算机先在屏幕上讲解概念、知识或技能,然后向学生提问并检查他们的掌握情况。每隔若干个教学单元或学习结束时,计算机就针对所学过的内容进行提问,这相当于平时的单元复习或总复习检查。并且计算机会根据学生的反应,决定让学生学习新内容还是退回到原来的内容进行学习。这类似于一位有经验的教师。

2．特点及应用

多媒体个别辅导模式的特点主要表现在以下三个方面：

（1）学生参与学习

在个别辅导模式的多媒体课件中，通常学生都有机会就所呈现的教学内容与计算机进行交互，即学生可以积极参与学习。学生在进行人－机交互的过程中，有机会尝试新的想法、验证假设、检查自己的学习情况。

（2）个别化教学

一个好的个别辅导课件，应能对呈现教学内容的进度进行有效调节，以适应每个学生的不同需求。在个别辅导课件中，存在着两种控制学习过程的方法：一是由学生本人控制课程的进度和难度；二是通过复杂的规则和学生的当前情况，由计算机决定下一步做什么。后者正是个别辅导课件的发展方向，走在前沿的是智能化个别辅导系统，该系统是以人工智能技术为基础的，有关这方面的研究属于智能计算机辅助教学的范畴。

（3）高效率

个别辅导课件主要用于在校学生的补课、成人继续教育的自学等方面，既能节省教师大量的时间，又能充分利用学生的空闲时间进行教学，从而实现了高效率地教学。

3.2.3　辅助测验

计算机辅助测验的主要内容包括计算机辅助测验编制、联机测验、测验分析三个方面。

1．计算机辅助测验编制

计算机辅助测验编制是指在计算机中建立题库，然后根据要求从题库中选取题目来构成一份测验试卷。

建立计算机辅助测验编制系统的关键是要建立一个大容量的题库，对于题库中的每个题目，除了题目文本、插图和答案以外，还应具有所属科目、目标、难度等属性信息。用计算机编制试卷时，应先由教师拟好说明书，提出本次测验应包含题目的类型、题目数量、难度及其他要求，再由计算机自动在题库中相应的范围内搜寻符合要求的题目。通常做法是，先采用随机数生成法产生题目代码，再找出相应的题目，然后检验该题是否满足说明书给定的要求，最后打印出试卷及标准答案。

2．联机测验

计算机联机测验也称在线测验，指的是由计算机在屏幕上逐道显示题目，由学生输入答案，计算机当场判断并评分。

计算机联机测验系统的优势之一，在于它能够进行"适应性"测验，即测验的题目数量、难度和范围可因人而异。

3．测验分析

计算机辅助测验分析，就是由计算机根据测验的结果对各个测验题目进行分析计算，主要包括测验项目分析、测验的信度与效度计算以及因素分析等。其中测验项目分析是为了考察一个测验中的各道试题是否设计得合理和是否选用得当，它包括三个要素，即试题的难度、区分度、迷惑答案的效率。

3.2.4　模拟

1.基本形式

模拟也称为仿真,就是用计算机来模仿真实自然现象或社会现象。在模拟中,首先要建立模型,这个模型是经过简化的,但是它包含了所模拟事物的所有基本要素。模拟软件一般给学生提供人－机交互机会来操纵模型中的某些参数,这些参数对应着所模拟事物的要素并能影响事物发展的结果。那些与学生无直接交互作用的计算机模拟软件则称为演示软件。

下面介绍几种典型的模拟类型。

(1)实验模拟

在自然科学课程的教学中,计算机模拟课件可用来构造模拟的实验环境,以便代替、补充或加强传统的实验手段。

(2)管理模拟

计算机模拟在管理领域的应用有助于学生在管理决策方面的能力和素质的培养。随着管理现代化的发展,计算机模拟方法已经广泛应用于经济系统、城建系统、教育系统中众多的管理领域。

(3)训练模拟

由计算机控制的模拟训练器能够产生逼真的训练、操作环境,可以在节约很多训练时间和经费的前提下达到同样的训练目的,因此已在许多专门技能的训练中得到应用。例如,我国交通部门已经采用的汽车模拟驾驶系统可以模拟驾驶汽车过程中的各种真实感觉,借以培训汽车司机;国外采用飞机模拟系统来培训飞行员;军队里用模拟系统来训练现代化武器装备的操纵。

2.主要特点

在教学过程中采用计算机模拟手段,存在以下几个明显的优越性。

(1)高效、安全

与实际的训练、实验过程相比,多媒体模拟在时间上有较大的伸缩性。学生可以有的放矢地集中学习所需的技能而避开不必要的琐碎细节,从而可以大大提高学习的效率。同时,通过计算机控制的多媒体设置,在视觉、听觉甚至触觉的刺激下,既能根据需要让学生"体验"到危险的存在,又不会对他们造成实际的伤害。

(2)低成本

计算机模拟成本相对都很低,如飞机或其他航天驾驶的模拟训练,能节省大量的费用。

(3)真实、有趣

计算机模拟尽管与实际环境有差别,但是学生在模拟中所做决策的思考过程则是真实的,足以迁移到真实情景中去。另一方面,一个好的模拟主题和情景,通常都会引起学生的兴趣,从而提高学习效率。

3.2.5　问题求解

问题求解是指在教学中以计算机作为工具,让学生自己去解决那些与实际背景较接近的问题,其主要目的是培养学生解决问题的能力。

问题求解一般不传授新概念,只是给学生提供创造性解决问题的机会,通过解决问题的过程来应用、检验和精炼已经掌握了的概念和知识。与个别辅导、操练与练习模式相比,问题求解模式更能鼓励学生个人思维和能力的发挥,对学生知识、技能的要求也相对更高。问题求解与模拟两者在形式上有些相似,但是前者所涉及的范围更为广泛。

问题求解模式通常有两种形式:

(1)特定的问题求解

对于特定的一类问题,由教师预先编写或选定软件,学生通过不断的人－机交互来逐步求解。它是以这样一种观点为基础的:对给定的一类问题,存在一般的问题求解技能,学生可以把一个环境中所学习到的这种技能,成功地应用到另一个类似的环境中去。这些技能通常包括搜索、替代、尝试等。

(2)工具性问题求解

对于那些较为复杂的问题,鼓励学生借助通用工具软件,或选用某种熟悉的计算机语言编写程序来解决此类问题。借助于工具软件,学生就能将注意力集中在解决该具体问题所需的分析、规划、技能和程序的实现上。

工具性问题求解所涉及的工具软件主要包括字处理软件、数据库软件、绘图软件等。

3.2.6　教学游戏

1. 基本形式

教学游戏模式是指计算机以游戏的形式呈现内容,产生一种带有竞争性的潜在的学习环境,从而激发学生积极参与,起到"寓教于乐"的作用。

多数教学游戏是为了锻炼学生的决策能力而设计的。由于一个游戏包括许多步骤,每一步又面临着多种选择,这就迫使学生尽可能地应用他们所学的知识千方百计地寻求取胜的策略。

2. 特点

教学游戏课件是一类特殊的计算机游戏软件,它与普通游戏软件的主要区别在于教学游戏不是单纯的娱乐活动,而是试图通过游戏的形式来达到明确、具体的教学目标。

教学游戏与计算机模拟有密切联系,它们都给学生展现一个过程,使学生通过该过程获得经验与技能。但是两者又有明显的不同,教学游戏通常给学生提供一个比较强烈的刺激环境,而模拟则是用通常的方法给学生提供一个学习环境。

3.2.7　协作学习

计算机支持的协作学习是一种与传统的个别化多媒体截然不同的模式。个别化多媒体注重于人－机交互活动对学习的影响,计算机支持的协作学习则强调利用计算机支持学生之间的交互活动。在计算机网络通信工具的支持下,学生们可突破地域和时间上的限制,进行互教、讨论、小组练习等协作学习。

3.2.8　虚拟教室

虚拟教室指在计算机网络上利用多媒体通信技术构造的学习环境,允许身处异地的教师和学生互相看得见、听得见。不但可以利用实时通信功能实现传统物理教室中所能进行的大多数教学活动,还能利用异步通信功能实现前所未有的教学活动,如异步辅导、异步讨论等。

3.2.9 微世界

上述模式对课件设计与制作起了很大作用,但也有一些专家提出了批评。他们认为,课件模式束缚了学生的思维,不利于学生创造力的培养,课件应为学生提供一个广阔、自由的学习环境。于是,便产生了一种不是模式的模式——微世界。

此类课件是利用计算机构造一种反应性的学习环境。LOGO 语言被认为是一种微世界,因为它提供的海龟作图世界,允许学习者进行观察其反应。LOGO 实际上是一种交互型的人工智能语言,初学时可从该语言提供的绘图命令入手,控制"海龟"在屏幕上的运动。"海龟"处于屏幕上任意一个位置时,学生都可以对它下一步是前进还是后退,向左转还是向右转等问题进行思考、设计、实施,如重复执行"FD 30"和"RT 90"命令 4 次,则可画出一个边长为 30 的正方形。在 LOGO 语言这个"微世界"里,十分有利于培养学生的思维能力和创造能力。

思考与练习

1. 多媒体教学的一般模式有哪些?

2. 教学过程中运用多媒体应该注意哪些问题?

3.3　多媒体课件应用实例

3.3.1 教案设计指导思想

1. 教案内容

"圆的周长",是人民教育出版社九年义务教育教材《数学》第十一册第四单元第二节的内容。

2. 教学指导思想

是让全体学生积极主动地参与学习的全过程,激发学生独立思考和大胆猜想的意识,培养学生动手实践、团结协助、分析解决问题的能力,并受到思想品德教育,使学生的各种素质得到发展。这节课的教学内容是在学生初步认识了圆,掌握长(正)方形周长的计算方法的基础上学习的。

3. 教学特点

通过本节课的学习,学生初步认识研究曲线图形的基本方法,为以后学习圆柱、圆锥等知识打下基础。这节课的教学拟体现以下特点:

(1)巧用多媒体的动态演示,将抽象问题具体形象化,促使学生的认识层层深入。

(2)引导学生观察比较,大胆猜想,测量计算,主动探求新知。

(3)多层次、多角度练习,促进学生把知识和技能转为智力、能力。

3.3.2 "圆的周长"教学要求

1. 教学目标

(1)使学生初步认识圆的周长,理解圆周率的意义。

(2)使学生理解和掌握圆的周长公式,并能根据公式正确地计算圆的周长及解决简单的实际问题。

(3)介绍我国古代的数学家祖冲之对圆周率所做的伟大贡献,同时对学生进行爱国主义教育。

2. 教学重点

理解圆周率的意义和掌握圆周长的计算公式。

3. 教学难点

理解圆周率的意义。

4. 辅助教具

多媒体课件。主界面如图 3-1 所示。

5. 学具

每个小组准备 4 个周长不等的圆形纸板、圆规、线绳、卷尺和直尺等。

图 3-1　多媒体课件界面

3.3.3 教学过程设计

1. 回顾旧知,导入新课

师:什么是长方形的周长? 什么是正方形的周长?(学生回答)如图 3-2、图 3-3 所示。

师:上节课我们已经认识了圆,和圆交了朋友。那么什么是圆的周长呢?(学生回答)

师:对了,围成圆的一周的长度就是圆的周长。(让学生拿出一个圆,指出圆的周长在哪里。再让一名学生指出黑板上圆的周长)

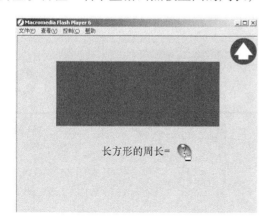

图 3-2　计算长方形周长

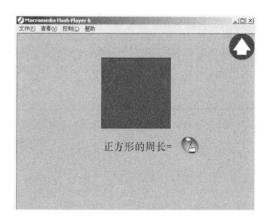

图 3-3　计算正方形周长

师:很好,如果把圆的周长展开,会成什么图形?(学生回答,教师演示)

这节课我们就一起来共同研究如何测量和计算圆的周长。（板书：圆的周长）

2. 动手实践，测量周长

师：同桌的两个同学互相讨论一下，可以用什么方法测量圆的周长？（学生回答）

师：好，现在请一、二两组同学用滚动的方法，三、四两组同学用绳子测的方法分别测量出你们手上的圆的周长。（学生动手测量、汇报）

师：同学们刚才用滚动和绳子测的方法分别测了圆的周长，说明这些方法是可以的。但如果老师要求你们测量一个比较大的圆形水池的周长，你能把这个水池立起来滚动吗？（学生回答）用绳子测量的方法方便吗？（学生回答）

师：那么用滚动和绳测的方法虽然可以测量出圆的周长，但这两种方法都有局限性，我们能不能探讨出一种更方便的求圆的周长的普遍规律呢？

师：请同学们画出半径分别为 2 cm，5 cm 的圆。（学生动手作图）

师：认真观察一下哪个圆的周长更长一些？（学生回答）说明圆的周长与什么有关？（学生回答）

师：那么到底圆的周长与它的直径有什么关系呢？请同学们测量出刚才画出的两个圆的周长分别是多少？（学生测量）

师：计算一下每个圆的周长大约是它直径的几倍？（学生计算、汇报）

师：是不是每个圆的周长都是它直径长度的 3 倍多一些呢？让我们再来做一个实验吧。（实验：老师在多媒体屏幕上演示圆的直径与周长的关系，让学生观察，发现这个圆的周长与它的直径有怎样的关系，如图 3－4 所示。）

师：通过实验，进一步证实了同学们刚才得到的结论是正确的，任何一个圆的周长总是它直径的 3 倍多一些。

师：这个倍数其实是一个固定的数，我们把它叫作圆周率，用字母 π 表示。（板书）在世界上有的国家称它为祖率，这是为什么呢？因为早在一千四百多年以前，我国古代的数学家祖冲之（在多媒体屏幕上呈现祖冲之的画像）就精密地计算出 π 的值在 3.141 592 6 ~ 3.141 592 7 之间。这是当时世界上计算得最精确的圆周率的值，祖冲之的这个发现比国外的科学家还要早一千多年。这是我们中华民族的骄傲，如图 3－5 所示。经过精密的计算，我们知道圆周率是一个无限不循环小数。在计算时可以根据需要取它的近似值，通常我们都取两位小数，即 3.14（板书）。

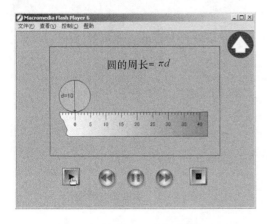

图 3－4　演示圆的直径与周长的关系

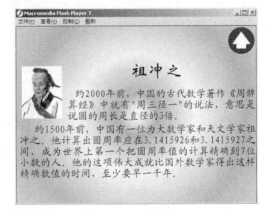

图 3－5　数学家祖冲之

师:现在需要是知道了圆的直径,能求出这个圆的长度吗?(学生回答)怎么求? 如果用字母表示,就是 $c = \pi d$(板书),那么要是知道半径呢?(学生回答)如果用字母表示就是 $c = 2\pi r$(板书)(全班齐读公式)。

师:现在不用滚动和绳子测的方法能算出你们手上的圆的周长吗?(学生回答、汇报)

师:由此可见,要求圆的周长需要什么条件?(学生回答)

师:现在我们用刚才学的方法来计算几道题。请同学们做练习二十三的第一题。

3.引导体会,掌握规律

指导学生看课本,要求在看的过程中,边看边想今天学了哪些知识,是怎样学到的,并画出重点内容。

4.加强训练,深化新知

(1)判断正误(图 3 - 6)

①π 等于 3.14。

②圆的周长是它直径长度的 π 倍。

③两个圆的半径相等,它们的周长也一定相等。

(2)知识拓展

公园里有一棵树,如图 3 - 7 所示。假设这棵大树的横截面是圆形的,要测量这棵大树的横截面的直径,有人说把大树锯下来,然后用直尺测量出圆的直径,你们认为这种方法好吗? 你有更好的办法吗?

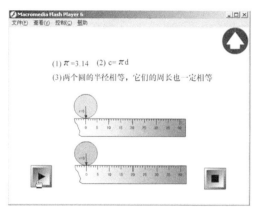

图 3 - 6 判断正误示例图

图 3 - 7 测量树的周长

5.作业布置

教材“练习二”的第 2,3,4 题。

思考与练习

1.谈谈这节课使用多媒体课件给教学带来了哪些好处? 在教学过程中解决了哪些问题?

2.请你也设计一个多媒体教学的教案。

中　篇

第4章 文本、音频素材的采集与制作

4.1 文本素材的采集与制作

4.1.1 文本的格式与制作

1.文本的计算机处理

在多媒体计算机中处理汉字,首先要求具有汉字系统,包括三个方面:

(1)汉字操作系统,包括汉字信息输入输出管理软件、汉字信息处理软件、汉字字库等。

(2)汉字输入法,即在汉字操作系统的支持下,把汉字输入到计算机中所采用的方法,如全拼拼音输入法、智能 ABC 输入法和五笔字型输入法等。

(3)汉字编辑软件,用于对文本的编辑排版,常用的汉字编辑软件有 Microsoft Word 和 WPS 等。

2.文本文件的格式

目前,多媒体课件的编辑合成工具多以 Windows 为系统平台,因此制作文本素材时,应尽可能采用 Windows 平台上的文字处理软件,如写字板、WPS 2003 及 Word 2003 等。Windows 系统下的文本文件格式较多,如纯文本文件格式(*.txt),写字板文件格式(*.wri),Word 文件格式(*.doc)等。

3.文本的制作方法

(1)利用通用文字处理软件制作,如利用文字处理软件 WPS 及 Word 等。

(2)利用多媒体开发工具直接制作,一般的多媒体开发工具均有文字制作工具,利用它们提供的工具可直接制作文本。

(3)利用图像处理软件制作,如在 Photoshop 中输入文字,存储成图像文件,然后在多媒体开发工具中用导入图片的方法调用。

4.1.2 制作文本注意事项

在多媒体课件制作中,文本是不可缺少的媒体形式,教学内容多以文本的形式出现,几乎所有的多媒体课件中均有文字。因此,它设计制作得好坏,直接影响多媒体课件的教学效果和整体质量。在制作文字素材时应考虑以下问题:

1.选择适当的中文环境

现阶段使用的多媒体课件大多在 Windows 中运行,因此,文字制作的中文环境应与多媒体课件运行的中文环境保持一致。

2.使用规范化的文字

在制作多媒体课件时,一定要规范使用各种文字、数字和标点符号,要求数字用法满足

GB/T 15835—1995《出版物数字用法》的规定,标点符号用法满足 GB/T 15834—1995 的《标点符号用法》的要求。

3. 提高文字的总体表达效果

多媒体课件对教学内容的表达是通过各种媒体数据综合进行的。文字对教学内容的表达有其单独的效果,也有与其他媒体配合的综合效果。所以在屏幕设计时,应全面考虑文字排版和各种属性。

4. 课件字幕要有良好的艺术性

在设计制作文本字幕时,首先,要尽量选择丰满的字体,为区分层次和不同的内容,可选用不同的字体以示区别;其次,要根据字幕字数的多少,选择合适的字体字号,设定合适的字间距和行间距,且字幕周围要留出适当的空隙;再次,字幕的色彩要与背景形成对比,突出显示字幕的内容,吸引学生的注意力。

4.2　音频素材的采集与制作

4.2.1　音频信息的数字化处理及文件格式

1. 音频信息的数字化处理原理

(1)音频的数字化过程

在制作多媒体课件中,各种教学相关的声源(如麦克风、磁带录音、无线电和电视、广播、CD 等)所产生的音频信息都可以进行数字化。数字化的音频常被称为是一种“采样”的声音。

音频的数字化过程包括采样、量化和编码三个步骤。采样是先对连续的声音信号进行采样,叫“取样”,就是每隔一段时间读一次声音的幅度,又称为时间方向上的量化。

量化是将采样得到的在时间上连续的信号(通常为反映某一瞬间声波幅度的电压值)加以数字化,使其变成在时间上不连续的信号序列,即通常的 A/D 变换。

(2)数字音频质量与文件大小

总的来说,对音频质量要求越高,则为了保存这一段声音的相应文件就越大,也就是文件的存储空间就越大。采样频率、样本大小和声道数这三个参数决定了音频质量及其文件的大小。

①采样频率

采样频率就是每秒钟采集多少个声音样本。它反映了多媒体计算机抽取声音样本的快慢。采样频率越高,也就是采样的时间间隔越短,在单位时间里计算机抽取的声音数据就越多,声音就表达得越精确,声音便会越真实,而需要的存储空间也就越大。

采样频率与声音本身的频率是两个不同的概念。采样频率是每秒钟度量声音信号的次数,而声音的频率是声音波形每秒钟振动的次数。在多媒体中,CD 质量的音频最常用的三种采样频率是 44.1 kHz,22.05 kHz 和 11.025 kHz。

②样本大小

样本大小又称量化位数,反映多媒体计算机度量声音波形幅度的精度。其字节数越多,度量精度越高,声音的质量就越高,而需要的存储空间也相应增大;反过来说,字节数越少,需要的存储空间也可以越小,但声音质量越差。

③声道数

立体声比单声道的音质要强很多,而其文件大小也为单声道的两倍。声音转换成数字信号之后,计算机很容易处理,如压缩、偏移、环绕音响效果,等等。

(3)数字音频的压缩

音频的数字化后需要占用很大的空间,其大小可表示为

$$声音文件大小 = 采样频率 × 量化位数 × 声道数 × 时间(s)/8$$

2.数字化音频文件的格式

在多媒体课件制作中,常使用的数字化音频文件主要有如下几种格式:

(1)波形文件

Windows 所使用的标准数字音频称为波形文件,文件的扩展名是.wav,记录了对实际声音进行采样的数据。在适当的硬件及计算机的控制下,使用波形文件能够重现各种声音,无论是不规则的噪声、CD 音质的声乐,还是单声道、立体声,都可以做到。多数声卡都能以 16 位量化级、44.1 kHz 的采样频率(CD 音质)录制和重放立体声声音。

(2)MIDI 文件

MIDI 音频是多媒体计算机产生声音(特别是音乐)的另一种方式,可以满足长时间播放音乐的需要。与波形文件相比,MIDI 文件要小得多。例如,同样半小时的立体声音乐,MIDI 文件只有 200 KB 左右,而波形文件(.wav)则差不多有 300 MB。

(3)CMF 文件

CMF 文件是随声霸卡一起诞生的,CMF 文件与 MIDI 文件非常相似,只是文件头略有差别。

(4)CD 音频

符合 MPCZ 标准的 CD - ROM 驱动器不仅可以读取 CD - ROM 盘的信息,还能播放数字 CD 唱盘(CD - DA),这样多媒体计算机就能够利用已经非常成熟的数字音响技术来获得高质量的音频——CD 音频。在多媒体计算机上输出 CD 音频信号一般有两种途径:一种是通过 CD - ROM 驱动器前端的耳机插孔输出,另一种是使用特殊连线接入声卡放大由扬声器输出。

4.2.2　数字化音频的采集与制作

1.数字化音频的制作方法

(1)自行制作

自行制作的数字化音频素材主要是解说、音效和声音。制作的方法也有两种。一是通过计算机声卡,用麦克风录制。具体方法是将麦克风插入声卡的 Mic In 插孔,打开多媒体计算机上的录音软件,调整音量等参数,即可进行音频教学信息的录制,并将其直接存储为波形文件,在多媒体开发工具中调用。此种方法录制音频素材比较简便易行,但一般质量的声卡录制的音频信号容易失真,不好听。二是用录像或录音设备将音频素材先录制下来,然后通过声卡的 Line In 插孔输入声音信号,进行音频信号的 A/D 转换,也叫作采集,采集下来的音频信号即转换为数字信号,存储成波形文件,再在多媒体编辑工具中调用。

（2）购买已有的各种音频素材库产品

在制作多媒体课件时,音乐和音效大都是通过收集已有的音频素材库产品而获得,而语音则是通过自行制作而得到。如果收集到或制作的音频素材是 MIDI 或 Wave 格式的文件,可经编辑处理后直接调用。但如收集制作的音频素材是 CD 音频或磁带声音,则要先将它们通过 A/D 转换,将其转换为波形音频,然后进行编辑处理,方可调用。

2.数字化音频设备的正确使用

（1）CD 播放器的正确使用

在 Windows XP 中,可以使用 CD 播放器来播放 CD 唱盘,并对其音频教学素材进行选择与采集。CD 播放器是一个可以在多媒体计算机的 CD‐ROM 驱动器中播放 CD 唱盘的控制面板。除了标准的开始、停止及暂停按钮外,用户还可为光盘输入作者、标题、曲名,然后建立用户要播放的歌曲清单。

CD 播放器工具按钮的使用方法:

依次选择"开始"→"程序"→"附件"→"娱乐"→"CD 播放器",便可打开 CD 播放器,其画面如图 4‐1 所示。如果与用户的窗口不太类似,请确保在"查看"菜单中已经对"工具栏""唱片曲目的信息"以及"状态栏"等命令进行选择。

窗口中标题下方是菜单栏,菜单下方是工具按钮,利用这些工具按钮可以调整音乐 CD 中曲目的播放顺序和曲目时间的显示方式,并可对曲目播放顺序进行编排。各按钮的功能及名称见表 4‐1。

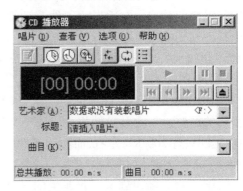

图 4‐1 "CD 播放器"窗口

表 4‐1 CD 播放器菜单栏

按　钮	名　称	功　能
▶	播放	开始播放
‖	暂停	暂停播放
■	停止	停止播放
▲	弹出	打开 CD‐ROM 驱动器
◄◄	上一曲目	倒退至曲目开始处
◄◄	快退	快退
►►	快进	快进
►►|	下一曲目	前进至下一曲目开始处
🖉	编辑播放曲目	设置 CD 曲目的播放顺序
🕐	曲目已播放时间	显示当前这首曲目已播放时间
🕐	曲目剩余时间	显示当前这首曲目剩余的播放时间

表 4－1(续)

按　钮	名　　称	功　　能
	唱片剩余时间	显示整张音乐 CD 剩余部分的播放时间
	随机播放	允许用户随机播放曲目
	连续播放	按照循环方式播放曲目
	简介	按照介绍方式播放曲目

(2)多媒体播放机的正确使用

Windows XP 系统中的多媒体播放机是一个多用途的多媒体文件播放程序。

①媒体播放器的工具按钮的使用

在 Windows 98/2000 中,媒体播放机为各种媒体文件提供了一个共同的界面,依次选择"开始"→"程序"→"附件"→"娱乐"→"媒体播放机",将打开"媒体播放机",出现如图 4－2所示的"媒体播放机"窗口。

图 4－2　"媒体播放机"窗口

②播放 CD 音乐(MIDI,WAV)

如果要使用媒体播放 CD 音乐,可以按照下述步骤进行:

a.在"媒体播放机"窗口中单击"设备"菜单,出现如图 4－3 所示的"设备"下拉菜单。

b.从"设备"菜单中选择"CD 音频(MIDI 音序器、声音)"命令。

c.单击"播放"按钮,开始播放 CD 唱盘。

③播放 AVI 视频影像

图 4－3　媒体播放机中的"设备"下拉菜单

如果要播放 AVI 视频影像,可以按照下述步骤进行:

a.在"媒体播放机"窗口中单击"设备"菜单。

b.从"设备"菜单中选择"Windows 视频"命令,会出现一个对话框让用户选择想要播放的 AVI 视频影像。

媒体播放机的窗口面板操作控制按钮与一般音响设备中的按钮功能一样。各按钮的功能及名称如表 4－2所示。

表4-2 按钮名称和功能

按　　钮	名　　称	功　　能
▶	播放	开始播放媒体文件
❚❚	暂停	暂停播放当前的媒体文件
■	停止	停止播放媒体文件
◀◀❘	前一个标记	回卷到前面的选择标记或开头
◀◀	倒带	回卷一小步
▶▶	快进	前进一小步
❘▶▶	下一个标记	快进到下一个选择标记或结尾
⏏	弹出	打开 CD - ROM 驱动器
⬇	开始选择	设置要截取的媒体文件的始点
⬆	结束选择	设置要截取的媒体文件的终点

c. 单击"媒体播放机"窗口中的"播放"按钮。

④复制视频/音频信息至文档

在使用媒体播放机播放多媒体时,还可以将精彩的部分复制到自己的文档中,以后在阅读文档时,只要双击插入的多媒体对象即可播放。

在文档中插入视频影像或声音对象的方法如下:

a. 使用媒体播放机播放多媒体,如播放 CD 唱盘。

b. 拖动媒体播放机中的滑块到所要截取片断的起点,然后单击"开始选择"按钮。

c. 将滑块拖动到要截取片断的末尾,然后单击"结束选择"按钮。此时,该片断便在滑杆上反白显示。

d. 选择"编辑"菜单中的"复制对象"命令,将截取的片断复制到剪贴板中。

e. 切换到编辑当前文本的应用软件中(如写字板、Word 等),单击"编辑"菜单中的"粘贴"命令,将剪贴板中的对象粘贴到文档中。如图 4 - 4 所示,将 CD 唱盘中的一段音乐加在"写字板"文档中,以后在阅读文档时,只需双击图标即可播放这段声音。也可以将多媒体

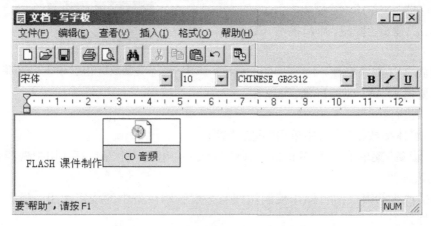

图 4 - 4　文档中插入媒体(CD 音频)对象

文件链接到文档中,只需在打开文档后,选择"编辑"菜单中的"选择性粘贴"命令,然后选择要使用的格式,并单击"粘贴链接"选项。

3．录音机的正确使用

录音机是 Windows 98/2000/XP/7 中专门用来录制音频信息的工具,使用"录音机"可以播放或录制小型的声音文件,并存储在硬盘上。使用"录音机"可以记录人类的话语以及自然界中所有的声音,也可以记录计算机播放的 CD,MIDI 音乐以及 VCD 配音。在录制声音时,需要一个麦克风,只要将麦克风插入声卡就可以使用"录音机"了。

单击"开始"菜单,然后选择"所有程序"、"附件"、"娱乐"和"录音机"命令,出现如图4－5所示的"录音机"窗口。

(1)播放音频信息

如果要播放声音文件,可以按照下述步骤进行:

①打开"录音机"窗口。

②选择"文件"菜单中的"打开"命令,出现如图 4－6 所示的"打开"对话框。

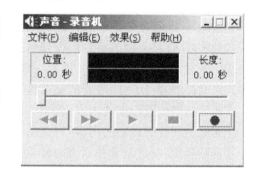

图 4－5　"录音机"窗口

③在"打开"对话框中选择列出的任何声音文件(＊.wav),并单击"打开"按钮,即可打开声音文件。

④单击"播放"按钮,开始播放;单击"停止"按钮,停止播放;单击"搜索到开头"按钮,移动到文件头;单击"搜索到结尾"按钮,移动到文件结尾处;移动滑块到声音中的任何部分,单击"播放"按钮即可从该点开始播放。

图 4－6　"打开"对话框

(2)录制教学音频信息

录制教学音频信息的具体操作步骤如下:

①打开"录音机"窗口。

②选择"文件"菜单中的"新建"命令。

③单击"录制"按钮,即可开始录制声音。此时,对着插在声卡上的麦克风说话。

④单击"停止"按钮,即可完成指定声音的录制。

⑤声音录制完成后,单击"文件"菜单中"另存为"命令,在出现的"另存为"对话框中指定录制的声音文件的名称。

(3)声音的编辑处理技术

声音的编辑处理技术主要包含"录音机"窗口中两个菜单的一系列命令。一个是"编辑"菜单,另一个是"效果"菜单。

"编辑"菜单各项命令的功能简单介绍如下。

①复制:与粘贴联用,用于复制声音。

②粘贴插入:将复制的声音片断插入到声音文件中。

③粘贴混入:将复制的声音混合到另一个声音中,同时播放。

④插入文件:在当前声音中,插入一个声音文件。

⑤与文件混音:从一段声音的某个位置开始混入另外一个声音文件。

⑥删除当前位置以前的内容:将当前位置之前的声音删除。

⑦删除当前位置以后的内容:将当前位置之后的声音删除。

⑧音频属性:设置录音和重现的音量、设备等参数。

(4)音量控制

依次选择"开始"→"程序"→"附件"→"娱乐"→"音量控制",将打开音量控制,出现如图4-7所示的"音量控制"窗口。在这里可以设置不同的音量:系统音量、Wave音量、线路输入等。这些内容在"选项"菜单的"属性"命令中。

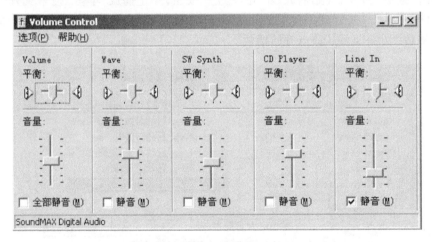

图4-7　"音量控制"窗口图

"音量"滑块用来调节音量大小;"均衡"滑块用来平衡左右扬声器的音量。在"音量控制"区域中,选中"全部静音"复选框使所有设备处于静音状态。

如果要显示特定的声音设备,请选择"选项"菜单中的"属性"命令,出现如图4-8所示的"属性"对话框。

在"调整音量"列表框中可以选择"回放""录音"或"其他"选项,然后在"显示下列音量控制"列表框中选择显示声音可以控制的系统设备。

如果只需控制音量,可单击任务栏中的音量图标,在出现的音量控制中调节滑块。如图4-9所示简单的"音量控制"。

图 4-8　"音量控制"的"属性"对话框　　　　图 4-9　简单的音量控制项

4.2.3　数字化音频的编辑

收集或制作的声音素材并不一定适合多媒体课件使用。通常在录音后,还得对声音文件进行整理,因为录音时可能出现的各种情况很多。比方说,要抓准正确的时间开始说话是很困难的;有时候,还得要删除文件开头几秒空白的地方;有时,还要把两个不同的文件并成一个文件,或是在文件里加入共鸣效果,或者进行声音质量的转换,等等。

在编辑之前,应把待编辑的声音文件做备份,以防无法恢复原有的声音文件。

1. 编辑定位

在进行各种编辑声音的操作之前,需要确定声音位置,即找出要处理的某些声音点,称为确认插入点。要准确地找出某个插入点,光靠拖动滑块有一定的难度,可以参照下面的步骤来定位插入点的位置:

(1)仔细听声音,并判断出要处理的声音点的位置,记下此时位置方框中的显示时间。

(2)将滑决定位在该位置上,单击"播放"按钮来听声音,判断该位置是否正确。

(3)重复以上步骤,直到找到准确位置。

如果对编辑的结果不满意,可以选择"文件"菜单中的"恢复"菜单项,来放弃所做的修改。但恢复命令将删除自上次存盘以来的所有修改,并不只是放弃最近一次的改动。因此,当做出了比较满意的改动之后,就应该先存盘,然后再进行其他改动。

2. 删除声音文件开头的空白部分

编辑声音的一个重要目的就是使声音文件尽可能紧缩。将空白的音首和音尾剪切掉是编辑声音文件的基本要求之一。通常来说声波的前后各有一段平线,就是音首和音尾。它们分别在音频播放前后产生停顿,并增加了音频文件的大小。将每个声音文件的这些零碎剪掉,它的大小就会明显减小,启动时间也会明显减少。

需要注意的是,在剪切声音文件之前,最好先试听一下。有时看似静音的部分实际上还包含有信息。剪切后,也要把整个声音再放一遍,并做好撤销的准备。

(1)操作卷动箭头在声音文件中移动,直到声波方框中的基线显示到达文件起始点为止,停在这个点上。

（2）在"编辑"菜单中选"删除当前位置以前的内容"选项，录音程序会把现在位置之前的所有资料（包括声波方框中的部分）删除，如图4－10所示。

（3）在对话框中选择"确定"按钮，以确认要删除这些资料。

（4）播放声音文件，查看编辑结果是否运行正常。

如果在编辑的过程中，因操作错误而多删除了某些内容，用户还有机会恢复原先的内

图4－10　删除当前位置以前的内容

容。操作很简单，只要在"文件"菜单中选取"反转"功能，就可以恢复原先的内容。

3. 删除声音文件的结尾部分

通常文件的结尾部分会录下放下麦克风的声音，同样可以用删除文件起始部分的方法来删除结尾的多余声音。

（1）移到想让声音文件结束的地方。在"编辑"菜单中选"删除当前位置以后的内容"。

（2）在对话框中选择"确定"按钮，以确认删除的动作。然后将文件倒回至起始处播放整个文件，看看编辑的结果是否正确无误。

4. 用复制和粘贴来获得更好的音质

通常情况下，用5.012 5 kHz，11.025 kHz，22.05 kHz 或 44.1 kHz 来录制音频。显然 44.1 kHz 具有最好的音质，存储空间也最大；5.012 5 kHz 最好用，但其音质与专业产品的要求有相当差距；11.025 kHz 和 22.05 kHz 则是存储空间和音质的较好折中。

5. 把文件插入到另一个文件中

在"编辑"菜单中还包括将某一个文件的内容插到另一个文件中的功能，来增加一种更好的听觉效果。具体方法与步骤如下：

（1）启动一个声音文件，定位插入点，也可以将插入点定位在文件开始处。找到适当位置后，在"编辑"菜单栏中选中"插入文件"选项，如图4－11所示。

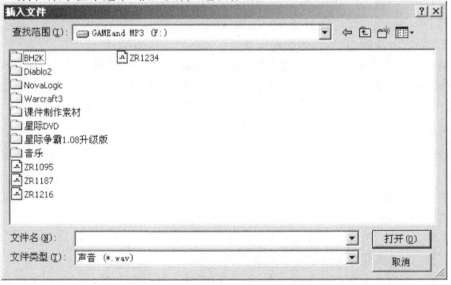

图4－11　插入声音文件对话框图

（2）"插入文件"对话框出现后，在"文件名"框中选择任一个 . wav 文件，再点一下"打开"按钮即可。

插入声音文件的另一种方法是使用复制和粘贴技术。可同时打开至少两个录音机窗口。一个窗口用于编辑声音，从它的"编辑"菜单内选择"复制"选项，再切换到另外一个录音机窗口，并选择"粘贴插入"菜单项即可。

录音机中的"复制"菜单项将复制其窗口中的整段声音。因此，需在复制之前删除任何不必要的声音。

6. 混入第二种声音

录音程序可以混合两个声音文件，并且它们同时播放。试着在一个声音文件中加入一些背景音乐，来制造特殊气氛。当新声音叠加到原声音上时，并不损失原声音的音质和音量。如果计算机里没有任何音乐文件，可以用麦克风（或音频线输入）从立体声音响中录一点音乐。具体步骤如下：

（1）打开一种声音文件，定位插入点。

（2）在"编辑"菜单中选择"相混合的文件"，如图 4 – 12 所示。

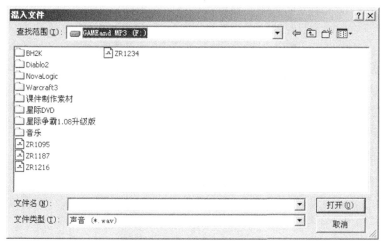

图 4 – 12　混合文件对话框

（3）选择要混入的声音文件，单击"确定"按钮。

（4）单击"倒退"按钮（双左箭头），将文件倒回至起始处再播放一遍，就会听到新生成的混合声音。如果满意的话，别忘了保存起来，保存同一个文件名或新文件名都可以。也可选用"编辑"菜单中的"粘贴混合"项，该声音将从插入点起与原有声音相混合。

若将滑块调至不同的位置，混入多个不同的文件，则特殊效果更佳。

7. 添加特殊效果

有了录音程序"效果"菜单的帮助，单纯的声音文件可以变成超级音效。可以轻而易举地给课件添加声音效果，比如添加回声、改变播放速度、改变音量，甚至逆向播放等。

（1）改变音量

当要混合两个声音文件，或把一个文件插入到另一个文件时，调整音量的功能就变得相当重要了。如在把音乐加入到声音文件时，文件的声音部分可能会被音乐所淹没。为了补救这种情形,可以启动声音文件并将音量调高或将音乐文件的音量调低。

①在录音程序中打开希望处理的文件。

②在"效果"菜单中选"增加音量"选项。调节声音文件的音量会影响整个记录,所以每次只能以一个固定量来调高或调低音量。

③重新播放这个声音文件。如果还是不够大,再选一次增大音量。重复执行这个动作,直到达到想要的音量为止。

(2)改变声音文件的播放速度

如果想改变声音文件的速度,可以用"效果"菜单中的"加速"和"减速"这两个选项来加快或减慢播放的速度。这两个选项的速度比值是固定的,即减速50%或加速100%。

值得注意的是:声音文件的速度改变后,声音多少会有点失真。当对改变后的声音效果不满意时,可以选择"编辑"菜单中的"撤销"选项,以恢复原来的声音文件。

(3)混响

录音机提供了一种自动回声效果。回声效果是先把声音的复制延时,再降低音量,最后再与原来的声音混合所形成的。混响效果包含了多个延时很短、音量很低的回声。

加入回声后,声音会显得更有深度且更具特色。如果声音文件听起来有点呆板,可以使用"效果"菜单中的"添加回音"选项,使声音听起来更自然。加入回声会在整个文件中增加一定比例的共鸣效果。多数情况下,需要多次重复执行该命令,才可能听到较满意的回声。

(4)逆向播放

可试着用逆向播放的功能来创造声音,试试看逆向播放各种不同的声音会有什么结果。在"效果"菜单中选择"反转"选项,可以把声音倒过来播放。点击播放按钮就可以听到逆向播放的声音。如果不喜欢这种效果而想回到原来的样子,只要再选一次"反转"即可。

8.音频素材文件属性的转换

如果采集的音频素材的文件质量格式不符合要求,则可以改变其属性,具体步骤如下:

①从"开始"菜单通过"所有程序→附件"进入"录音机"程序窗口,如图4-13所示。

②在图4-13中的"文件(F)"菜单中单击"打开(O)"选项。

③在出现的工作对话窗口中选择要改变属性的声音文件。

④在"文件(F)"菜单中单击"属性"选项,则会出现如图4-14所示的"声音的属性"对话框。

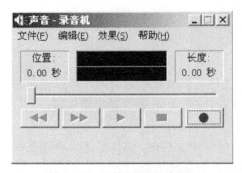

图4-13　"录音机"程序窗口

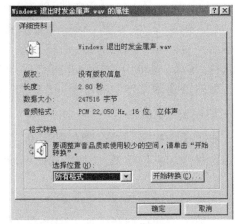

图4-14　"声音的属性"对话框

⑤在"选择位置"列表框中选择改变属性后的文件类型，单击"立即转换（C）"按钮，则会出现如图 4 - 15 所示的"选择声音"对话框。

⑥在"名称"下拉列表框中选定转换后的声音格式后，单击"确定"按钮后进行转换，转换后，按"确定"按钮即回到"录音机"工作窗口。

图 4 - 15　"选择声音"对话框

⑦在"文件（F）"菜单中，选择"另存为（A）"选项后，输入文件名，将其保存下来即可。

由于音频素材的来源不同，因此，文件格式也就多种多样，在多媒体课件制作中经常要进行文件格式的转换。

4.2.4　数字化音频素材文件格式的转换

1.音频素材格式的转换

MP3 是一种常用的音乐格式，在多媒体课件制作中，往往根据课程教学内容需要调用一些 MP3 格式的教学音乐素材，就必须首先将其转换成 MP3 格式。下面以《超级音频解霸3000》为例，介绍多种格式转换成 MP3 格式的方法与技巧。

《超级音频解霸 3000》可支持大多数的音乐格式，包括 CD 音乐和 MIDI，WAVE，DAT，MPG，VOB，MP3，AC3 等。在具体格式转换过程中可选用两种方法。

（1）利用《超级音频解霸 3000》转换

利用《超级音频解霸 3000》将多种格式的音频素材转换成 MP3 格式的音频素材的具体步骤如下（以 WAV 格式转换为 MP3 格式为例）：

①点击"开始"→"程序"→"超级解霸3000"，屏幕便会出现如图 4 - 16 所示的"音频格式转换"界面。

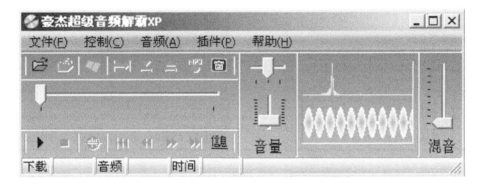

图 4 - 16　超级解霸中"音频格式转换"界面

②选择转换为 MP3 的音乐文件，在 WAV 格式 ∗.WAV 文件中选一个，如图 4 - 17 所示。

图4－17　打开影音文件的对话框

③转换操作步骤：

点击工具栏 ┣ ⌐ ╌ ⌐ ┙ 中的 ┣━，使之变为双向箭头 ┣━┫，并用 ▼ 和 ▲ 选择"开始点"和"结束点"，选出"循环/选择区域" ▭▬▭ 。此时，点击录制按钮 ▣，在弹出对话框中选择保存路径，并填入文件名，然后按"确定"按钮，即出现如图4－18所示对话框。

④数据处理完毕后单击"终止"按钮，转换工作即完成。

对于不同的音乐格式转成MP3，操作步骤基本相同。

（2）利用MP3压缩工具转换音频文件格式

①点击"开始"→"程序"→"超级解霸3000"→"MP3压缩工具"，出现如图4－19所示的"MP3格式转换器"对话框。

图4－18　影音文件格式处理进程对话框

图4－19　"MP3格式转换器"对话框

②可以点击"设置"，对"压缩层次""位率""频率""输出路径"等进行调节，如图4－20所示，然后点击"确认"按钮即可。

③通过"添加目录""添加文件""删除所选""删除未选""清除"等操作进行待压文件的添加。

④点击"开始压缩"，于是就会出现"压缩进度"的状态栏，如图4－21所示。

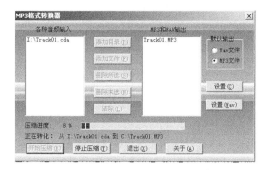

图 4 – 20 "MP3 设置"对话框   图 4 – 21 MP3 格式转换中"压缩进度"状态栏

⑤待其压缩完毕,点击"停止压缩"按钮,停止压缩。所压缩成的文件即可保存到设置的目录中。

2.CD 数字音频素材的采集

利用《超级音频解霸 3000》中的"MP3 数字 CD 抓轨"工具中的"DirectCDROM"技术可抓 CD,VCD,CVD 和其他各种类型的光盘上的教学音频素材。采用 DirectCDROM 技术的数字抓轨程序,可以自动连续轨道抓取,支持任意位置开始抓取,不必从头开始。支持直接压成 MP3 文件,速度快。"DirectCDROM"工具对话框如图 4 – 22 所示。

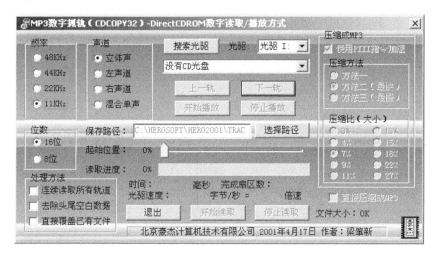

图 4 – 22 "DirectCDROM"工具对话框

(1)将 CD 上的教学音频素材采集成 WAV 格式的音频素材

运行"MP3 数字 CD 抓轨"程序,将 CD 光盘放入光驱,如果拥有多个光驱,请注意在"光驱"栏中选择一个有 CD 的光驱。此时下一栏中将出现轨道的信息,部分按钮变为可用,如图 4 – 23 所示。

在 4 – 23 中选择一个轨道,还可以选择开始点(从起始位置选择);点击"选择路径",即将要保存文件的路径,并起一个文件名;点击"开始读取"按钮,则抓轨程序开始工作,"读取进度"指示当前的工作状态和进度。当您所需的部分已经抓取之后,点击"停止读取"按钮,停止工作即可完成一段 WAVE 文件的采集工作。

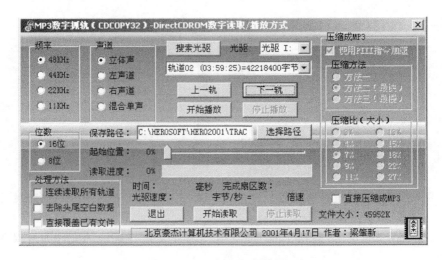

图 4 – 23　MP3 数字抓轨选择对话框

（2）将 CD 教学音频素材直接采集成 MP3 格式音频素材

将 CD 教学音频素材直接采集成 MP3 格式音频素材的操作步骤基本与上述操作相同，仅增加了一个步骤：将右下角的"直接压缩成 MP3"前的复选框的"√"选上。右边与 MP3 相关的栏目将变为可选。同时在"保存路径"中的文件扩展名变为 MP3 格式，如图 4 – 24 所示。

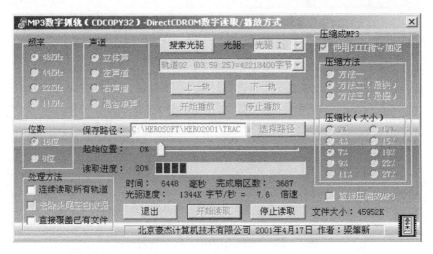

图 4 – 24　音频素材直接采集成 MP3 格式音频素材对话框

至于其中的"压缩方法""压缩比"一般使用默认即可，这也是一般 MP3 歌曲所采用的。

（3）采集 VCD 碟上的教学音频素材

在多媒体课件制作中往往需调用 VCD 上的教学音频素材，但有很多 VCD 的文件是不能直接拷贝的，使用"MP3 抓轨程序"就可以将一段 VCD 或部分 VCD 文件抓取到硬盘上面来。具体采集方法与步骤与上述（1）和（2）项中介绍的内容相同。

第5章　静图素材的采集与制作

5.1　静图素材的数字化处理及文件格式

5.1.1　静图素材的数字化处理原理

由照相机、摄像机等进行摄取的各类图形和图像一般都是模拟图像,也包括人们眼睛所看到的每一幅景物,它们都是由连续的各种不同的颜色、亮度的点组成的。这类景物无法用计算机进行直接处理,因为计算机只能处理数字信息,要使这些模拟图像在多媒体计算机中进行处理,就必须将模拟图像转换为用一系列数据所表示的数字格式的图像。

5.1.2　计算机创建数字化静图的常用文件类型

根据图像记录的方法,计算机图像程序创建的静图常用文件类型有矢量图和位图两种,它们既有联系又有区别。

1. 矢量图形的结构特性

矢量图形是利用数学原理中线段的描述为起点、方向和长度而呈现的图像。矢量文件中的图片是由所谓的对象组成。每一个对象都是独立实体,每个实体都定义有色彩、形状、外框、尺寸以及其呈现在屏幕上的位置等属性。

由于每一个对象都是独立的实体,可以在保留原来图形清晰度和明确性的情形下,反复尝试修改其属性,而对于图片中的其他对象不会造成影响。这些特性使矢量基础程序成为绘图与3D立体造型的理想工具。因为在这些设计过程中,必须创建或控制单一对象。

2. 位图图像的结构特性

位图图像也叫绘图图像,是由个别的独立点——像素(照相元素)结合而成,可以变化成不同的形状与色彩,以形成一个图样。当放大时,可以发现其整体图像是由个别的单独框组成。放大位图的尺寸就会加大每一个独立点的间距,使线条与造型呈现锯齿状。但从远距离观看位图,其色彩和造型看起来还是连续的。由于每一个像素都是个别着色,所以可创建出几乎乱真的照片效果,并能通过修改选取区域的色彩加以强化。由于位图图像是由一连串排列好的像素创建出来的,因此其内容无法独立控制,如移动、缩放等。

3. 矢量图形与位图图像的区别

矢量图形的对象是以线段的集合创建而成,位图图像则由按像素规律排列出的图案构成。就这两种形式而言,位图文件呈现出的材质与造型较细腻,而其对于内存与输出时间的需要也较多;相对于此,矢量图文件则提供较锐利的线条。

位图以记录图像平面的每一个像素来反映图像,各个像素有特定的位置和颜色值。位图适用于具有复杂色彩、虚实丰富的图像,如照片、绘画等。位图像素的多少决定了文件的大小和图像细节的丰富程度。而矢量图中物体的位置、形状、大小、颜色等是以数字方式记录的，而不是记录像素的属性。矢量图编辑时可以无级缩放不影响分辨率，适合于制作工艺美术设计、插图和计算机辅助设计等课件制作的需要。位图和矢量图各有优缺点，在课件制作中经常需要互相补充、交错使用。

5.1.3　数字化静图的常用文件格式

由静图的像素信息转换而形成的数据文件称为图像文件，数字化图形与图像文件在计算机中有多种不同的存储格式。

在多媒体课件中无论是自行绘制或是通过扫描仪、数码相机采集或是使用现成的素材图片，都涉及图像格式的转换问题。由于不同软件制定的标准不同，以及图像处理功能的发展，形成的格式种类很多。在多媒体课件制作中常见的几种格式如下。

1. BMP 格式

BMP 格式是标准的 Windows 软件的图形和图像基本的位图格式，是一种与设备无关的图像文件格式。BMP 支持黑白图像、16 色和 256 色伪彩色图像及 RGB 真彩色图像。它的图像有丰富的色彩，是多媒体课件中使用最为广泛的静图文件格式之一。其不足之处是数据量大，一张 5 英寸的照片，以 300 dpi（dpi = dot per inch，每英寸像素点）分辨率和 24 真彩扫描存储，需占据 4 MB 存储空间。

2. GIF 格式

GIF 格式是 Internet 上的重要文件格式之一，使用 LZW 压缩方法，压缩比高，文件长度较小。支持黑白图像、16 色和 256 色彩色图像，主要用于在不同的图像处理平台上进行图像交流和传输。由于它同时支持静态和动态两种形式，文件长度又较小，因此，在网络式多媒体课件中受到普遍欢迎。其不足之处是不支持真彩色。

3. TGA 格式

TGA 格式的图像文件的结构简单，它由描述图像属性的文件头及描述各像素值的文件体组成，因此，采用该文件格式的静图素材很容易与其他格式的文件相互转换。

4. PSD 格式

PSD 文件格式能够保存图像数据的每一个细节，包括层、附加的模板通道以及其他内容，所以在 Photoshop 图像处理软件中应选择这种格式存盘。但图像文件特别大，编辑完成后可以转换成其他占用磁盘空间较小、储存质量较好的格式以便多媒体创作工具调用。

5. JPG 格式

JPG 文件格式是所有压缩格式中最卓越的格式，它使用有损压缩方案，支持灰度图像、RGB 真彩色图像和 CMYK 真彩色图像。当选择最高画质压缩时肉眼基本看不出压缩前后图像的差别。这种格式的最大特点是文件占据存储空间非常小，而且可以调整压缩比。同样一张 5 英寸的照片，以 300 dpi 分辨率扫描输入至多媒体计算机后，以 JPG 格式存储，只占据 100 多 KB 到 1 000 多 KB 存储空间（视压缩率不同而不同），非常适用于要处理大量图像的场合，一个 20 MB 的 PSD 文件可以压缩到 1 MB 左右。

6. TIF 格式

TIF 格式支持所有图像类型。文件分成压缩和非压缩两大类。非压缩的 TIF 文件是独立于软硬件的,但压缩文件相当复杂。压缩方法有好几种,且是可扩充的。非压缩的 TIF 文件具有良好的兼容性,又可选择压缩存储,所以是许多图像应用软件所支持的主要文件格式之一,尤其在扫描仪和文字识别中使用相当广泛。它在处理真彩色图像时直接储存 RGB 三原色的浓度值而不使用彩色映射(调色板),TIF 文件使用无损压缩方案,可用于储存一些色彩绚丽、构图奇妙的图像。

7. PCD 格式

PCD 格式是为专业摄影照片制定的图像文件专用存储格式,一般多见 CD - ROM 素材光盘上,PCD 文件中含有从专业摄影到普通显示用的多种分辨率的图像,可支持多种分辨率,文件较大,因此,大多存储在 CD - ROM 盘上。PCD 的应用非常广泛,各种各样的商业图像库是开发多媒体课件的重要静图素材之一。在多媒体课件编辑工具中,诸如 PhotoStylert,CorelDRAW 等都能接受转换 PCD 格式的图像文件。

8. EPS 格式

EPS 格式是专门为储存矢量图而设计的,能描述 32 位图形,分为 Photoshop EPS 格式和标准 EPS 格式。在平面设计领域,几乎所有的图像、排版软件都支持 EPS 格式。

9. WMF 格式

WMF 格式是比较特殊的图元文件格式,是位图和矢量图的一种混合体,在平面设计领域应用十分广泛。在 Windows 9x 中许多剪贴画就是以该格式存储的。在流行的多媒体课件创作工具中,诸如 PowerPoint 及方正奥思等都支持这种格式的静图文件格式。

5.2　数字化静图素材的采集与制作

5.2.1　静图素材采集画面的选取

在多媒体课件中,静图画面要真正达到好的教学效果,必须在构图、色彩搭配、画面组接等方面符合心理学、教育学、美学、教育技术学的基本原则,切实注意以下问题。

1. 构图简洁并突出主题

构图要做到新颖简洁、主题突出、具有艺术感染力,激发起学生强烈的求知欲望和学习兴趣。一般主体内容在画面上所占的面积、位置、色度、亮度等,应引人注目,明显突出;画面整体要注意均衡、稳定,使人感到画面在变化中不失稳定与美感;同一画面上不能出现两个以上的兴趣点,否则分散学生的注意力;不同的学科有其自身的特点,要选择合理的构图形式,达到形式与内容的协调一致,切忌构图形式单调划一,影响学生的学习兴趣。

2. 色彩的选择应清新、明快、搭配合理

心理学研究表明,主体对象与背景间明暗差别相对越大,就越容易被感知。在色彩的应用上,要注意把握近景色浓、远景色淡;主体选择刺激性相对较强,纯度相对较高的色彩,而非主体部分用刺激性相对较弱,纯度相对较低的色彩,这样能够突出主体,有利于学生对主体内容的感知、理解和记忆。但要对比和谐,色彩明暗衬托相当,对比不能过于强烈。

3.画面组接要有良好的技术性和教育性

多媒体课件中的画面组接要使学生对画面内容的感知连续,能够将学生的注意力从一个画面自然过渡到下一个画面,中间没有明显的间断和抖动感。

5.2.2 静图素材的采集

在课件制作中,扫描仪可用于扫描照片、图表,还可借助 OCR 识别软件进行印刷文字的识别,有助于文本的大量输入。一般的照片可以选择对 300 dpi 扫描精度,对于印刷图片则选择去网纹方式扫描,高精度方式扫描时应先通过预览准确定位扫描区,以免扫描图像数据量太大,耗费处理时间。

1.利用扫描仪采集静图素材

现以 Uniscan B800 系列扫描仪为例简要介绍其正确使用步骤与方法。

(1)安装扫描仪的硬件和软件

①安装。按扫描仪安装使用说明书,分别安装扫描硬件与软件后,再接通扫描仪和计算机系统的电源,启动主机。然后,点击"开始"→"程序"→"Uniscan B800"→"Uniscan B800 Utility"后,便可启动清华紫光扫描仪程序,即弹出如图 5-1 所示的工作窗口。

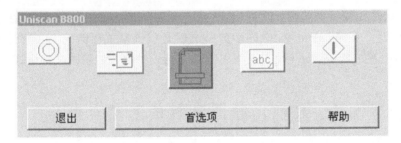

图 5-1 "Uniscan B800"主界面

该窗口上部有"自定义""电子邮件""扫描""文字识别""复印"5 个功能按钮,按下不同的按钮即可调用不同的功能。在功能按钮下边还有 3 个按钮,"退出""首选项""帮助"。

②设置扫描参数。在调用扫描仪功能中的任意一个时,都需要用到扫描仪来对文章或图像进行扫描,故"设置"即是在使用这些功能时,对扫描仪的一些参数进行设置。主要有选择"首选项""功能键"设置。

(2)扫描仪的功能

①扫描。点击▇来扫描文件图像。扫描后的图像发送到已经设定好的应用程序中进行后处理。

②复印。点击◇,直接将扫描后的图像或文件发送到打印机或打印机应用程序。

③电子邮件。点击▣,直接将扫描后的图像或文件发送至电子邮件程序。

④OCR 文字识别。点击▣,直接将扫描后的文档发送到 OCR 文字识别软件。

(3)举例

下面以"扫描"为例介绍 TWAIN 扫描对话框,如图 5-2 所示。

①用缩放工具设定扫描区域的大小。

②用拖拽工具设定已固定的扫描区域的位置。

③用批扫描工具在预览图片上一次建立多个不同的扫描项目。

④用扫描来源选择被扫描稿件类型。

⑤选择扫描模式 24 bit 彩色、48 bit 彩色、黑白和灰度。

⑥选择适当的分辨率。

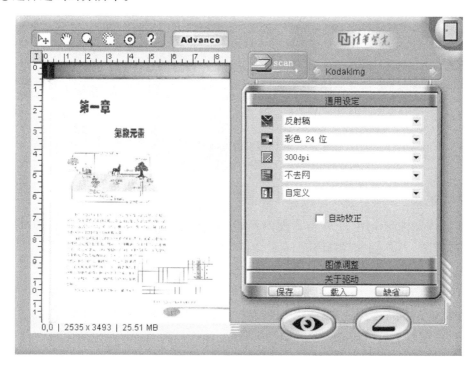

图 5-2　扫描仪的 TWAIN 对话框

设置如上的模式后就可以进行扫描操作。如果需要进行其他功能的操作,可在选择相应功能后,设置适当参数,即可进行相应的操作,实现相应的目的。

2. 利用数码相机采集与制作静图素材

数码相机是一种能够进行拍摄,并通过内部处理将拍摄到的景物转换成数字图像的特殊照相机。与普通照相机相比的优越之处在于拍摄的照片是数字化图像,因此省去了胶片及冲洗的过程,而且是直接将采集的数字图像信息保存在内部存储器(DRAM 或小型磁盘)中。由于带有与通用计算机通信的标准接口,可以利用计算机图像处理的所有技术。数码相机都有内部的存储介质,典型的存储介质是闪速存储器,存储在它上面的信息断电后还能保持几个月,甚至几年。所有图像数据都通过串行口、SCSI 口或 USB 接口从照相机传送至多媒体计算机,可以将这些图片文件插到文档、图像演示或 Web 页面中。图 5-3 为数码相机软件启动与编辑界面。

在多媒体课件制作中,数码相机直接产生数字化图像,通过接口及配套的软件完成图像输入计算机的工作。使用好数码相机应具备一定的摄影知识,包括摄影用光、摄影构图、影调、色调等的处理等。用于课件制作的数码相机应选择百万以上像素的类型,最好是选用有 USB 接口的。

（a）

（b）

图 5 – 3　数码相机软件启动与编辑界面

（a）数码相机软件启动界面；（b）数码相机软件编辑界面

3. 利用视频卡采集单帧视频图像作静止素材

在多媒体课件制作中，一些与课程内容相关的静态单帧视频图像也是常用的素材资源，比如录像带、VCD 碟中的画面等。

4. 捕捉屏幕静止图像

对于制作应用软件教学演示的多媒体课件，需要从屏幕上抓取静止图像，可借助屏幕抓图工具。在 Windows 环境下，捕获当前屏幕上的图像，最简单的方法是：当屏幕出现需要的图像时，按键盘上的"Print Screen"键，屏幕图像即拷贝到 Windows 的剪贴板中，然后打开图像处理软件，如"附件"中的"图画"，选择"粘贴"，即可得到屏幕图像，图像分辨率大小与屏幕区域设置相同。

如果利用专门的抓图软件则可以获得更加灵活的屏幕捕捉效果，例如 Snagit，SupreCaPture（超级屏捕），HyperSnap – DX 等。图 5 – 4 是 HyperSnap – DX 屏幕捕捉软件捕捉图像画面，其工作窗口如图 5 – 5 所示。

图 5 – 4　屏幕捕捉软件的捕捉画面

图 5 - 5　屏幕捕捉软件的编辑窗口

5.利用光盘采集

图像类素材光盘很多,一些插图、标志、纹理材质、风光照片都可以在课件中使用,这是最简单、快捷的图像采集方法。光盘中的图片可用 ACDSee 软件的迅速寻找查看。通常,图像素材是需要再加工的,可根据课件的需要,应用各种图像处理软件对图像进行任意加工,图像处理内容主要涉及:

(1)对图像进行剪切、粘贴、合并来修改图像内容。

(2)对图像变形处理,或修改细节使图像更符合要求。

(3)对图像亮度、对比度、色彩、图像尺寸、分辨率、色彩模式等的调整。

利用软件提供的各种滤镜,实现不同的艺术效果,如模糊、油画效果。

5.3　数字化静图素材的编辑

数字化静图素材的编辑主要是根据课程教学内容及多媒体课件的设计与创作的需要,对通过上述途径与方法采集与制作成的图形和图像进行浏览、裁剪、缩放、移动、效果增强、旋转等艺术加工及文件格式转换等处理工作。下面以 ACDsee6.0 工具软件为例,介绍编辑图形和图像的方法。

5.3.1　ACDsee 的启动及静图浏览

1.ACDsee 的启动

若桌面上建立了 ACDsee 的快捷图标,在桌面上双击 ACDsee 的图标即可立即启动 ACDsee 6.0。若桌面上没有创建快捷图标,则可从“开始”→“程序”→“ACD System”中选择“ACDsee 6.0”,也可启动 ACDsee 工具软件。具体工作窗口如图 5 - 6 所示。

2.利用 ACDsee 浏览静图素材

(1)在图 5 - 6 所示的“ACDsee”工作窗口的“文件夹列表”栏中,选择需要侧览的图片文件所在的文件夹,于是在其右边的"文件列表"框中会显示出需浏览的图片文件列表。

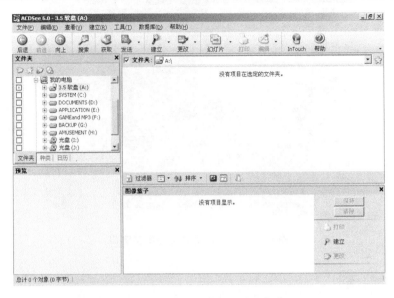

图 5 – 6　　ACDsee 浏览静图的工作窗口

（2）在图 5 – 6 所示的"ACDsee"工作窗口的"工具"栏中,选择需要浏览的图片的列表格式,以改变图片浏览的格式。

（3）选择需要显示图片的文件名,ACDsee 便会在左下边的窗口中显示如图 5 – 7 所示的预览窗口。

图 5 – 7　　ACDsee 预览窗口

（4）在图 5 – 7 中双击图片的预览窗口,即可将屏幕切换到所选择浏览图像的显示窗口,如图 5 – 8 所示。

（5）若浏览的图片比显示窗口大得多,则可在鼠标光标呈手形状时,按住鼠标左键拖

图 5 – 8　ACDsee 浏览图像的窗口

拽,以使图片的其他部分从屏幕上看不见的地方移动出来。

(6)如果需要显示所选择浏览图片文件夹中的前一幅图片或后一幅图片,则可以通过单击图 5 – 9 中"工具"栏中的左右箭头工具"←(上一幅图片)""→(下一幅图片)"按钮,即可将前后图片在屏幕显示出来。

图 5 – 9　ACDsee 的"工具"栏

(7)如果需要缩放所显示的图片,则可单击图 5 – 9 的"工具"栏中的" –(缩小)"和" +(放大)"按钮,即可进行显示图片的缩放。

(8)若需满屏显示,则可在显示窗口中单击鼠标的右键出现其快捷操作工作菜单,选择"满屏"键即将浏览的图片进行全屏显示。

5.3.2　多幅图片的自动浏览

在图片浏览过程中,如果一组图像文件中有多幅图片需要浏览,则可通过设置浏览参数,采用播放幻灯片形式来浏览,这样可大大减少上述重复操作。具体步骤如下:

(1)在选择图 5 – 9"幻灯片"中选择"设置"即可进入"幻灯片播放"的参数设置对话框,如图 5 – 10 所示。

(2)在图 5 – 10"文件选择"中可以选择要播放的文件夹;在基本选项卡中可以选择转换效果、背景色、切换时间;在高级中可以选择各种播放品质、常规设置、播放次序;在文本中可以插入数字标签。全部设置好后单击"确定"按钮,即可将设置的参数保存下来。

(3)若需要播放一组多幅图片的图像文件,只要在图 5 – 9 所示的"工具"栏中选择"幻灯片"→"幻灯片"即可多幅图片循环浏览。

图 5 - 10 ACDsee 的"幻灯片播放"参数设置对话框

5.3.3 图片的缩放

ACDsee 能非常方便地对图片进行放大与缩小,同时也可改变图片的大小尺寸,为多媒体课件中静图素材的编辑带来了方便。因为,在静图编辑过程中,有时往往需要了解图片的某一细节,这就需要将图片进行放大,若了解图像的全貌,则需要将图片缩小。具体操作步骤如下:

(1)如果需要放大整幅图片,则在图 5 - 9 中 ACDsee 浏览图片的窗口的"工具"栏中单击"+(放大)"图标;若需要缩小图片,则单击"-(缩小)"图标。

(2)如果需要将图片中的某一局部放大,则可以将鼠标光标放在图片上,按住鼠标左键,拖拽出一个矩形区域,将需放大的局部包围起来。然后,将鼠标的光标放在矩形区域中,单击鼠标右键,于是就能将图片的某一局部放大。

5.3.4 图片的旋转

在编辑过程中,根据课件设计需要将图片旋转,也可以通过 ACDsee 实施。ACDsee 能将图片左旋 90° 和180°,也可右旋90°和180°。具体操作步骤如下:

(1)选择需要旋转图片的文件名,并在图 5 - 9 所示的对话框的"工具"栏中选择"更改"→"旋转/翻转",打开如图 5 - 11 所示的"旋转/翻转"对话框。

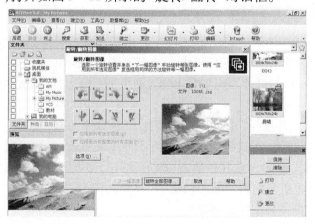

图 5 - 11 ACDsee 的"旋转"对话框

（2）根据课件设置需要选择图 5 – 11 中显示的旋转方向，比如右旋 90°，则选择图中"旋转箭头 3（右旋 90°）"，即可将图片右旋 90°显示，如图 5 – 12 所示。

图 5 – 12　编辑图片右旋转 90°的屏幕显示

5.3.5　图片效果增强

为了提高编辑图片的质量，ACDsee 提供了一个增强图片效果（主要包括曝光、颜色、红眼、锐化、噪声、调整大小、剪裁及清晰度等增强）的功能，如根据课件制作的需要，需将曝光及亮度增强。单击图中"工具"栏的"编辑"图标，则可打开 ACDsee，FotoCanvas 3.0 或设置自己的编辑器，此处以 ACDsee 自带编辑窗口为例，如图 5 – 13 所示。

图 5 – 13　ACDsee 的"图像增强"工作窗口

下面以亮度为例介绍"图像增强"的具体操作步骤：

（1）在图 5 – 13 所示的对话框中选择"曝光（有太阳图案）"的按钮，即打开了"曝光亮度"对话框，然后选择"亮度对话框"，如图 5 – 14 所示。

（2）根据需要，一边观察窗口"当前"的图片效果，一边拖动图 5 – 14 中的"亮度""对比度"及"增益（Gamma）"滑块，直到效果满意时，单击"确定"按钮，图片的层次及亮度增强即调整完成，如图 5 – 15 所示。

图 5 - 14 "图片层次及亮度"同时增强的对话框

图 5 - 15 "图片层次及亮度"增强后的效果

5.3.6 静图图片文件格式的转换

在编辑静图素材过程中,有时需要将采集的图片文件格式转换才能被多媒体课件创作工具调用。ACDsee 能方便实施这项功能。具体操作步骤与方法如下:

(1)启动 ACDsee 进入其主工作窗口,在其文件列表项中选择需要格式的图片文件,再从其"工具"栏中选择"更改"→"图像格式转换"项,于是出现如图 5 - 16 所示的"格式转换"对话框。

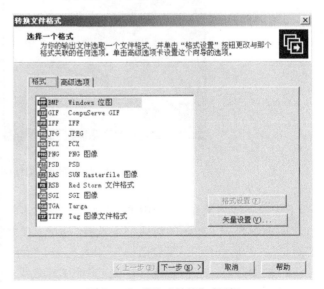

图 5 - 16 "格式转换"对话框

（2）设置转换格式和高级选项。设定好后单击"下一步"，如图 5 – 17 所示。

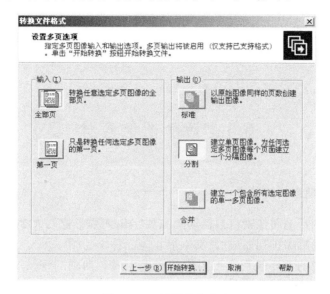

图 5 – 17　设置输出选项

（3）根据需要设置文件保存位置和文件选项。设定好后单击"下一步"，如图 5 – 18 所示，进入多页设置选项，选择自己的设置后点击"开始转换"即可完成图片文件的格式转换。

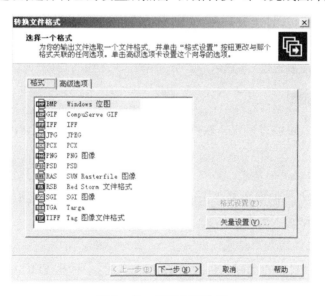

图 5 – 18　设置多页选项

第6章 活动图像素材的采集与制作

6.1 活动图像素材

6.1.1 活动图像素材的种类

多媒体课件中的活动图像素材包括动画和数字化视频影像两大类,它们都是由一系列的静止画面按一定的顺序排列而成的,其中静止画面称之为帧。

动画和视频影像的主要区别在于图像的产生方式。动画的每帧图像必须通过一些工具软件对活动图像素材进行编辑制作而成,而视频影像则要经过视频信号源(如电视、录像及摄像等)经数字化后产生的图像和相应的同步声音的混合处理。动画是用人工合成的方法对课程教学内容中真实世界的一种模拟,而视频影像则是对课程教学内容中真实世界的记录。

为了使动画和视频影像播放流畅无跳跃感,播放速度应达 25 帧/秒以上(例如 PAL 制式的视频图像),而要能表现丰富的色彩,则要求画面颜色至少是 256 色,理想的应能显示 64 KB ~ 16 MB 颜色。为了能表现图像的细节,分辨率应达到 VGA(640×480)标准。而在一定的显示内存下,播放速度、颜色数以及分辨率往往互相制约,应该综合考虑。

6.1.2 动画的类型

在多媒体课件中,可通过多媒体软件中的动画技术进行课程教学内容相关概念的描述或原理的演示。

1. 多媒体课件中动画的类型

在多媒体课件中,根据课程教学内容的表现形式不同,常用的动画素材主要有过程动画、运动动画及变形动画三大类。

2. 计算机动画文件的常用格式

多媒体计算机中制作的动画文件主要有两种格式:一种是 FLIC 格式,另一种是 MMM 格式(按照标准的 Windows 术语,称其为多媒体影片文件)。后者一般集成在完整的应用程序中,单独出现的文件比较少见,必须由专门播放 MMM 的动画程序驱动。

6.1.3 计算机动画制作原理

1. 帧动画的制作

帧动画也称全屏动画或页动画。动画程序首先以屏幕页为单位建立许多全屏幕图像,然后将其依次存入页缓冲区(或称帧缓冲区)中。动画的效果产生是利用动画播放程序,将帧缓冲区内的图像页按照排好的顺序拷贝到显示存储区中,从而在屏幕上显示动画。

2. 位块动画的制作

位块传递动画简称为位块动画或块图形动画。它主要采用传送或逻辑运算的方法改变显示缓存区中的某处邻域的数据,产生动画效果,其特点是实现起来简单、运动速度快、对存储空间无太大的要求,是许多多媒体制作课件中采用的方法。

3. 调色板动画的制作

调色板动画的产生方法与位块动画极为类似,只不过是通过不断地设置和改变调色板进行颜色变换,使原本静止的画面产生动态视觉效果。

4. 实时动画的制作

实时动画是在动画的实现过程中绘制每帧图像。它要求有两个以上的图形页(显示缓冲区),并将中央处理器(CPU)时间分成图像建立时间和图像动画时间。当程序在一页上绘制图像时,显示的是另一页内容。未被显示的页称为隐藏页。隐藏页上图形绘制完毕后立即将该页设置为显示页,原来的显示页则变成了隐藏页,可供程序绘制下一幅图像。如此反复,利用显示页和隐藏页交替变化实现了实时动画。

6.2　视频影像的种类及数字化处理

6.2.1　视频影像的种类

1. 模拟视频影像

模拟视频影像是基于模拟技术以及图像的广播与显示所确定的国际标准,如人们日常观看的电视和录像节目等。在电视上看到的风景录像,往往具有身临其境的感觉。但它的最大缺点是经过长时间的存放之后,视频质量将大大降低,而且经过多次复制之后,图像的失真就会很明显。

2. 数字视频影像

多媒体课件中视频影像是数字视频,这种视频影像是基于数字技术以及其他更为拓展的图像显示标准。数字视频影像有两层含义,一是模拟视频影像信号输入计算机进行数字化视频影像的编辑,最后制成数字视频影像素材;二是指视频影像由数字摄像机拍摄下来,从信号源开始,就是无失真的数字视频影像素材,视频影像输入计算机时不再考虑视频影像质量的衰减问题。

6.2.2　视频影像的数字化处理原理

视频影像的数字化是指在一段时间内以一定的速度对模拟视频影像信号进行捕捉并加以采样后形成数字化数据的处理过程。通常的视频影像信号都是模拟的,在进入多媒体计算机前必须进行数字化处理,即 A/D 转换和彩色空间变换等。数字视频影像信号从帧存储区内到编码之前还要由窗口控制器进行比例裁剪,再经过 D/A 变换和模拟彩色空间变换,这一系列工作统称为编码。

视频影像信号的采集就是将模拟视频影像信号经硬件数字化后,再将数字化数据加以存储。在使用时,将数字化数据从存储介质中读出,并还原成图像信号加以输出。视频影像信号的采集可分为单幅画面采集和多幅动态连续采集。在单幅画面采集时,可以将输入的视频影像信息定格,并将定格后的单幅画面以多种图像文件格式加以存储;对于多幅动态连续画面的采集,可以对视频影像信号进行实时、动态的捕获和压缩,并以文件形式加以存储。

6.2.3　数字化视频影像的压缩

模拟视频影像经过数字化后存入计算机的数据量是巨大的,解决这一矛盾的最好方法是对视频影像数据进行压缩。因为视频影像数据具有很大的压缩潜力,像素与像素之间在行或列方向上都有很大的相关性,因此整体上数据的冗余度很大,在允许一定限度失真的前提下,能够对视频影像数据进行很大程度的压缩。

1. 压缩方法

(1)无损压缩法,如霍夫曼编码、算术编码、行程编码等。

(2)有损压缩法,如预测编码、变换编码、子带编码、矢量化编码、混合编码和小波编码等。

2. 压缩应考虑图像的质量

在活动图像的采集与制作中,为了减少数据量并且保证良好的影像画质,应考虑以下三个方面的问题:

(1)要确定使用的压缩方式。这既要根据多媒体课件需要,也要考虑教师实际使用的多媒体计算机是否有相应的解压缩驱动程序。多媒体课件中的活动图像最好采用 Windows 自带的 CODEC。

(2)要考虑使用者的多媒体计算机系统能正常运行的最高数据传输量。最高数据传输量受到包括 CD – ROM 的数据传输量、I/O 总线速度、CPU 的速度以及显卡支持能力的限制。制作活动图像时应尽可能降低数据率。数据率指每秒存放影视频数据所需的磁盘空间的平均量。一般来说同一种压缩方式,下面几个因素也影响到数据率,如画面大小、画质设定、每秒帧数。

(3)要考虑 CD – ROM 容量。如果多媒体课件中需要的活动图像时间长、质量高,从目前的压缩标准看,应选用 MPEG – 1 压缩方式。一张 650 MB 光盘可以容纳 74ndn 的 VCD 标准的 MPEG – 1 活动图像。

6.2.4　数字化视频影像文件的格式

数字化视频影像文件的常用格式主要有以下几种:

1. FLC/FLI 格式

是包含视频图像所有帧的单个文件,采用无损压缩,画面效果清晰,但其本身不能储存同步声音,不适合用来表达课程教学内容中的真实场景。

2. AVI 文件

AVI(Audio Video Interleaved)称为音频 – 视频影像交错文件,可将视频和音频信号混合交错地储存在一起,这种交错存放好处是避免不必要的文件信息搜寻,压缩比较高。AVI 为文件的扩展名,也简称 AVI 文件。

3. MOV 文件

MOV 是 Macintosh 平台下常见的数字视频影像格式,使用有损压缩方法, Quick Time 提供广阔的应用范围和优越的压缩画质。该视频应用软件要在 Macintosh 系统中运行,现在已经移植到 Microsoft 的 Windows 环境下。

4. MPG 文件

MPG 文件是多媒体计算机上的全屏幕活动视频影像的标准文件,也称为系统文件或隔行数据流。它是基于 MPEG 方式压缩的数字视频影像格式,通过记录每帧间的差异信息(帧间压缩)来代替记录整幅画面内容,当画面只有小部分变动时,视频影像文件的数据就会大幅度降低。MPEG – 1 适用于 VCD,MPEG – 2 适用于 DVD。

5. DAT 文件

DAT 是 Video CD 或 Karaoke CD 数据文件的扩展名,这种文件的结构与.MPG 文件格式基本相同,播放时需要一定的硬件条件支持。虽然一般将 Video CD 称为全屏幕活动视频影像,但实际上标准 VCD 的分辨率只有 350×240,与 AVI 或 MOV 格式的视频影像文件不相上下。

6.3 活动数字视频影像素材的采集与制作

6.3.1 活动数字视频影像素材的采集与编辑

1.活动数字视频影像素材的采集

在多媒体课件中,视频影像素材是通过专用的视频采集卡(电视卡、1394 卡)或捕捉卡获得的。视频采集卡将视频源输入的模拟的视频信号转换成数字信号,数字化的视频数据的存储量非常大,如果采集的视频的帧速率越高,平面尺寸越大,颜色数越多,数据量就越大。因此,在设计制作教学软件时,不能大量采用,通常只能选择与教学内容密切相关,且对突破教学难点和重点至关重要的部分视频信息。

由于被采集的视频质量不会比源视频好,所以要尽可能使用高质量的源视频,否则既影响视频采集和回放的质量,又减少了压缩比。动态视频信息的采集,需要计算机拥有很大的存储空间和高速的数据传输速度。若数据传输速度远远低于视频信息所需的存取速度,会导致大量数据的丢失,因而影响采集和播放的质量。播放时,就会导致显示画面的不连贯,而出现跳帧现象。所以在采集和播放过程中,要对图像进行实时的压缩和解压缩,以适应计算机传输速度的需要。在既满足使用,又不影响视频资料真实性的条件下,可以通过压缩视频,减少被采集视频的尺寸和帧率,来减少视频的数据量,提高视频的存取速度。

无论采用哪种方式获取活动视频影像素材到计算机,都必须进行数据压缩。一般的方法是通过一块与多媒体计算机相连接的具有视频输入、输出标准接口的视频采集卡,该采集卡在采集软件配合下,通过硬件方式完成对视频的压缩。获取视频源方法主要有以下几种:

(1)利用摄像机。可以利用各种形式的摄像机实时摄制。

(2)利用录放像机。利用录放像机播放已经事先摄制或转录到录像带中的内容。

(3)利用影碟机。利用影碟机播放 VCD 或 DVD 光盘,也是采集视频的一个常用方法。因为光盘的内容很丰富,不仅可以利用 VCD 或 DVD 影碟机播放,也可通过计算机中的光驱播放。当然用计算机播放还应具有相应的播放软件和视频抓帧软件,例如使用《超级视频解霸 3000》。

(4)电视节目。现在的许多彩色电视机都有视频输出接口,因此可利用电视机直接采集电视节目中的内容,此时最好采用质量较好的有线电视节目源。

(5)屏幕视频捕捉。该功能可以对计算机操作过程中的屏幕变化情况实时捕捉 AVI 格式的影像文件。

2. 活动数字视频影像素材的编辑

通过各种方法得到的活动数字视频影像的播放效果不一定能满足应用的要求,此时可以利用一些视频编辑软件工具对数字视频影像进行编辑,也就是通常所说的非线性编辑。使用得比较广泛的视频编辑软件是 Premiers,该软件的功能强大,一般能满足各种需要,并且能为被编辑的素材增加各种效果。常用的视频采集和编辑工具的主要功能有:

(1)能够将录像节目中的一些无关紧要的信息裁剪掉。这种裁剪使得视频内容更加紧凑,同时也减少了存储空间并节省了计算机资源。

(2)能将数字视频信息与其他信息进行混合。例如,可以与动画、静态图像以及其他视频信息混合。

(3)可以调整录像的次序,类似于录像的加工编辑。

(4)利用滤波功能给数字视频中的图像帧增加特殊效果。例如,可以增加模糊效果或者改变色度和亮度,还可以在帧与帧之间增加过渡特技。

(5)可以用来增加一些标题信息。这一功能常用来表示该视频影像片断的主题或者注明作者和版权信息,非常有用。

(6)视频编辑软件均带有一个较好的界面。例如,都有类似于录像机的播放控制按钮,用来控制视频的播放;有时间行显示,可在屏幕上调节并控制每一帧中有关元素的起始点和终止点。

(7)视频编辑软件往往能支持通用的多种媒体格式。例如,可以在视频中叠加一段标准的 WAV 声音文件。为了在视频中加入静止的帧画面,视频编辑软件还能支持一些通用的图像文件格式。

(8)视频编辑软件至少可将所有编辑结果保存为一个标准的 AVI 文件。这种文件也是多媒体项目最终使用的视频文件。

6.3.2 活动数字视频影像素材文件格式的转换

视频影像媒体文件的格式较多,一些多媒体创作工具不能支持所有格式的视频文件,这就需要将原有的视频文件格式转换成需要的格式。另外对于相同的 AVI 格式和 MPG 格式文件,前者要比后者所占磁盘空间大得多,因而对于过去保存的和一些简易视频捕捉卡采集的 AVI 文件最好能转换成 MPG 格式文件。

1. VCD 格式转换为网络视频格式 MPC

利用《超级视频解霸 3000》中提供的"网络视频 MPC 压缩工具"可将 VCD 格式转换为网络视频格式 MPC 文件。如图 6-1 所示即是 VCD 格式转换为网络视频格式 MPC 的对话框。

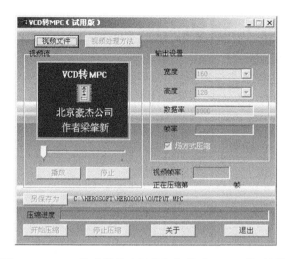

图 6-1 VCD 格式转换为网络视频格式 MPC 的对话框

具体操作步骤如下：

(1)点击"视频文件"，选择欲转换的 VCD 文件。

(2)此时可以在"视频流"这一项进行浏览，或者选择"开始点"(拖动滑块)。

(3)右边显示的是转换成的 MPC 文件的相关信息。

①高度、宽度，即图像大小，缺省为 160×128。

②数据率，即网络传输的数据率。

③帧率，即播放的帧率。

④点击"另保存为"按钮，选择保存路径和文件名。

⑤点击"开始压缩"，即可看到"压缩进度"的状态，此时点击"停止压缩"或"退出"即可结束转换。

利用《超级视频解霸3000》中提供的工具可将其他格式图像素材转换成相应格式的图像素材。

2. 多段 MPG 图像素材转换成 VCD 格式图像

实际的多媒体课件制作过程，有时需将制作或采集的多段 MPG 格式的图像素材刻录到 VCD 碟上，这就需要进行视频文件格式的转换。因为这些 MPEG 文件的格式或文件结构不符合 VCD 格式，刻录软件不能接受该文件进行 VCD 刻录。

利用《超级视频解霸3000》中提供的"合并 MPEG 工具"能把多个这些不符合 VCD 格式的 MPEG 文件，合并成为一个符合 VCD 格式的 MPEG 文件。再用刻录软件进行 VCD 刻录，即可顺利完成。该合并工具对话框如图 6-2 所示。具体操作步骤与方法如下：

(1)添加文件。在图 6-2 对话框的"输入文件"栏中，点击"添加"按钮将所

图 6-2 多段 MPG 素材合并成 VCD 格式图像对话框

要的 MPG 文件加到文件列表中。注意:应按需要的播放顺序添加文件。

（2）输出文件。在图 6 − 3 对话框的"输出文件"栏中,指定要合并输出的 MPEG 文件（＊.mpg）。要求该输出文件符合 VCD 刻录标准。

（3）转换合并。上述各项选择完毕后,即可点击"开始"按钮开始合并。播放时在视频画面上双击鼠标左键出现如图 6 − 4 所示的图像文件选择的工作界面。

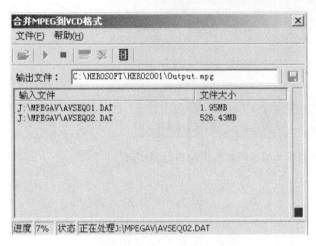

图 6 − 3　多段 MPG 素材转换成 VCD 格式图像对话框　　　图 6 − 4　图像文件选择的工作界面

下　篇

第7章 Flash 8 概述

7.1 Flash 基础知识

7.1.1 Flash 使用界面

在计算机中安装好 Flash 8 中文版后,单击屏幕左下角 开始 的按钮,在弹出的"开始"菜单中,选择"程序"→"Macromedia"→"Macromedia Flash 8"命令,启动 Flash 8 中文版,显示如图 7－1 所示的使用界面。

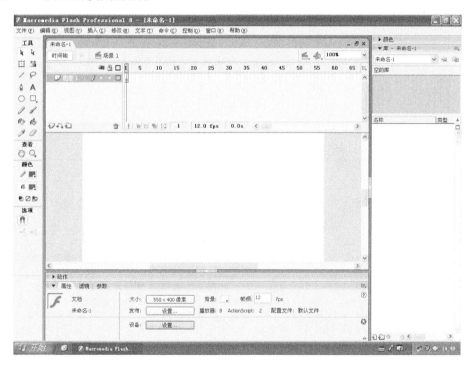

图 7－1 Flash 8 中文版使用界面

1.菜单栏

菜单栏是 Flash 最重要的组成部分之一,几乎所有的功能都可以通过菜单命令来实现。其中"帮助"菜单是非常好的学习途径,它不仅提供了教程和典型范例,还为在使用 Flash 的过程中提供各种帮助。

2."主要"工具栏

"主要"工具栏位于菜单栏的下方,它包括了一些常用的命令按钮,如图 7－2 所示。选择"窗口"→"工具栏"→"主要栏"菜单命令,可以显示该工具栏(默认情况下此工具栏不显示)。该工具栏上各按钮的功能如表7－1所示。

图7－2 "主要"工具栏常用命令按钮

表7－1 "主要"工具栏上各按钮的功能

图标	名　称	作　用
	新建	新建 Flash 文件
	打开	打开已经存在的 Flash 文件
	保存	保存正在编辑的文件
	打印	打印正在编辑的文件
	打印预览	预览文件打印效果
	剪切	将选中的内容移入剪贴板中
	拷贝	将选中的内容复制到剪贴板中
	粘贴	插入到剪贴板中的内容
	撤销	取消上一次操作
	重做	重做上次被撤销的操作
	对齐对象	用于辅助绘制图形、调整对象到指定位置上、制作路径动画等
	平滑	使线条或图形边框线变得更加光滑,该功能可连续使用
	伸直	使线条或图形边框线变得更加平直,该功能可连续使用
	旋转和倾斜	对选中的内容进行旋转或倾斜操作
	缩放	缩小或放大所选中的内容
	对齐	对多个选中的对象进行对齐、分布、匹配和间隔等操作,调整它们之间的相对位置及大小

3."绘图"工具栏

"绘图"工具栏中包含了绘制、编辑图形所需的大部分工具。可以利用它们来进行图形设计,例如绘制直线、圆、矩形等图形,调整图形颜色、形状,制作各种特效,等等。熟练掌握这些工具的使用方法,有助于提高制作水平。

"绘图"工具栏上各按钮的功能如表7－2所示。

表 7 - 2 "绘图"工具栏上各按钮的功能

图标	名　称	作　用
	箭头工具	用于选择对象、改变线条或图形边框线的形状
	部分选取工具	在线条或图形边框线上单击,可显示出编辑顶点,用以精确调整线条形状
	任意变形工具	实现对图形和文字对象的任意变形,包括移动、旋转、缩放、倾斜、扭曲
	填充变形工具	用于调整图形内容的方向、大小、中心位置
	直线工具	用于绘制直线
	套索工具	用于选择不规则图形对象
	钢笔工具	用于绘制精确的直线或曲线路径
	文本工具	用于文字的输入和编辑
	椭圆工具	用于绘制椭圆,按住 Shift 键,可以绘制出圆形
	矩形工具	用于绘制矩形、圆角矩形、多边形和星形,按住 Shift 键,可以绘制出正方形
	铅笔工具	用于手绘图形,类似于使用真实的铅笔作画
	刷子工具	类似于刷子,用于绘制实心区域,画笔的形状和大小均可以设定
	墨水瓶工具	用于改变线条或图形边框线的颜色、宽度和样式
	颜料桶工具	用颜色填充封闭的图形区域,还可使用渐变色和位图进行填充
	吸管工具	从一个对象上获得填充或线条属性,然后将它们复制到其他对象上
	橡皮擦工具	用于擦除屏幕上多余的图形对象
	手形工具	当画面过大不足以显示全部内容时,可以用该工具拖动舞台来查看其他部分
	缩放工具	放大或缩小绘画视图
	笔触颜色	用于设置线条或图形边框线的颜色
	填充颜色	用于设置图形填充颜色,还可以设置填充为渐变色、位图
	默认颜色	笔触颜色为黑色,填充颜色为白色
	无颜色	设置笔触颜色或填充颜色为无颜色
	交换颜色	交换当前的笔触颜色和填充颜色

4.舞台和工作区

舞台是绘制图形、输入文字、设计动画等各项操作的区域,而工作区则是位于舞台周围的灰色区域。舞台类似于现实生活中剧场的舞台,而工作区类似于后台,只有在舞台上制作的对象,在课件播放时才能显示出来;而位于工作区上的对象,在播放时是不显示的,仅供制作时使用。例如,将"FLASH 文件"中的"FLASH"放置在舞台上,而"文件"放置在工作区内,如图 7 − 3(a)所示,在播放时只能显示出其中的"FLASH",如图 7 − 3(b)所示。

(a)　　　　　　　　　　　　　(b)

图 7 − 3　舞台和工作区的比较

(a)位于舞台和工作区上的文字;(b)播放效果

利用这两个区域的性质不同,可以制作出文字或图形从工作区中移动到舞台上的动画,在播放时实现对象移入画面的动画效果,如图 7 − 4 所示。

图 7 − 4　椭圆从左侧移入画面的动画效果

5.状态栏

状态栏位于整个 Flash 程序窗口的最下方,用来显示当前工具按钮、菜单命令的解释信息。状态栏在默认情况下不显示,可以选择"窗口"→"工具"(或按 Ctrl + F2 键)菜单命令将其打开。

6.标尺、网格和辅助线

对象在舞台上的位置将直接影响播放效果。为了使对象在舞台上能够精确定位,Flash 提供了三种辅助定位工具:标尺、网格和辅助线,如图 7 − 5 所示。

(1)标尺。选择"视图"→"标尺"菜单命令,在舞台的上方及左侧将分别显示水平和垂直标尺,标尺刻度的默认单位是像素。如果需要修改标尺刻度的单位,可以选择"修改"→"文档"菜单命令,弹出"文档属性"对话框,在其"标尺单位"下拉列表框中选择需要的单位,如图 7 − 6 所示。

(2)网格。选择"视图"→"网格"→"显示网格"菜单命令,在舞台上显示网格线;另外需要调整网格线的间距和对齐精确度时,可以选择"视图"→"网格"→"编辑网格"菜单命令,在弹出的"网格"对话框中进行相应的设置即可,如图 7 − 7 所示。

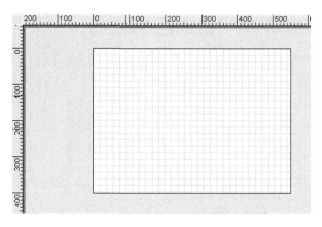

图 7 - 5　标尺、网格和辅助线

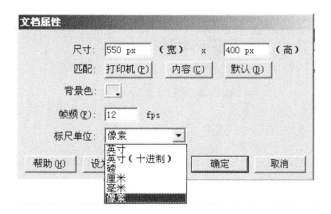

图 7 - 6　"文档属性"对话框

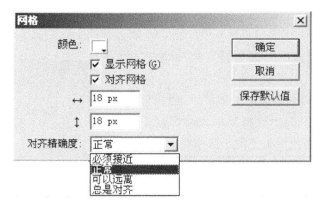

图 7 - 7　"网格"对话框

（3）辅助线。选择"视图"→"辅助线"→"显示辅助线"菜单命令，可用来显示辅助线。
如果显示了标尺，可以将水平和垂直辅助线从标尺拖动到舞台上，如图 7 - 8 所示。

调整辅助线的属性，可以选择"视图"→"辅助线"→"编辑辅助线"菜单命令，在弹出
"辅助线"对话框中进行相应的设置，如图 7 - 9 所示。

(a)
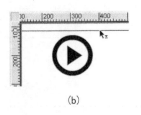
(b)
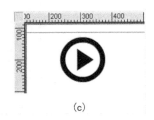
(c)

图 7 - 8　使用辅助线

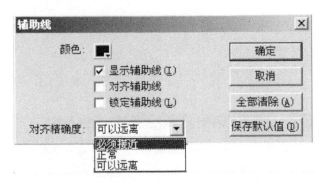

图 7 - 9　"辅助线"对话框

7．面板

Flash 中的面板有助于用户查看、组织和编辑各类对象，面板上的各个选项控制着元件、实例、颜色、类型、帧等对象的特征。

Flash 的面板较多，如果所需的面板没有显示，可以选择"窗口"菜单下的相应命令将其打开；若想使面板上的位置恢复初始状态，可以选择"窗口"→"工作区布局"→"默认"菜单命令；按 F4 键，可以隐藏"绘图"工具栏和面板（除"时间轴"面板）；若再次按 F4 键，则可以恢复显示。

Flash 屏幕分辨率一般为 1 024 × 768，若屏幕分辨率低于这个数值，会使一些面板上的信息被其他面板所遮盖而无法全部显示，解决这个问题可以用以下方法：

（1）移动鼠标指针到面板左上角位置，当鼠标指针变成 ✛ 形状时，按住鼠标不放将其拖离原面板组而单独显示，则可以显示出该面板上的全部信息。

（2）单击面板右上角的"选项菜单"按钮 ，在弹出如图 7 - 10 所示的菜单中，选择"关闭面板"，关闭暂时不需要的面板，释放占用的窗口空间，从而显示出被遮盖面板上的信息。

图 7 - 10　关闭面板

（3）增大屏幕分辨率，使其不低于 1 024 × 768。操作方法：在"桌面"上单击鼠标右键，弹出快捷菜单，选择"属性"命令，在弹出"显示属性"对话框的"设置"选项卡中，设置"屏幕区域"为"1 024 × 768"，完成后单击

"确定"按钮即可。

7.1.2　Flash 常用面板

1."混色器"面板

"混色器"面板能非常方便地选择想要的
颜色,打开"窗口"→"混色器",如图 7 – 11 所
示。在"调色板"上不同处单击鼠标,可以选
取不同的颜色,单击"红""绿""蓝"选项菜单
右侧的小三角按钮,弹出颜色值滑块,拖动滑
块即可以精确调整颜色值。

该面板中的 Alpha 项用于设置颜色的透
明度,Alpha 值为 100% 表示完全不透明;而
Alpha 值为 0% 表示完全透明。在"填充方
式"下拉列表框中可以选择不同的填充方式,
包括纯色、线性、放射状和位图,效果如图 7 –
12 所示。

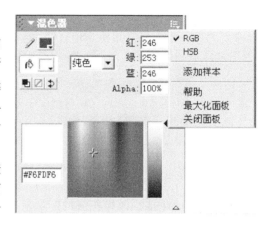

图 7 – 11　"混色器"面板

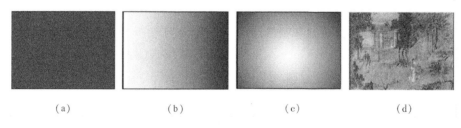

（a）　　　　　　（b）　　　　　　（c）　　　　　　（d）

图 7 – 12　用不同的填充方式填充矩形
（a）纯色;（b）线性;（c）放射状;（d）位图

2."颜色样本"面板

打开"窗口"→"混色器",该面板分为上下两部分,如图 7 – 13 所示。上半部是单色色
彩样本,下半部是渐变色彩样本,在制作过程中可以根
据需要选择颜色样本,使用"混色器"面板选项菜单中
的"添加样本"命令,可以添加颜色样本。

3."属性"面板

当用户选中某一个对象时,"属性"面板上就会显
示出与该对象相关的属性,如图 7 – 14 所示。如果要修
改此对象的属性,可以在该面板上直接对其进行修改,
方便快捷。

4."时间轴"面板

"时间轴"面板用于组织和控制内容在一定时间内
播放的图层数和帧数。与电影胶片一样,Flash 将时长
分为帧。图层就像层叠在一起的幻灯胶片一样,每个

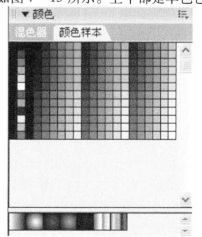

图 7 – 13　"颜色样本"面板

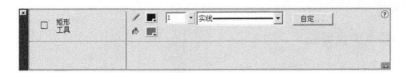

图 7 - 14　图形对象的"属性"面板

图层都包含不同的图像。时间轴的主要组件是图层、帧和播放头,如图 7 - 15 所示。

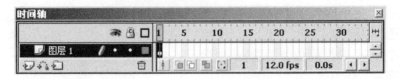

图 7 - 15　"时间轴"面板

　　图层位于"时间轴"面板左侧的图层窗格中,每个图层所包含的帧显示在该图层右侧的一行中,时间轴标尺的数字为帧编号,播放头指示在舞台上当前显示的帧。

　　时间轴状态显示在"时间轴"面板上的底部,它指示当前帧的编号、帧频以及到该帧为止的运行时间。

　　5."动作"面板

　　利用"动作"面板可以为对象和帧添加动作语句,创作出具有交互性的课件。此面板有两种编辑模式:标准模式(如图 7 - 16(a)所示)和专家模式(如图 7 - 16(b)所示),利用面板上"脚本助手"按钮 ![脚本助手] ,可以在这两种编辑模式间切换。

　　　　　　　(a)　　　　　　　　　　　　　　　　　　(b)

图 7 - 16　"动作"面板

(a)标准模式;(b)专家模式

　　在标准模式中,双击面板左侧"动作"工具箱中的动作语句,生成的语句显示在面板右侧的脚本编辑区中;在专家模式中,可以直接在面板右侧的脚本编辑区中输入动作语句,类似于编写一般的程序代码,也可以从面板左侧"动作"工具箱中选择动作语句来创建。

　　6."组件"面板

　　打开"窗口"→"组件",如图 7 - 17 所示。Macromedia Flash 组件是带参数的影片剪辑,用户可以修改它们的外观和类型。组件既可以是简单的用户界面控件(如单选按钮或复选框),也可以包含内容(如滚动窗格);组件还可以是不可视的(如FocusManager,它允许用户控制应用程序中接收焦点的对象)。可以构建复杂的 Macromedia Flash 应用程序,用户不必创建自定义按钮、组合框和列表,将这些组件从"组件"面板拖到应用程序中即可为应用程序添加功能。

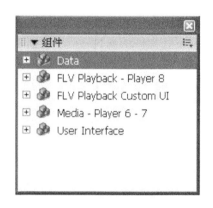

图 7 – 17　"组件"面板

7."场景"面板

打开"窗口"→"其他面板"→"场景"(或按Shift + F2),如图 7 – 18 所示。

Flash 制作的课件是由一个或多个场景组成的,每个场景又由许多图层和帧构成,可以利用不同的场景来组织不同主题内容。例如,可以使用不同的场景来分别显示片头字幕、封面、主体内容、片尾字幕等。

当发布包含多个场景的 Flash 课件时,其中的场景将按照它们在如图 7 – 18 所示的"场景"面板中列出的顺序进行播放,它的帧都是按场景顺序编号的。例如,如果课件包含两个场景,每个场景有 10 帧,则场景 1 中帧的编号为 1 ~ 10,而场景 2 中帧的编号则为 11 ~ 20,播放完场景 1 中的内容后继续播放场景 2 中的内容。

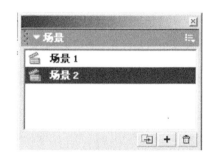

图 7 – 18　"场景"面板

7.2　文件操作和课件发布

在制作课件过程中,经常要遇到文件操作,包括新建、打开、保存、设置文件属性、发布等,其中设置文件属性主要有设置动画播放速度、背景颜色、画面大小等属性。当动画影片制作完成后,需要将其转换为发布的 SWF 格式文件或 EXE 可执行文件,以便能在其他计算机上运行。

7.2.1　文件操作

制作课件,首先需要创建一个 Flash 动画文件,还需要设置课件文件的各项属性(如窗口大小、背景颜色等)。

1.新建文件

新建文件有以下两种方式:

(1)启动 Flash 时,系统将自动新建一个空文件。

(2)可以选择"文件"→"新建"菜单命令,新建一个空文件,或者单击"主要"工具栏上的"新建"按钮 来实现相同的功能。

2.设置文件属性

设置文件的属性,主要包括课件播放的尺寸、背景色和播放速度,其中播放尺寸以 px(像素)为单位,默认值为 550 px(宽)×400 px(高),播放速度以帧频 fps(帧/秒)为单位,帧频太高,易丢失画面细节;帧频太低,会降低课件播放的流畅度,对于大多数在计算机上播放的课件,设置为 8 fps ~ 12 fps 即可。例如,设置课件的播放尺寸为 400 px×300 px,背景色为黑色,播放速度为 24 fps 的操作步骤如下:

(1)在 Flash 中新建一个空白文件,此时舞台下方的"属性"面板如图 7 - 19 所示。

图 7 - 19　"属性"面板

(2)单击"大小" 550 x 400 像素 按钮,弹出如图 7 - 20 所示的"文档属性"对话框,设置"尺寸"为 400 px(宽)×300 px(高),单击"确定"按钮,调整课件播放的尺寸。

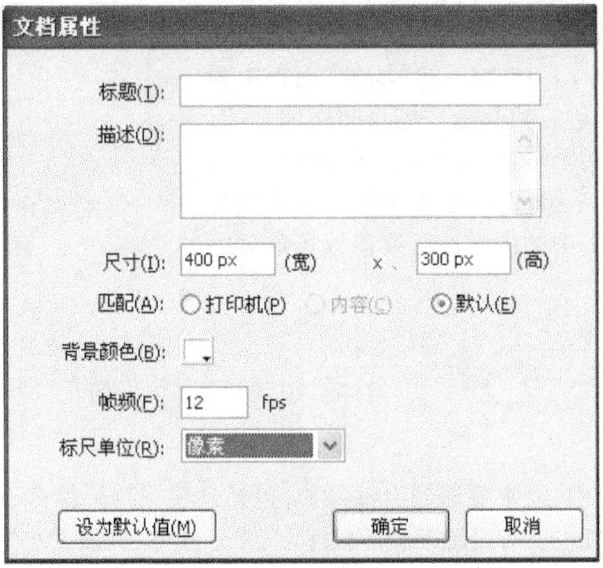

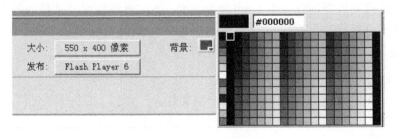

图 7 - 20　"文档属性"对话框

(3)单击"属性"面板上的"背景"按钮,在弹出的调色板中选取需要的颜色(如黑色),将课件背景设置为黑色,如图 7 - 21 所示。

图 7 - 21　设置课件背景为黑色

（4）继续在"属性"面板上的"帧频"框中输入 24，将课件的播放速度调整为 24 fps（帧/秒）。

3. 保存文件

在制作课件过程中，要经常保存文件，文件保存的方法与其他软件基本相同。例如，将当前的文件保存为"课件.fla"文件，其操作步骤如下：

（1）选择"文件"→"保存"菜单命令，弹出如图 7 - 22 所示的"另存为"对话框。

图 7 - 22　"另存为"对话框

（2）在"保存在"下拉列表框中选择课件所存放的文件夹，在"文件名"框中输入课件名称"课件"，最后单击"保存"按钮，完成课件的保存操作，Flash 文件的扩展名为 fla。

4. 调试和运行课件

在调试课件过程中，经常需要预览课件的播放效果，并及时对课件内容进行调整或修改。如果在 Flash 的编辑环境中，预览某一段动画的播放效果，可以用鼠标单击图层的第 1 帧并按 Enter 键（回车键），如果需要预览整个课件的播放效果，按 Ctrl + Enter 键即可。

制作完成的课件，需要将其发布为 SWF 格式（Flash 动画格式）或 EXE 可执行文件后才能运行。

7.2.2　课件发布

Flash 课件制作完成后，在运行该课件之前，先要将其发布为 SWF 格式或 EXE 可执行文件。Flash 的发布功能，主要是用于将制作完成的 Flash 课件源文件（.fla）输出为多种类型的媒体文件，如 SWF 格式、网页、图像、影片、EXE 可执行文件等，其中的 SWF 格式文件和 EXE 可执行文件，能保持 Flash 中所有的功能，而且画面精美、交互功能强大。

1. 发布为 SWF 格式文件

发布为 SWF 格式文件，可以脱离 Flash 环境运行，但需要计算机上安装有不低于该版本的 Flash 播放器软件，其操作步骤如下：

（1）启动 Flash，选择"文件"→"打开"菜单命令，在弹出的"打开"对话框中选取 Flash 课件，如"课件.fla"，单击"打开"按钮，打开该课件文件。

（2）选择"文件"→"发布设置"菜单命令，弹出如图 7 - 23 所示的"发布设置"对话框，单击"格式"选项卡。

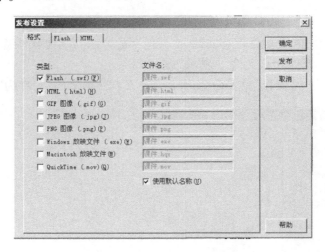

图 7 – 23 "发布设置"对话框

（3）选取"Flash(.swf)"选项,单击"发布"按钮,即可在与源文件相同的文件夹中生成 SWF 格式文件,用鼠标双击该文件图标,系统会自动调出 Flash 播放器进行播放。

2. 发布为 EXE 可执行文件

发布为 EXE 可执行文件,就可以在任何一台装有 Windows 的计算机上直接运行。操作方法与上面发布的 SWF 格式文件的方法基本相同,只需在"发布设置"对话框中,选取"Windows 放映文件(.exe)"选项,单击"发布"按钮,即可在与源文件相同的文件夹中生成一个与源文件同名的可执行文件(.exe),运行该文件只需在文件图标上双击鼠标即可。

生成的 SWF 格式文件体积较小,但需要系统安装有 Flash 播放器软件才能播放。若未安装 Flash 播放器,将本机中 Flash 8 安装目录(如 C:Program Files\Macromedia\Flash8)下 Players 文件夹下的 Flash 播放器软件 SAFlashPlayer. exe 复制到对方计算机中,即可实现 SWF 格式文件的播放。

3. 创建 EXE 可执行文件

打开已经运行的(.swf)文件,"文件"→"创建播放器",将文件命名,单击"保存"按钮,即可在同级目录下,生成一个可执行文件(.exe)。

第8章 Flash 8 基础

8.1 认识图层

8.1.1 添加图层和图层文件夹

新建的 Flash 文件只有一个图层,在制作过程中,可以通过增加图层来组织各种对象。如果图层较多,则可以按照图层的类别建立图层文件夹,将图层分门别类地存入各个图层文件夹中,使得图层的组织和管理变得更加便捷。

1.添加图层

对图层的操作,集中在"时间轴"面板左侧的图层窗格中,如图 8-1 所示。添加图层有以下几种方法:

(1)使用工具按钮。单击图层窗格左下角的"插入图层"按钮 ,在当前图层的上面新建一个图层,图层取名为"图层 X"(X 是自动编号,$X=1,2,3,\cdots$),如图 8-2 所示。

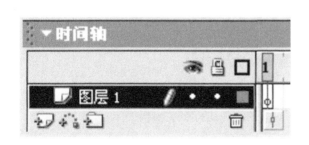

图 8-1 "时间轴"面板中的图层窗格　　　　图 8-2 新建图层

(2)使用快捷菜单。在图层上单击鼠标右键,在弹出的快捷菜单中选择"插入图层"命令,即可在当前图层上新建一个图层。

(3)使用菜单命令。单击某个图层的名称,将该图层选中,选择"插入"→"图层"菜单命令,同样可以在当前图层上新建一个图层。

2.添加图层文件夹

一个复杂的课件或动画往往需要建立较多图层,这样在查找和编辑时会有诸多不便,若使用图层文件夹就可以有效地解决这个问题。将图层放入图层文件夹中,可以在图层窗格中展开或折叠,而这些操作不会影响在舞台中显示的内容。图层和图层文件夹,功能上类似于 Windows 操作系统中的文件和文件夹。

添加图层文件夹的方法和插入图层的方法基本相同,有以下几种:

(1)使用工具按钮。单击图层窗格左下角的"插入图层文件夹"按钮,在当前图层的上面新建一个图层文件夹,图层文件夹取名为"文件夹 X"(X 是自动编号,与图层共同参加编号)。例如,当前图层名称为"图层 1",在此图层上新建的图层文件夹,则取名为"文件夹 2",如图 8 - 3 所示。

图 8 - 3 插入图层文件夹

(2)使用快捷菜单。在图层上单击鼠标右键,在弹出的快捷菜单中,选择"插入文件夹"命令,在当前图层上新建一个图层文件夹。

(3)使用菜单命令。选中某个图层,选择"插入"→"图层文件夹"菜单命令,同样可以在当前图层上新建一个图层文件夹。

新建的图层文件夹不包括任何图层,是空文件夹。若要将某个图层放入图层文件夹中,只需用鼠标将此图层拖动到该图层文件夹上即可。例如,将"图层 2"层放入"文件夹 3"图层文件夹中,操作如图 8 - 4 所示。

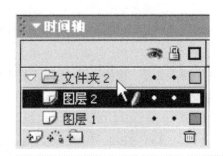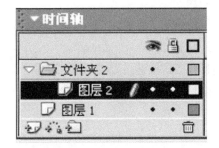

图 8 - 4 将图层放入图层文件夹

8.1.2 编辑图层

编辑图层主要包括移动图层、复制图层、删除图层、重命名图层,等等。对图层进行编辑,先选中被编辑的图层,然后进行各项操作。另外,查看图层是以不同的方式显示图层,常用于辅助图层的编辑。

1. 选择图层

选择图层包括选择一个图层和多个图层。被选中的图层,显示出"铅笔"图标 ,则表示该图层为当前图层;若同时选中多个图层,也只有一个图层是当前图层,在制作过程中,只能对当前图层中的对象进行各项操作。

(1)选择单个图层

①单击图层窗格中的图层名称。

②单击时间轴上对应于这个图层的某一帧。

③单击"绘图"工具栏上的"箭头工具"按钮 ,选择舞台上该层中的任一对象。

（2）选择多个图层

要选择相邻的多个图层,可以先在图层窗格中单击需要选择的起始图层,然后按住 Shift 键不放,再单击需要选择的结束图层,则起始图层和结束图层之间的所有图层均被选中,如图 8 - 5(a)所示;要选择不相邻的多个图层,可以在按住 Ctrl 键的同时,在图层窗格中依次单击需要选择的图层,如图 8 - 5(b)所示。

 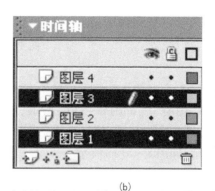

（a）　　　　　　　　　　　　　　　　（b）

图 8 - 5　选择多个图层

（a）选择 3 个相邻的图层;(b)选择 2 个不相邻的图层

2. 重命名图层

在制作过程中,为了便于了解该图层中的内容,往往需要修改图层原有的名称,这样可以使整个作品结构清晰,便于维护和管理。重命名图层有以下两种方法:

（1）双击图层的名称,图层名称呈蓝色背景显示,表示处于编辑状态,输入新的图层名即可。例如,将"图层 1"层的名称重命名为"背景",操作如图 8 - 6 所示。

图 8 - 6　重命名图层

（2）双击图层名称左侧的图标，在弹出"图层属性"的对话框中,修改"名称"框中的文字即可。

3. 移动图层

移动图层可以改变图层中内容上下层的显示关系。操作方法:先选中需要移动的一个或多个图层,然后用鼠标拖动它们,这时会产生一条虚线,当虚线到达目标位置上时,松开鼠标即可。例如,将"图层 1""图层 2"层移动到"图层 3""图层 4"层的上面,操作如图8 - 7 所示。

4. 复制图层

使用复制图层功能,可以复制出与原图层内容完全相同的图层,包括图层中的动画、动作语句等。下面以复制"图层 1"到新建的"图层 3"中为例,介绍复制图层的操作步骤。

（1）单击"图层 1"的名称,选中整个图层(包括该图层中的所有帧),如图 8 - 8(a)所示;选择"编辑"→"拷贝帧"菜单命令,复制所有帧到剪贴板上。

图 8 - 7　移动图层

（2）选中"图层 2"，单击图层窗格左下角的"插入图层"按钮，在"图层 2"上新建一个图层，即"图层 3"，如图 8 - 8（b）所示。

（3）单击"图层 3"的名称，选中整个图层，选择"编辑"→"粘贴帧"菜单命令，完成整个图层的复制，如图 8 - 8（c）所示。

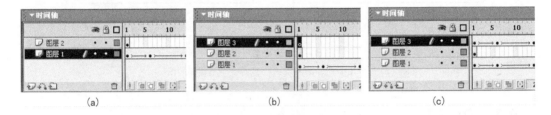

图 8 - 8　复制图层

（a）选中整个图层；（b）新建一个图层；（c）粘贴帧

5. 删除图层

删除图层的操作方法有以下几种：

（1）选中要删除的图层，然后单击图层窗格右下角的"删除图层"按钮。

（2）选中要删除的图层，用鼠标拖动此图层到"删除图层"按钮上。

（3）在要删除的图层上单击鼠标右键，在弹出的快捷菜单中，选择"删除图层"命令。

6. 查看图层

在制作 Flash 课件过程中，经常需要对图层进行显示或隐藏，还可以将图层上的对象以轮廓方式显示，以便使该图层区别于其他图层。

（1）显示或隐藏图层

隐藏图层后，就不能对该图层上的对象进行编辑，但仍然会输出到课件中。

操作方法：

①单击图层上的"眼睛"图标，出现"隐藏"标记时，表示隐藏该图层。若该图层为当前图层，则"铅笔"图标显示为，表示不可编辑，如图 8 - 9（a）所示。

②再次单击图层上的"眼睛"图标，"隐藏"标记消失，表示显示该图层。此时"铅笔"图标恢复显示为，表示可以编辑，如图 8 - 9（b）所示。

单击图层窗格右上角的"眼睛"图标，用来显示或隐藏所有图层；按住 Alt 键的同时，单击某图层的"眼睛"图标列，则隐藏所有其他图层，再次单击，又显示出所有其他图层。

图 8－9　隐藏或显示图层

（a）隐藏图层；（b）显示图层

（2）轮廓方式显示图层

单击图层上的方框，将该层上的所有对象以轮廓方式显示出来，如图 8－10（a）所示，这可以加快显示速度，并可以方便地了解对象的轮廓；再次单击，关闭轮廓显示方式，如图 8－10（b）所示。

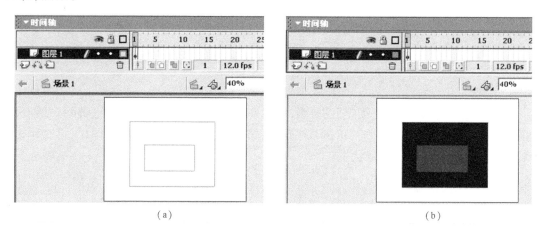

图 8－10　图层的显示方式

（a）轮廓显示；（b）正常显示

单击图层窗格右上角的方框图标■，用来将所有图层都以轮廓方式显示；按住 Alt 键的同时，单击某图层上的方框，则所有其他图层均以轮廓方式显示，再次单击，取消以轮廓方式显示。

轮廓线条的颜色是可以改变的，例如，将图层的轮廓颜色设为蓝色，操作步骤如下：

①双击图层右侧的方框图标■，弹出如图 8－11 所示的"图层属性"对话框。

②单击"轮廓颜色"按钮■，在弹出的调色板中，选择蓝色；选中"将图层视为轮廓"选项，单击"确定"按钮，此图层的对象全部显示为蓝色轮廓。

7. 锁定或解除锁定图层

在制作过程中，为了防止对已经完成的部分误操作，可以用锁定图层的方式，将图层中的对象进行锁定。锁定图层后，不影响对象的显示，但不允许编辑对象。如果需要对这些对象重新

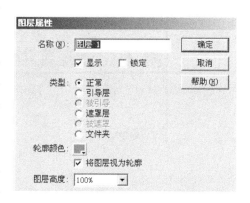

图 8－11　"图层属性"对话框

编辑,可以解除对图层的锁定。

操作方法:单击图层上的锁定列,出现"锁定"标记🔒时,表示该图层已锁定,如图 8 – 12 (a)所示。再次单击锁定列,"锁定"标记消失,表示解除对图层的锁定,如图 8 – 12(b)所示。

(a)   (b)

图 8 – 12　锁定和解除锁定图层

(a)锁定图层;(b)解除锁定图层

单击图层窗格右上角的"锁定"图标🔒,表示锁定所有图层;再次单击,将解除对所有图层的锁定。若按住 Alt 键的同时,单击某图层的锁定列,表示锁定其他所有图层;再次单击,将解除对其他所有图层的锁定状态。

8.1.3　添加特殊图层

1.添加引导层

引导层分为两种:普通的引导层和运动引导层。普通的引导层用于辅助绘图和对象的定位,而运动引导层用于对象动画中运动路径的导向,使对象沿绘制的曲线路径进行运动。无论是普通的引导层还是运动引导层,图层中的内容都不会在输出动画中出现。

(1)添加普通的引导层。它可以用普通图层转换得到。操作方法:在图层上单击鼠标右键,弹出快捷菜单,选择"引导层"命令,即将图层转换为普通的引导层,该图层的标志图标是✎,如图 8 – 13(a)所示。

(a)   (b)

图 8 – 13　普通引导层和运动引导层

(a)普通引导层;(b)运动引导层

(2)添加运动引导层。运动引导层不同于普通的引导层,不能由普通图层转换得到,它是一个新建的图层,而且在应用中必须指定是哪个图层上的运动路径。操作方法:单击图层窗格左下角的"添加运动引导层"按钮 ,则会在当前图层上添加一个新的运动引导层,运动引导图层的标志图标是 ;与该运动引导层相邻的下方图层成为被引导层,如图 8 - 13(b)所示。

运动引导层只能与普通图层关联,而不能与普通的引导层关联。一个运动引导层不仅可以与一个普通图层关联,还可以与多个普通图层关联,方法是:用鼠标将选中的图层拖动到运动引导层下面即可与之关联。

如果需要取消引导层,只需在引导层上单击鼠标右键,在弹出的快捷菜单中,选择"引导层"命令,即可将引导层转变成普通图层。

2. 添加遮罩层

遮罩层就像一张不透明的纸,我们可以在这张纸上挖一个洞,透过这个洞可以看到下面被遮罩层上的内容,这个洞的形状就是遮罩层上对象的形状,如在遮罩层上绘制一个椭圆,则洞的形状就是这个椭圆,如图 8 - 14 所示。

(a) (b) (c)

图 8 - 14　遮罩层效果

(a)原图;(b)在遮罩层中绘制椭圆;(c)遮罩后效果

(1)创建遮罩层

创建遮罩层,首先要明确遮罩层和被遮罩层的位置,即分别位于哪个图层;然后分别将这些图层内容制作完毕;最后将图层转化为遮罩层。下面将"图层 2"转换为遮罩层,"图层 1"转换为被遮罩层的操作方法如下:

①选择"图层 1",作为被遮罩层,并制作好该图层上的内容。

②单击图层窗格左下角的"插入图层"按钮 。在"图层 1"上新建一个"图层 2"。

③将"图层 2"作为遮罩层,在该层中绘制填充图形、文字或动画等对象。

④在"图层 2"上单击鼠标右键,弹出快捷菜单,选择"遮罩层"命令,将其转变为遮罩层,下面相邻的图层则转变为被遮罩层,此时遮罩层和被遮罩层都被自动锁定,显示出遮罩效果,如图 8 - 15 所示(其中遮罩层的标志图标是 ,被遮罩层的标志图标是 。

(2)与遮罩层关联

一个遮罩层下面可以有多个被遮罩层,如图 8 - 16 所示,"图层 4"是遮罩层,"图层 3""图层 2""图层 1"都是与"图层 4"相关联的被遮罩层。

将一个图层与遮罩层关联,成为被遮罩层的方法有以下几种:

①用鼠标将图层拖动到遮罩层下,该图层即可成为被遮罩层。

②在已有被遮罩层上再新建一个图层,该图层也会成为被遮罩层。

图 8-15　遮罩层与被遮罩层

图 8-16　1 个遮罩层和 3 个被遮罩层

③如果当前图层在遮罩层的下面,双击该图层名左侧的图标,在弹出的"图层属性"对话框中,选择类型为"被遮罩",单击"确定"按钮,即可将该图层转换为被遮罩层。

(3)取消与遮罩层的关联

取消与遮罩层的关联,使其成为普通图层的方法有以下两种:

①选取要取消关联的被遮罩层,将其拖动到遮罩层的上面。

②双击图层名左侧的图标,在弹出的"图层属性"对话框中,选择类型为"正常",单击"确定"按钮,即可将此被遮罩层转换为普通图层。

(4)编辑遮罩层

只有将遮罩层和被遮罩层全部锁定,才能显示出遮罩效果。在建立遮罩层时,遮罩层和下面的被遮罩层都会自动被锁定。如果要编辑遮罩层和被遮罩层上的内容,可以单击图层右侧的"锁定"标记🔒,取消该图层的锁定后就可以进行编辑了。编辑完成后再次将其锁定即可显示编辑后的遮罩效果。

快速锁定遮罩层和全部被遮罩层,显示遮罩效果的方法:在遮罩层或任意被遮罩层单击鼠标右键,弹出快捷菜单,选择"显示遮罩"命令即可。

8.2　认　识　帧

帧的运用是制作动画的前提,当播放指针随时间的变化移动到不同的帧上时,就会显示出各帧中不同的内容,从而产生动画效果。帧包括关键帧和一般的帧,它代表时刻,不同的帧代表不同的时刻。

8.2.1　帧和关键帧

认识帧和关键帧,首先要了解 Flash 中的动画,它的类型有两种:一种是逐帧动画,另一种是补间动画。在逐帧动画中,每一帧都是关键帧,而补间动画只需确定起始关键帧和结束关键帧,中间部分的帧由 Flash 自动生成,属于一般的帧。在时间轴上每一小格都是一帧,用小圆表示的帧是关键帧,其他不用小圆表示的帧是一般的帧,如图 8-17 所示。

1. 关键帧

关键帧用于定义动画变化的帧,在时间轴上用一个小圆表示,有实心和空心两种,如图

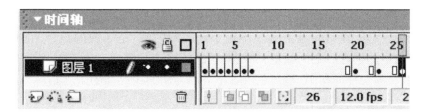

图 8 – 17　关键帧与一般的帧

8 – 18 所示。实心小圆是有内容的关键帧,即实关键帧;而空心小圆是无内容的关键帧,即空关键帧。

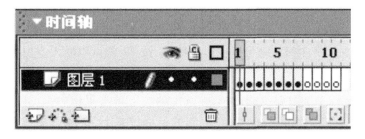

图 8 – 18　实关键帧和空关键帧

　　实关键帧与空关键帧是可以互相转化的,如果将实关键帧中的内容全部删除,则会变成空关键帧;相反,在空关键帧中添加内容,如绘制图形、输入文字等,即可变成实关键帧。

　　在 Flash 中关键帧的表现有很多种,其显示状态不同分别代表不同的动画类型或含义,如表 8 – 1 所示。

表 8 – 1　关键帧显示状态及说明

帧显示状态	说　　明
	逐帧动画,它的每一帧都是关键帧
	运动渐变补间动画,起始关键帧与结束关键帧之间显示一个浅蓝色背景的箭头
	形状渐变补间动画,起始关键帧与结束关键帧之间显示一个浅绿色背景的箭头
	虚线表示补间动画存在错误,无法形成动画
	实关键帧后面的浅灰色背景帧格表示一般的帧,与实关键帧内容相同
	空关键帧后面的白色背景帧格表示一般的帧,与空关键帧相同,无任何内容
	关键帧上有一个字母 α,表示为该帧设置了动作语句,当课件播放到这帧会执行相应的动作
	关键帧上有一个小红旗,表示该帧中包含标签
	关键帧上有一个绿色双引号,表示该帧中包含注释

2.一般的帧

除了关键帧以外,在时间轴上其他不用小圆表示的帧,是一般的帧。无内容的帧是白色帧格,而有内容的帧有一定的颜色,如浅蓝色的帧格表示是运动渐变补间动画,浅绿色的帧格表示是形状渐变补间动画,浅灰色的帧格表示与前面关键帧的内容相同。

8.2.2　编辑帧

1.插入帧

①方法一。在需要插入的帧格上,单击鼠标左键,再选择"插入"→"时间轴"→帧(F5)/关键帧(F6)/空白关键帧(F7)。

②方法二。在需要插入的帧格上,单击鼠标右键,在弹出的快捷菜单中,根据需要,选择"插入帧""插入关键帧"或"插入空白关键帧"命令;还可以使用快捷键来实现相同的功能,按 F5 键可以插入帧,按 F6 键可以插入关键帧,按 F7 键可以插入空白关键帧。

2.复制帧

在帧上拖动鼠标来选取要复制的帧,在选中的帧上单击鼠标右键,弹出快捷菜单,选择"复制帧"命令,将帧复制到剪贴板上;在复制的目标位置上,选取一帧或多帧,在选中帧上的右键快捷菜单中,选择"粘贴帧"命令,将复制的帧粘贴上去,覆盖原来选中的帧。

3.移动帧

选取要移动的帧,按住鼠标拖到目标位置,释放鼠标,即可将它们移到目标位置,如图 8 – 19 所示。

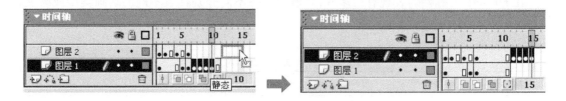

图 8 – 19　移动帧

4.删除帧

选取要删除的帧,在选中帧上单击鼠标右键,在弹出的快捷菜单中,选择"删除帧"命令即可,如图 8 – 20 所示。

图 8 – 20　删除帧

5. 延伸帧

延伸帧是在关键帧的后面插入一般的帧,插入帧的内容与该关键帧相同,实现关键帧内容的延伸。如在课件播放时需要一直显示背景图片,即背景图片能够显示在多个帧上,此时在显示背景图片的关键帧后,插入一般的帧(不是关键帧),就可以显示与关键帧(背景图片)相同的内容。下面以延伸"背景"图层为例,在整个轨迹动画中保持背景图案的显示。

(1)在"背景"图层的第 33 帧(需要显示的最后一帧)上,单击鼠标右键,弹出快捷菜单,如图 8 - 21 所示。

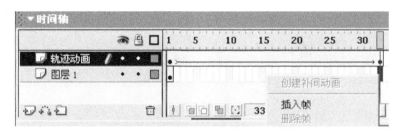

图 8 - 21　快捷菜单

(2)选择"插入帧"命令,"背景"图层的帧延伸到第 33 帧,如图 8 - 22 所示,使"背景"图层从第 1 帧到第 33 帧保持相同的内容,即在整个动画过程中,背景图案保持不变。

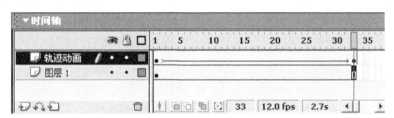

图 8 - 22　将帧延伸到第 33 帧

6. 清除帧和清除关键帧

清除帧是将帧中的内容全部删除,使该帧成为空关键帧,如图 8 - 23(a)所示;而清除关键帧,是将关键帧变成一般的帧,如图 8 - 23(b)所示。操作方法:在选中帧上单击鼠标右键,在出现的快捷菜单中,选择"清除帧"或"清除关键帧"命令。

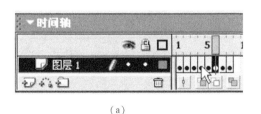
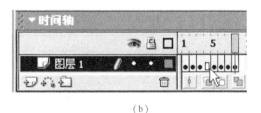

(a)　　　　　　　　　　　　　　　　(b)

图 8 - 23　对第 5 帧执行"清除帧"和"清除关键帧"操作的比较
(a)清除帧;(b)清除关键帧

清除帧和清除关键帧,不同于删除帧,它们不会减少当前图层中帧的总数,而是对当前的帧进行清除(清除帧)或转换(清除关键帧)操作;删除帧则是将当前帧删去,从而减少了总帧数。

7. 转换关键帧和转换空白关键帧

转换关键帧和转换空白关键帧,可以将一般的帧转换为关键帧或空白关键帧。操作方法:在选中帧上单击鼠标右键,在出现的快捷菜单中,选择"转换为关键帧"或"转换为空白关键帧"命令即可。例如,对"图层1"中的第7帧执行"转换为关键帧"操作,如图8-24(a)所示。然后对第5帧执行"转换为空白关键帧"操作,如图8-24(b)所示。

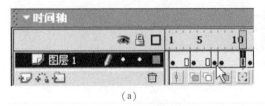　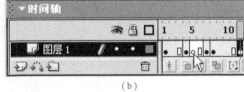

　　　　　　(a)　　　　　　　　　　　　　　　　(b)

图8-24　转换关键帧和转换空白关键帧

(a)将第7帧转换为关键帧;(b)将第5帧转换为空白关键帧

8. 翻转帧

翻转帧功能是将选取的多个帧进行翻转,颠倒帧的播放顺序,如一个物体从左向右运动的动画,经过翻转后,动画变成物体从右向左运动。翻转帧的操作方法:选取要翻转的多个帧,在选中帧上单击鼠标右键,在出现的快捷菜单中,选择"翻转帧"命令即可。

9. 添加帧标签和注释

帧标签用于标识时间轴中的关键帧,主要用于帧的定位,如在动画中要跳转到某一帧进行播放,此时在跳转的动作语句中使用帧标签优于使用帧编号。因为在时间轴中添加帧或删除帧时,帧标签会随着帧一起移动,但此时帧的编号已经改变,所以使用帧标签的动作语句可不用修改,但使用帧编号的动作语句则必须修改帧当前的编号,否则跳转就会发生错误。

帧注释用于对时间轴中的关键帧进行注释说明,帧注释不会输出到发布的作品中。

添加帧标签和注释的方法基本相同:选择要添加帧标签或注释的关键帧,在"属性"面板中的"帧标签"框中输入标签或注释。如果是标签文字,则直接输入即可,如图8-25(a)所示。如果是注释应在文字开头输入两个斜杠(∥),以区别于帧标签,如图8-25(b)所示。

　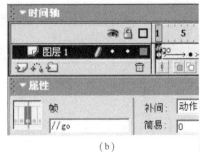

　　　　　　(a)　　　　　　　　　　　　　　　　(b)

图8-25　为第1帧添加标签或注释

(a)输入标签"start";(b)输入帧注释"∥go"

8.3　元件、实例和库

8.3.1　元件

1. 认识元件

元件是一个图形、按钮或影片剪辑。当元件被创建,它就被放入了该文件的"库"面板中,在使用时只需将元件从"库"面板中拖动到舞台上,就创建了该元件的一个实例。当多次将一个元件从"库"面板中拖动到舞台上,就创建了该元件的多个实例,即利用一个元件可以创建多个实例。

当修改一个元件后,其对应的实例也会随之改变,不需要再逐一修改;但修改舞台上的实例,如缩放、改变颜色效果、旋转、变形等,都不会影响存到"库"面板中的元件。

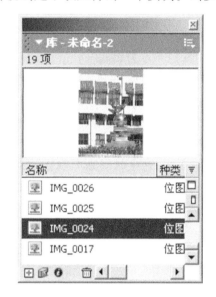

图 8 – 26　"库"面板

2. 元件类型

元件的类型可以分为图形、按钮和影片剪辑三种,如图 8 – 26 所示。每一个元件都有自己独立的时间轴、图层和舞台。在创建元件时,我们可以根据元件的用途,在对话框中来选定一种元件类型。

(1)图形元件

图形元件用于创建图片或动画片段中所需的各状态图片。例如,绘制一幅复杂的飞机图形,可以将其分为几个部分(如机身、螺旋桨等)进行绘制,如图8 – 27(a)所示。将每个部分的图形转换为图形元件,然后将各图形元件从"库"面板中拖动到舞台上,调整它们之间的位置,最后合成这架飞机的图形,如图 8 –27(b)所示。创建的图形元件拖放至场景后,可以设置大小、形状、Alpha 等。

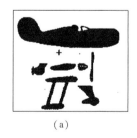

（a）

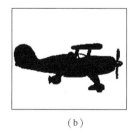

（b）

图 8 – 27　利用图形元件绘复杂图形

（a）绘制各部分图形；（b）合成各部分图形

（2）按钮元件

按钮元件  用于响应鼠标动作（如鼠标单击、鼠标滑过等）或按键动作，实现各种交互功能。按钮元件有 4 个不同的状态，如包括"弹起""指针经过""按下"和"点击"，如图 8－28 所示。其中"弹起"表示按钮未按下时的状态；"指针经过"表示当鼠标指针移动到按钮上时，按钮所表现的状态；"按下"表示在按钮上按下鼠标左键，按钮所表现的状态；"点击"表示按钮可以被鼠标单击的有效范围。

图 8－28　按钮元件的 4 个状态

（3）影片剪辑元件

影片剪辑元件 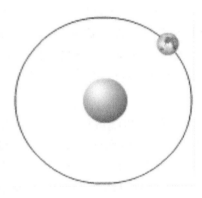 用于创建可反复使用的动画片段，可独立于主动画的时间轴进行播放。例如制作地球围绕太阳公转的动画，要求地球在公转的同时还要进行自转动画。此时可以将地球自转动画制作成一个影片剪辑，在主时间轴中制作地球围绕太阳的公转动画，将地球自转的影片剪辑插入进来，这样在播放主时间轴地球公转的同时，还循环播放地球自转的影片剪辑，实现两个动画同时播放的效果，如图 8－29 所示。

另外，影片剪辑元件还可以插入到按钮元件中，实现动态按钮；并且在一个影片剪辑中，还可以嵌套别的影片剪辑，实现丰富多彩的动画效果。

图 8－29　地球围绕太阳公转动画

3. 创建元件

创建元件的方式有两种：一种是从舞台上直接选取对象，将它们转换为元件；另一种是新建一个空白元件，然后在元件的编辑窗口中制作元件的内容。

将舞台上的对象转换为元件有两种方法：一种是对选中的对象应用菜单命令；另一种是直接将舞台上的对象拖动到"库"面板中。第二种步骤很简单，故我们介绍第一种转换方法的操作步骤。

（1）选取舞台上的对象，选择"修改"→"转换为元件"菜单命令（或按 F8 键），弹出如图 8－30 所示的"转换为元件"对话框。

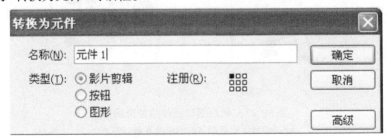

图 8－30　"转换为元件"对话框

（2）在"名称"框中输入元件的名称,在"类型"栏中选择类型(影片剪辑、按钮或图形),最后单击"确定"按钮,转换后的元件将自动存入"库"面板中。

4. 创建新元件

打开一个新的编辑窗口,在该窗口中完成元件内容的制作。创建新元件的操作方法如下:

（1）选择"插入"→"新建元件"菜单命令(或按 Ctrl + F8 键),弹出如图 8 – 31 所示的"创建新元件"对话框。

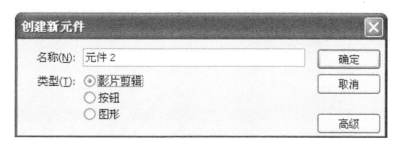

图 8 – 31　"创建新元件"对话框

（2）在"名称"框中输入元件名称,选择"类型"为某一种元件类型(影片剪辑、按钮或图形),最后单击"确定"按钮,进入该元件的编辑窗口,如图 8 – 32 所示。

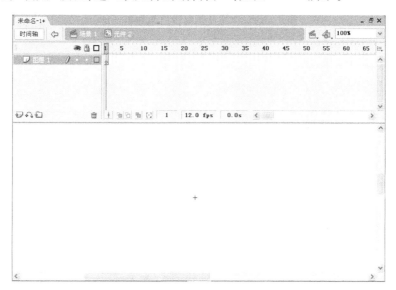

图 8 – 32　新建元件的编辑窗口

（3）当元件内容制作完成后,可单击元件编辑窗口左上角的" 场景 1 "图标(或单击元件编辑窗口右上角"编辑场景"按钮，在弹出的选项菜单中,选择"场景 1"命令),退出元件的编辑窗口,并回到主场景中。

5. 编辑元件

对元件进行编辑,将改变舞台上该元件的所有实例。编辑元件可以在三种模式下进行:一种是在上面介绍的编辑窗口中进行编辑;一种是在新建的单独窗口中进行编辑;另一种是在当前位置进行编辑。

（1）在元件编辑窗口中编辑元件

在舞台上选取要编辑元件所对应的实例,单击鼠标右键,在弹出的快捷菜单中,选择"转换为元件"命令（或鼠标左键双击）,进入元件编辑窗口,如图8－33所示。元件编辑完成后,单击元件编辑窗口左上角的"[场景1]"图标,退出编辑并进入主场景中。

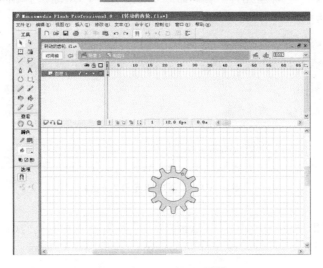

图8－33　在元件编辑窗口中编辑元件

（2）在新建窗口中编辑元件

在舞台上选取要编辑元件所对应的实例,单击鼠标右键,在出现的快捷菜单中,选择"转换为元件"命令,将新建一个窗口,对元件进行编辑,如图8－34所示。元件编辑完成后,单击元件编辑窗口左上角"编辑场景"按钮，在弹出的选项菜单中,选择"场景1"命令,退出编辑并进入主场景中。

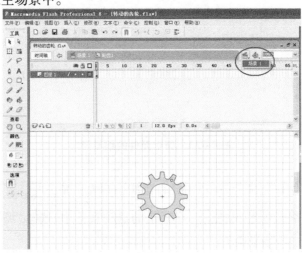

图8－34　新建窗口中编辑元件

（3）在当前位置编辑元件

在舞台上选取要编辑元件所对应的实例，在鼠标右键的快捷菜单中，选择"转换为元件"命令，则在当前窗口中对该元件进行编辑，此时其他对象变灰（不可编辑），如图 8－35 所示；元件编辑完成后，双击当前编辑元件以外的区域即可退出编辑。另外，双击舞台上的实例，同样可以在当前位置上编辑该实例所对应的元件。

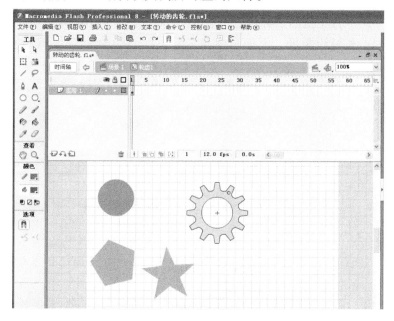

图 8－35　在当前位置中编辑元件

8.3.2　实例

元件创建后，它就自动存入了该文件的"库"面板中。将元件从"库"面板中拖动到舞台，就生成了该元件的一个实例。实例是元件的实际应用，在舞台上对实例进行各种操作，如缩放、修改实例的颜色效果、变形等都不会影响"库"面板中的元件。对根据同一元件创建的不同实例可以进行不同的设置、修改。

1. 创建实例

创建实例的方法比较简单，只需在"库"白板中，选择需要的元件，按住鼠标左键拖动到舞台上释放即可，如图 8－36 所示。

图 8－36　创建实例

2.编辑实例

实例来自于元件,当元件改变时,其对应的实例也会随之改变;而编辑实例,却不会影响"库"面板中的元件。每个元件可以有多个与之对应的实例,每个实例都可以独立编辑,互不影响。

(1)缩放和旋转实例

将元件从"库"面板中拖动到舞台上,创建与之对应的实例,可以根据实际制作的需要来调整实例的大小和旋转角度。下面以实例"箭头"为例,介绍缩放和旋转实例的操作方法。

①选择"窗口"→"库"菜单命令(或按 F11 键),弹出"库"面板,将该面板中的图形元件"箭头"拖动到舞台上,创建与该元件对应的实例,如图 8 – 37 所示。

图 8 – 37　编辑实例

②选中该实例,单击"绘图"工具栏上的"任意变形工具"按钮,此时在图形周围出现变形控制点。

③继续在"绘图"工具栏上的"选项"区中,单击"缩放"按钮,将鼠标指针移到图形右上角的控制点上,当鼠标指针变成形状时,按住 Shift 键不放,向右上角拖动鼠标,将图形等比例放大,如图 8 – 38 所示。

图 8 – 38　放大实例

④再次选中该实例(箭头图形),单击"绘图"工具栏上的"任意变形工具"按钮,在该工具栏下方的"选项"区中,单击"旋转"按钮,将鼠标指针移到右上角的控制点上,当鼠标指针变成形状时,向右下角拖动鼠标,将图形顺时针旋转,如图 8 – 39 所示。

图 8 – 39　旋转实例

(2)设置实例的颜色效果

通过实例"属性"面板上的"颜色"下拉列表,如图 8 – 40 所示,可以设置实例的亮度、色调和 Alpha 透明度等,从而改变实例在舞台上的颜色效果。

图 8 - 40　实例的"属性"面板

　　①亮度。设置实例的亮度值从 -100% 到 100% 之间,其中 -100% 为黑色,100% 为白色。若值大于 0% ,则实例变亮;值小于 0% ,则实例变暗;值为 0% ,则不改变实例的亮度。设置方法是单击"亮度值"框右侧的小黑三角按钮 ▼ ,在弹出的滑竿上用鼠标拖动滑块来调整实例的亮度值,如图 8 -41 所示。

　　②色调。为实例添加某种色调。设置色调操作是,单击"色调颜色"按钮 ■ ,在弹出的调色板中选取

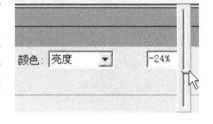

图 8 - 41　设置亮度

需要的颜色,然后设置所需的色调值,如图 8 - 42 所示。色调从 0% 到 100% 之间。若值为 0% 时,表示对实例完全没有影响;当值为 100% 时,实例的颜色将被选定的颜色完全替代。

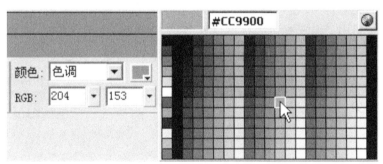

图 8 - 42　设置色调

　　③Alpha 透明度。用于调整实例的透明度,透明度在 0% 到 100% 之间,如图 8 - 43 所示。数值越小越透明,0% 表示完全透明而不可见,100% 则表示完全不透明,对实例无影响。

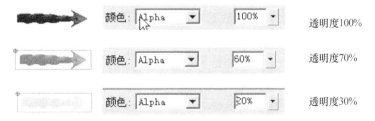

图 8 - 43　按钮图形透明度的比较

④高级。用来分别调节实例的红、绿、蓝和透明度的值,如图 8 - 44 所示。适合制作具有细微色彩变化的动画效果。

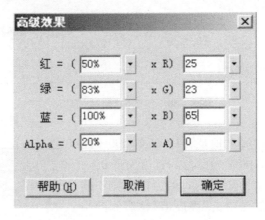

图 8 - 44   设置高级效果

左侧数值按指定的百分比降低或增大颜色或透明度的值,而右侧数值按常数值降低或增大颜色或通明度的值。当前的红、绿、蓝和 Alpha 透明度的值都乘以左侧的百分比值,然后加上右侧数值,产生新的颜色值。例如,如果当前红色值是 100,左侧的百分比值为 80% ,右侧数值为 50,就会产生一个新的红色值 130(100 × 80% + 50 = 130)。

(3)设置实例的名称和类型

如果实例的类型是“按钮”或“影片剪辑”,那么还可以设置该实例的名称,便于在制作过程中对它进行引用。设置实例名称的操作方法:选中实例,在“属性”面板上的“实例名称”栏中输入名称即可,如图 8 - 45(a)所示。

(a)   (b)

图 8 - 45   设置实例的名称类型
(a)设置实例名称;(b)设置实例类型

将元件从“库”面板中拖动到舞台上,所创建的实例与该元件的类型相同。在制作课件过程中,可以根据实际需要来改变实例的类型,如实例原来的类型是“图形”,可以将其设置为“按钮”或“影片剪辑”类型。操作方法:选中实例,在“属性”面板上的“元件类型”下拉列表框中,选择所需的类型即可,如图 8 - 45(b)所示。

(4)替换实例

在 Flash 中,实例与某一个元件相对应,在制作过程中可以根据需要将该实例重新指定为其他元件,从而显示为重新指定元件所对应的实例,实现了实例的替换。替换后的实例,将保持原实例的属性(如实例名称、颜色效果等)。操作方法如下:

①在舞台上选中需要替换的实例,如图 8 - 46 所示。

图 8 - 46 选中实例

②在该实例的"属性"面板上,单击 交换... 按钮,弹出如图 8 - 47 所示的"交换元件"对话框,选中另外一个元件。

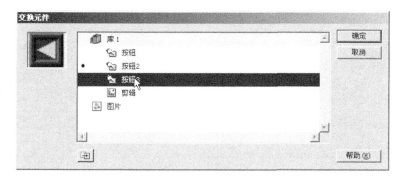

图 8 - 47 "交换元件"对话框

③单击"确定"按钮,在舞台上显示替换后的实例,如图 8 - 48 所示,原实例的属性仍然保留。

图 8 - 48 替换后的实例

(5)分离实例

分离实例可以切断实例和元件之间的联系,使之成为一般的图形。在未分离实例之前,修改该实例对应的元件,也将同时改变该实例;而将实例分离后,修改该实例对应的元件,对该实例则无任何影响。操作方法很简单:在舞台上选取某一实例,选择"修改"→"分离"菜单命令(或按 Ctrl + B 键)即可。

8.3.3 库

"库"面板主要用于组织和管理元件,利用它可以对其中的元件重复使用,大大降低了文件的尺寸;另外,还可以与他人共享存于"库"面板中的元件,提高制作效率,丰富素材资源。

1. 显示"库"面板

在 Flash 中,"库"面板存储了创建的元件,如图形、按钮和影片剪辑等。另外,导入的视频、声音、位图等素材文件,它们虽然不是元件,但 Flash 也把它们作为元件处理,可以被重复使用。在每一个 Flash 文件的"库"面板中,包含了该文件中使用的元件,另外还可以调用其他文件"库"面板中的元件(操作方法见"自建公用库")。

显示"库"面板的方法：选择"窗口"→"库"菜单命令（或按 F11 键）即可。"库"面板如图 8 – 49 所示。

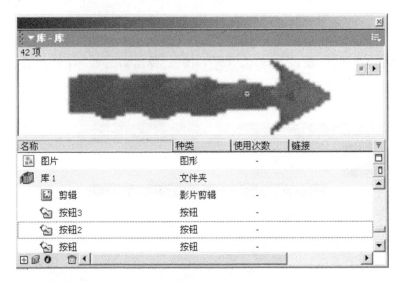

图 8 – 49　"库"面板

（1）选项菜单

单击"选项菜单"按钮，弹出选项菜单，用户根据需要选择执行其中的命令。

（2）预览窗格

用于显示元件效果，若元件包含多帧，则预览窗格中会出现"播放控制"按钮 ■ ▶，单击"播放"按钮 ▶，用于播放该元件的动画效果；而单击"暂停"按钮 ■，则暂停播放。

（3）添加新元件

相当于"插入"菜单中的"新建元件"命令，表示新建一个空元件。

（4）添加文件夹

若"库"面板中的元件较多，可以按照类别建立文件夹，然后将元件分门别类地放入不同的文件夹中，便于查找和修改。

（5）元件属性

单击该按钮，弹出"元件属性"对话框，如图 8 – 50 所示，用于显示所选元件的属性，可以在该对话框中对元件的属性进行修改。

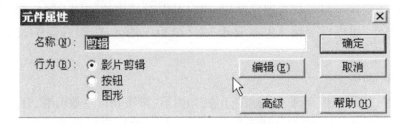

图 8 – 50　"元件属性"对话框

(6)删除🗑

用于删除"库"面板中选中的元件或文件夹,单击该按钮后,将弹出如图8－51 所示的"删除"对话框,再单击"删除"按钮即可。若删除文件夹,则该文件夹下的所有元件都将被删除。

(7)显示模式

可分为"宽库视图"和"窄库视图"两种显示模式。单击"宽库视图"按钮□,"库"面板将显示出元件的"名称""种类""使用次数""链接"和"创建时间"等栏目,如图8－52(a)所示。而单击"窄库视图"按钮□,"库"面板只显示元件的"名称"和"种类"栏目,如图8－52(b)所示。

图 8－51　　"删除"对话框

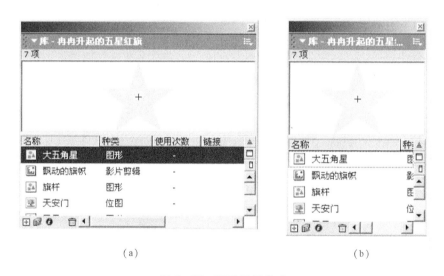

(a)　　　　　　　　　　(b)

图 8－52　　两种显示模式
(a)宽库视图;(b)窄库视图

(8)元件排序

对"库"面板中的元件进行排序,一共有两种方法:升序(箭头向上 ▲)、降序(箭头向下 ▼)。可以将元件按"名称""种类""使用次数""链接"和"创建时间"分别进行排序。例如,将元件按"名称"栏降序排列,可先单击 名称　　 栏目按钮,表示选中"名称"类别,单击右侧的排序按钮将其设为"降序"状态(箭头向下)即可。

(9)对元件操作

也可以在库中选中元件名称,单击鼠标右键,在弹出的菜单中进行各项功能的操作。

2.管理元件

"库"面板是组织和管理元件的场所,在该面板中可以创建新的元件、删除元件、重命名元件、复制元件、建立用于元件分类的文件夹等操作。

(1)重命名元件

在"库"面板中,在选中的元件上,单击鼠标右键,在弹出的快捷菜单中,选择"重命名"命令(或双击元件名称),此时元件处于编辑状态,输入新的元件名称即可,如图 8 – 53所示。

图 8 – 53　重命名元件

(2)直接复制元件

在"库"面板中的元件上,单击鼠标右键,在弹出的快捷菜单中,选择"直接复制"命令,弹出如图 8 – 54 所示的"直接复制元件"对话框,在"名称"框中输入新的文件名,完成后单击"确定"按钮,在"库"面板中复制出一个名称不同但内容相同的元件。

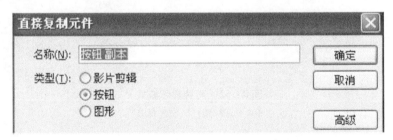

图 8 – 54　"直接复制元件"对话框

(3)元件文件夹

当"库"面板中的元件较多时,此时可以按元件的类别建立文件夹,并将元件放入相应的文件夹中,以便于管理。

在"库"面板中,文件夹有三种状态:第一种是空文件夹,无任何内容,它的图标是 🗀 ,如图 8 – 55 所示;第二种是有内容的文件夹,处于折叠状态,即只显示文件夹名称,不显示出此文件夹中所包括的元件,它的图标是 ;第三种
同样是有内容的文件夹,但处于展开状态,除显示文
件夹名称以外,还显示出此文件夹所包括的元件,它
的图标是 。双击文件夹图标可以折叠或展开文
件夹。

　　如果要将元件放入文件夹中,首先要对元件进
行选择,按住 Shift 键,可以选取相邻的元件;而按住
Ctrl 键,可以选取不相邻的元件。下面以元件文件夹
"按钮"为例,介绍建立元件文件夹的方法。

　　①单击"库"面板左下角的"新建文件夹"按钮
,建立一个新的元件文件夹,此时该文件夹名处
于编辑状态,输入文字"按钮",将文件夹重新命名,
如图 8 - 56 所示。

图 8 - 55　三种不同状态的文件夹

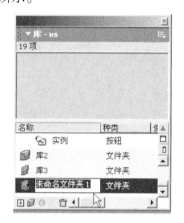

图 8 - 56　新建文件夹

　　②按住 Ctrl 键的同时,依次选中要放入该文件夹中的元件,然后用鼠标将它们拖动到
"按钮"文件夹图标上,松开鼠标,将这些元件放入该文件夹中,如图 8 - 57 所示。

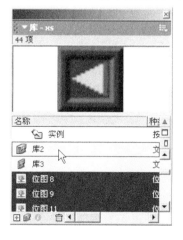

图 8 - 57　将元件放入文件夹中

3：公用库

公用库存放了一些制作过程中常用的元件，为用户提供各种素材，避免了重复制作，大大提高了制作效率。另外还可以根据实际需要，收集一些常用素材，将其放入自建的公用库（可以多建几个），在制作过程中随时调用。

（1）系统自带的公用库

Flash 中自带了 3 个公用库，分别是"按钮""声音"和"学习交互"，在"窗口"菜单中"公用库"下的子菜单中进行选择，就可以打开相应的公用库，如图 8 – 58 所示。

图 8 – 58　公用库

在公用"库"面板中不能添加新元件和文件夹，并且不能对公用"库"面板中的元件进行编辑，即不能进行重命名、删除、查看元件属性等操作。公用"库"面板左下角的几个按钮呈灰色，表示不能使用。

将公用"库"面板中的元件拖动到当前文件的舞台上，它同时加入到该文件的"库"面板中，在该文件中是可以对此元件进行编辑的。

（2）自建公用库

自建公用库是制作 Flash 课件非常实用的一项功能，平时可以收集一些常用素材，如图片、按钮、声音、视频、动画等，将其制作成公用库，在课件制作过程中随时调用，可以提高制作效率，避免了大量的重复制作。自建公用库的方法：

①在 Flash 中新建一个空文件，选择"窗口"→"库"菜单命令（或按 Ctrl + L 键），弹出"库"面板，此时该面板中无任何元件。

②选择"文件"→"导入"→"打开外部库"菜单命令，在弹出的"打开外部库"对话框中，选择包括所需元件的 Flash 源文件，单击"打开"按钮，弹出所选外部文件的"库"面板（不打开所选文件的内容）。

③在外部文件的"库"面板中，选中所需的元件，将其拖动到自建文件的"库"面板中，成为该"库"面板中的元件，如图 8 – 59 所示。

④依照上述方法，从不同外部文件的"库"面板中获取元件，加入到自建文件的"库"面板中不断丰富素材资源。

⑤将该文件保存为"公用库 1. fla"（文件名也可以根据需要来选取）。

⑥将该文件复制到 Flash 8 安装目录（如 C：\ Program Files \ Macromedia \ Flash 8）First Run 下的 Libraries 文件夹中。

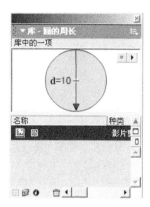

图 8 – 59　拖动元件

　　⑦重新启动 Flash,在"窗口"菜单下的"公用库"子菜单中已增加了"公用库 1"菜单选项,如图 8 – 60 所示,该菜单选项的名称取决于前面保存的文件名;单击该菜单命令,即可显示该"公用库"面板,使用方法与系统自带的公用库相同。

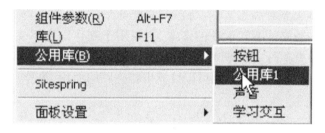

图 8 – 60　自建公用库

第9章 在课件中添加文字

9.1 在课件中添加一般文字

探究问题：

①在 Flash 中添加文字的方法有哪些？

②对文字格式如何设定，与其他字处理软件下的文字格式设定有区别吗？

③为什么要分离文本，怎样分离？

9.1.1 添加文本

在 Flash 中，文本类型有静态文本、动态文本和输入文本三种。静态文本是在课件制作过程中创建而在课件播放时不能改变的文本，主要用于制作固定不变的文字；而动态文本则可以制作需要随时更新的文字，如动态显示时间、试题测试结果等；输入文本主要用于实现各种交互功能，如输入圆的半径，则可以计算出相应圆的面积，等等。

1. 添加静态文本

使用"绘图"工具栏上的"文本工具"按钮 $\mathbf{A}$，可以用来在课件中添加文本。文字输入是通过文本框进行的，其中静态文本是课件运行过程中不能改变的文本，主要用于显示内容、解释、说明文字等。

（1）制作实例：一元二次方程

在 Flash 中制作"一元二次方程"课件时，需要输入标题文字"一元二次方程"及代数表达式 $ax^2+bx+c=0(a\neq0)$，效果如图 9 – 1 所示。在本例中着重介绍上标及特殊符号的输入方法。

一元二次方程

$ax^2+bx+c=0(a\neq0)$

图 9 – 1　一元二次方程效果图

（2）制作方法

①输入文字

a. 在 Flash 中，选择"文件"→"新建"菜单命令，新建一个空白文件。

b. 单击"绘图"工具栏上的"文本工具"按钮 $\mathbf{A}$，此时鼠标指针变为 $+_A$ 形状，在舞台上单击鼠标左键，出现一个文本框，等待用户输入文字。

c. 在舞台下方的"属性"面板上，单击"字体"下拉列表框右侧的 ▼ 按钮，在弹出的字体列表中选择"黑体",设置输入文字的字体,如图 9 − 2(a)所示。单击"字号"选框右侧的按钮,在弹出的滑竿上拖动滑块,将字号调整为 50,如图 9 − 2(b)所示。

(a)　　　　　　　　　　　　　　　　(b)

图 9 − 2　设置文字字号

(a)设置文字字体;(b)设置文字字号

d. 在文本框中输入文字"一元二次方程",如图 9 − 3 所示。

图 9 − 3　输入文字

②输入代数式

a. 按回车键换行,设置字体为 Times New Roman,字号保持不变,单击"斜体"按钮I(使文字产生向右倾斜的效果),输入"ax2 + bx + c = 0(a ",效果如图 9 − 4 所示。

$$ax^2 + bx + c = 0(a$$

图 9 − 4　输入代数式

b. 选择输入法"智能 ABC",在"软键盘"按钮上单击鼠标右键,在弹出的菜单中选择"数学符号",此时出现的软键盘显示为常用的数学符号;选择其中的"≠",将此符号输入,如图 9 − 5 所示,再次单击"软键盘"按钮,关闭软键盘。

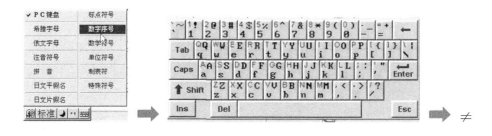

图 9 − 5　输入"≠"符号

c. 输入代数式的其余字符"0)",在数字 2 上拖动鼠标将其选中(呈反显状态),在"属性"面板上的"字符位置"下拉列表框中,选择"上标",如上图 9 − 3 所示,将数字 2 变为上标,如图9-6所示。

d.分别选中代数式中的"("" ")""0",单击"属性"面板上的"斜体"按钮 **I**,取消该按钮的选中状态,恢复这些字符的正常显示。

图9-6　将字符设置为上标

e.按 Ctrl+A 键,将文本框中所有文字选中,单击"属性"面板上的"居中对齐"按钮 ,使两行文字居中对齐,全部操作完成。

2.设置文本属性

在 Flash 中可以为文本设置文字和段落属性,其中文字属性包括字体、大小、样式、颜色、字符间距、字符位置等;段落属性包括对齐、边距、缩进和行距。设置文本属性可以通过文本的"属性"面板来进行,如果属性面板显示不全,点击右下方的小三角即可,如图9-7所示。

图9-7　静态文本的"属性"面板

(1)制作实例:《回乡偶书》

课件《回乡偶书》,着重介绍其中文字部分制作方法,其效果如图9-8所示。

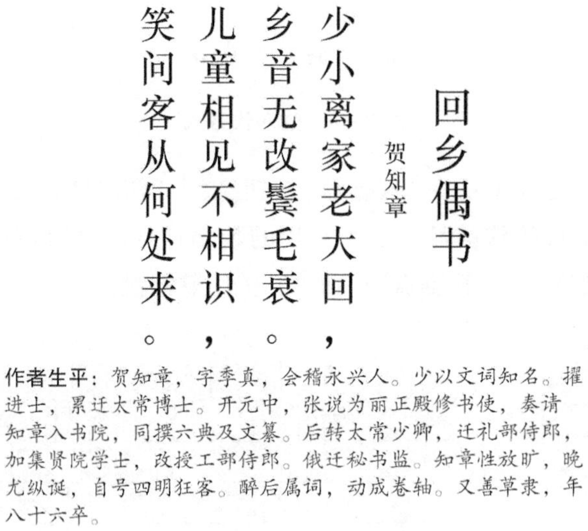

回乡偶书
贺知章
少小离家老大回，
乡音无改鬓毛衰。
儿童相见不相识，
笑问客从何处来。

作者生平:贺知章,字季真,会稽永兴人。少以文词知名。擢进士,累迁太常博士。开元中,张说为丽正殿修书使,奏请知章入书院,同撰六典及文纂。后转太常少卿,迁礼部侍郎,加集贤院学士,改授工部侍郎。俄迁秘书监。知章性放旷,晚尤纵诞,自号四明狂客。醉后属词,动成卷轴。又善草隶,年八十六卒。

图9-8　课件《回乡偶书》效果图

(2)制作方法

①设置文件属性

a.在 Flash 中,选择"文件"→"新建"菜单命令,新建一个空白文件。

b. 在窗口下方的"属性"面板中,单击"大小"按钮 550×400像素 ,弹出如图 9 - 9 所示的"文档属性"对话框,设置课件的播放尺寸宽为 800 px(像素),高为 600 px(像素)。

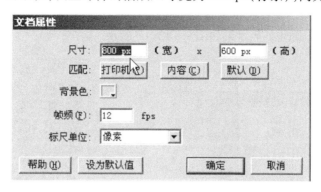

图 9 - 9　"文档属性"对话框

c. 单击"背景色"按钮▢▾,在弹出的调色板中选择"浅黄色"(颜色值为#FFFFCC),将整个课件的背景色设置为浅黄色,单击"确定"按钮,完成设置。

②输入文字

a. 选择"绘图"工具栏上的"文本工具"按钮 **A**,在舞台上单击鼠标左键,出现一个文本框(默认状态为横排、可扩展列宽的文本框)。

b. 在"属性"面板中,设置字体为"华文隶书",字号为30,输入标题文字"回乡偶书",按回车键换行;用同样的方法,设置字体为"宋体",字号为18,输入作者"贺知章"后换行,设置字体为"华文隶书",字号为28,输入这首词的正文,效果如图 9 - 10 所示。

图 9 - 10　输入文字

c. 单击"属性"面板上的"改变文字方向"按钮🔤,在弹出的选项菜单中,选择"垂直,从右向左",此时文字方向由横排变成了从右往左的竖排。

d. 按 Ctrl + A 键,选中全部文字,单击"属性"面板上的按钮 **¶**,弹出如图 9 - 11(a)所示的"格式选项"对话框,设置"列间距"为"15 pt(磅)",单击"完成"按钮,调整文字的列间距,效果如图 9 - 11(b)所示。

e. 继续在"属性"面板上的"字符间距"A̲V框中输入 5,调整文字间距为 5 磅。

f. 保持"文本工具"按钮 **A** 的选中状态,在这首词的下方重新创建一个新的文本框,用鼠标向右拖动文本框右上角的圆形控制点,调整文本框为固定的列宽,如图 9 - 12 所示。

g.在该文本框中输入作者生平的叙述文字,完成后选中文字"作者生平:",设置字体为"黑体",字号为18,并单击"属性"面板上的"颜色框"按钮 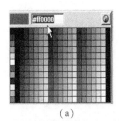,在弹出如图9－13(a)所示的调色板中选择红色,将文字颜色设置为红色,选中其余文字,将字体设置为"楷体_GB2312",字号为18,此时文字效果如图9－13(b)所示。

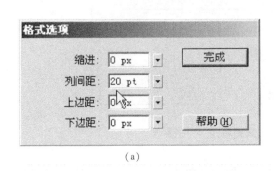
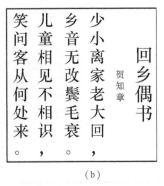

(a)　　　　　　　　　　　　　　　(b)

图9－11　调整文字的列间距

图9－12　将文本框设定为固定列宽

(a)　　　　　　　　　　　　　(b)

图9－13　输入作者生平的叙述文字

h.单击"绘图"工具栏上的"箭头工具"按钮 ,将鼠标指针移动到第1个文本框(词的内容)上单击,选中该文本框,拖动鼠标指针将其放到舞台的中上部;用相同的方法,将第2个文本框(作者生平文字)移动到第1个文字框的正下方,如效果图9－13所示,全部操作完成。

3.添加动态文本

文本类型中的动态文本,可以在课件的运行过程中不断显示变化的内容,如显示日期和时间、显示实验数据统计的结果,还可以根据鼠标指针的位置动态显示相关的学习内容等。熟练运用此功能时可以让课件制作得更加灵活和智能化。

动态文本实际上是在舞台上显示一个变量的值,如果在课件播放过程中,该变量的值发生改变,则舞台上相对应的文本也会随之改变,从而实现文本动态显示的效果。

(1)制作实例:数字时钟

利用 Flash 动态文本的功能,结合动作语句,来制作一个不断变化的数字时钟,效果如图 9 – 14 所示。在课件中加入一个小的数字时钟,可以方便教师掌握上课时间,还可以用来限制学生答题时间以及在做实验时记录消耗的时间等。

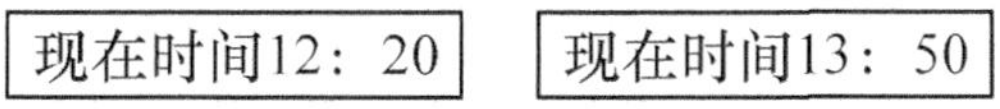

图 9 – 14 "数字时钟"效果图

(2)制作方法

①添加动态文本

a. 在 Flash 中新建一个空白文件,选择"绘图"工具栏上的"文本工具"按钮 A,在舞台上输入文字"现在时间",在"属性"面板中,设置文本类型为"静态文本",字体为"黑体",字号为30,如图 9 – 15 所示。

现在时间

图 9 – 15 输入静态文本

b. 保持"文本工具"按钮 A 的选中状态,在文字"现在时间"的右侧单击,新建一个文本框,用于显示小时数,在"属性"面板中,设置"文本类型"为"动态文本",字体为"Arial",字号为30,文字颜色为"蓝色",在"变量"框中输入"h",拖动文本框右下角的控制柄,使文字框的宽度能够显示两个字符,如图 9 – 16 所示。

图 9 – 16 输入动态文本显示小时数

c. 单击"属性"面板上的按钮 ⌈ 嵌入… ⌋,弹出如图 9 – 17 所示的"字符嵌入"对话框,选择"数字〔0..9〕(11 字型)"选项,使文字在输出时进行光滑处理(即消除文字边缘的锯齿),增强文字显示的美观。

d. 在动态文本框的右侧,继续新建一个文本框,输入文本":",在"属性"面板中,设置文本类型为"静态文本",字体为"Times New Roman",字号为"30",文字颜色为"蓝色"。

e. 在字符":"的右侧,继续新建一个文本框,用于显示分钟数,在"属性"面板中,设置文本类型为"动态文本",字体为"Arial",字号为"30",文本颜色为"蓝色",在"变量"框中输入"m",拖动文本框右下角的控制柄,使文字框的宽度能够显示两个字符。

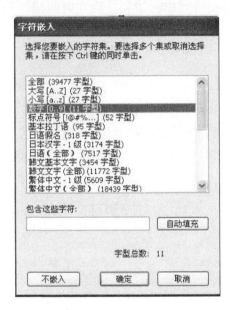

图 9 – 17 "字符嵌入"对话框

f. 同理,设计秒的文本框,再添加一个静态文本":",右侧继续新建一个文本框,用于显示秒数,在"属性"面板中,设置文本类型为"动态文本",字体为"Arial",字号为"30",文本颜色为"蓝色",在"变量"框中输入"s",拖动文本框右下角的控制柄,使文字框的宽度能够显示两个字符。

g. 单击"绘图"工具栏上的"箭头工具"按钮 ,依次选取各个文本框,调整它们的位置,效果如图 9 – 18 所示。

② 添加动作语句

a. 在"时间轴"面板左侧的图层窗格中,双击"图层 1"的名称,重命名图层为"数字时钟"。

现在时间

图 9 – 18 数字时钟的显示界面

b. 在"数字时钟"图层的第 1 帧上,单击鼠标右键,在弹出的快捷菜单中,选择"动作"命令,弹出"动作 – 帧"面板。

c. 如图 9 – 19 所示,"专家模式"编辑方式下,在"动作 – 帧"面板右侧窗格的脚本编辑区中,输入下列动作语句(单词区分大小写,每输入一句按回车换行,下面"//"右边内容为注释,不用输入):

```
now = new Date( );          //创建一个日期对象 now
h = now. getHours( );       //获取系统时间的小时数,赋值给变量 h
m = now. getMinutes( );     //获取系统时间的分钟数,赋值给变量 m
s = now. getSeconds( );     //获取系统时间的秒数,赋值给变量 s
```

图 9 - 19　输入动作语句

d. 在"时间轴"面板中,单击"数字时钟"图层的第 2 帧,按 F5 键将该图层内容延长,此时时间轴上如图 9 - 20 所示。

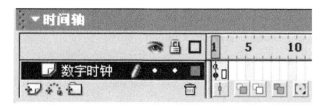

图 9 - 20　延长帧

e. 按 Ctrl + Enter 键,预览播放效果,即可看出数字时钟显示出当前的系统时间,并随着时间的变化而动态显示。

4. 添加输入文本

文本类型中的输入文本,可以在 Flash 课件或动画播放时,供用户输入文本,计算机根据输入的内容来进行相应的处理,实现人 - 机交互功能。还可以根据输入的数据,显示出直观的图形、图像,或用于测试题的答案或评分等。另外,还可以制作密码输入框,用于对用户身份的确认。

建立输入文本与静态文本和动态文本方法相同,但"属性"面板上的内容稍有不同,如增加了一个最大字符输入框,用于限制该文本框中输入字符的长度。

(1)制作实例:9 的乘法口诀

本例最好在网络教室中使用,也可以供学生自学之用。此课件是让学生练习乘法口诀中 9 作为乘数的数学计算,效果如图 9 - 21 所示。在课件画面上的文本框中输入数字 0 ~ 9,完成后单击"答案"按钮,在右侧显示乘积,单击"清空"按钮,可重新输入。

(2)制作方法

①在 Flash 中新建一个空白文件,在"时间轴"面板左侧,双击"图层 1"的名称,将图层名改为"背景"。选择"文件"→"导入"→"导入到舞台"菜单命令,在弹出的"导入"对话框中,选中素材中的图片文件"mrm. gif",单击"打开"按钮,将其导入到舞台,调整图片与舞台

图 9-21 课件"9 的乘法口诀"效果图

大小相同。锁定该图层。

②在"背景"图层上新建图层,双击"图层 2"的名称,将其重命名为"按钮",单击"按钮"图层第 1 帧,选择"窗口"→"公用库"→"按钮",打开的"库"面板,双击展开库中的"buttons rounded"文件夹,将名为"rounded green""rounded orange"的按钮,拖放到场景中。

③双击舞台上的"rounded green"按钮,进入按钮元件的编辑区,选择"绘图"工具栏上的"文本工具"按钮 **A**,在"属性"面板上,设置"文本类型"为"静态文本",字体为"隶书",字号为 14,文字颜色为黑色。单击"text"图层中的"弹起"帧,将按钮原有的"Enter"改写成"答案"。如图 9-22(a)所示。单击舞台左上角的 **场景1** 按钮,回到主场景中,单击舞台上的该按钮,在"属性"面板上,设置"实例名称"为"button"。

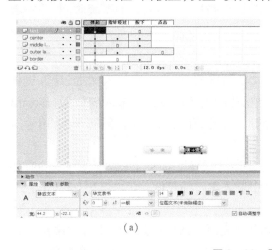

(a)   (b)

图 9-22 更改按钮文字

④同理,参照第③步,将"rounded orange"按钮文字改为"清空",如图 9-22(b)所示。单击舞台左上角的 **场景1** 按钮,回到主场景中,单击舞台上的该按钮,在"属性"面板上,设置"实例名称"为"button2"。调整两个按钮适当位置。锁定该图层。

⑤在"按钮"图层上新建图层,双击"图层 3"的名称,将其重命名为"文本框",单击"文

本框"图层第 1 帧,选择"绘图"工具栏上的"文本工具"按钮**A**,在"属性"面板上,设置"文本类型"为"静态文本",字体为"隶书",字号为 40,文字颜色为棕色(#990000),加粗。在舞台上部拖动鼠标,输入标题文字"乘法口诀",如图 9 – 23 所示。

图 9 – 23　输入文字"乘法口诀"

⑥继续在舞台上拖动鼠标,输入乘数"9",如图 9 – 24 所示。

图 9 – 24　输入文字"9"

⑦选择"绘图"工具栏上的"文本工具"按钮**A**,在"属性"面板上,设置"文本类型"为"输入文本",字体、字号、文字颜色保持原来设置,单击"在文本周围显示边框"按钮，在舞台上拖动鼠标,建立一个新文本框(此文本框是在运行时实现输入被乘数的)。在"属性"面板上,设置"实例名称"为"cs",如图 9 – 25 所示。

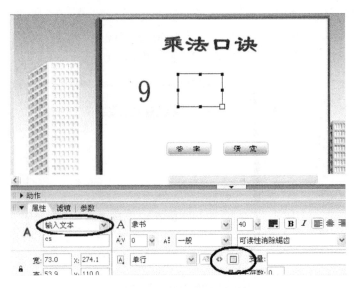

图9－25　添加乘数的输入文本框

⑧继续在舞台上拖动鼠标,建立一个新文本框(此文本框是在运行时显示乘积的)。在"属性"面板上,设置"实例名称"为"ji",如图9－26所示。

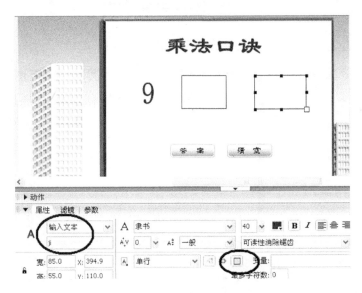

图9－26　添加乘积得数的输入文本框

⑨单击"绘图"工具栏上的"线条工具"按钮／,在"属性"面板上,设置笔触颜色为"黑色",笔触高度为"2",笔触样式为"实线",在舞台上"9"与"乘数文本框"之间绘制一个乘号。在舞台上"乘数文本框"与"乘积得数文本框"之间绘制一个等号,如图9－27所示。锁定该图层。

⑩在"文本框"图层上新建图层,双击"图层4"的名称,将其重命名为"脚本",单击"脚本"图层第1帧,打开动作面板,切换为专家模式(图9－28),输入动作语句如下:

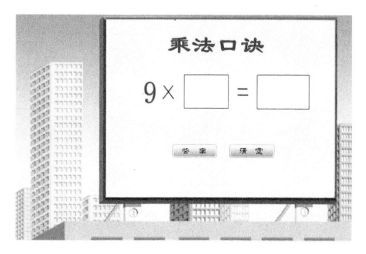

图 9 – 27　添加乘号和等号

图 9 – 28　动作面板(专家模式)

```
var directory:Array = [{cs:"0", ji:"0"}, {cs:"1", ji:"9"}, {cs:"2", ji:"18"}, {cs:"3", ji:"27"},
                {cs:"4", ji:"36"}, {cs:"5", ji:"45"},{cs:"6", ji:"54"}, {cs:"7", ji:"63"},
                {cs:"8", ji:"72"}, {cs:"9", ji:"81"}];
function getjiBycs(cs:String):String {
for(var i:Number = 0; i < directory.length; i + +) {
if(directory[i].cs.toLowerCase() = = cs.toLowerCase()) {
return directory[i].ji;
}
```

```
    }
    return "Error!";
  }

  button.onRelease = function() {
    ji.text = getjiBycs(cs.text);
  }
  button2.onRelease = function() {
    cs.text = "";
    ji.text = "";
  }
```

　　按 Ctrl + Enter 键,预览课件播放效果。在乘数文本框中输入数字 0 ~ 9,完成后单击"答案"按钮,屏幕上立即显示出乘积得数。

9.1.2　编辑文本

　　在 Flash 中输入文字总会出现需要编辑之处,对文本进行编辑的方法类似于其他文字处理软件,因此我们给予简单介绍。

　　1. 文本一般编辑

　　在文本编辑操作中,包括对文本框及文本框中文字的编辑操作。对文本框的操作常见的有选择、复制、移动、删除等;对文本的操作,与其他文字处理软件相同(如 Word),在这里只对文本的选择进行介绍,其他就不再赘述。

　　(1)选择文本

　　选择"绘图"工具栏上的"文本工具"按钮 **A**,将鼠标指针移动到文字上,按下并拖动鼠标将文字选中,选中的文字呈反相显示,如图 9 - 29(a)所示。按 Ctrl + A 键,可以将文本框中的文字全部选中,如图 9 - 29(b)所示。

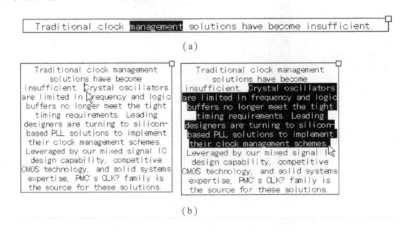

图 9 - 29　选择一个单词或一段较长的文本

　　另外,双击可以选择一个单词,如图 9 - 29(a)所示。需要选择较长的一段文字,可以将鼠标指针移到起始文字处单击,然后按住 Shift 键不放,将鼠标指针移到结束文字处单击,则从起始文字到结束文字之间的所有文字将被全部选中,如图 9 – 29(b)所示。

（2）选择文本框

选择"绘图"工具栏上的"箭头工具"按钮 ，在要选择的文本框上单击即可,选中的文本框显示蓝色边框,如图 9 – 30(a)所示。按住 Shift 键的同时,分别单击多个文本框,可以将这些文本框同时选中,如图 9 – 30(b)所示。

图 9 – 30　选择文本框

（3）移动文本框

将鼠标指针移动到文本框上,此时鼠标指针变成 形状,按住鼠标左键不放,将其拖动到所需的位置上,松开鼠标即可,如图 9 – 31 所示。

图 9 – 31　移动文本框

（4）复制文本框

在课件制作过程中,画面上经常需要制作多个相同属性(字体、字号、颜色、文本类型等)的文本框,此时无须一个个重复制作,可以将制作完成的第 1 个文本框复制到剪贴板上,然后粘贴出另外几个文本框(原文本框中的文字也同时被复制),再将文本框中的文字进行修改即可,大大提高了制作效率。复制文本框的操作方法如下:

①利用"箭头工具"按钮 ，选中需要复制的文本框,单击鼠标右键,在弹出的快捷菜单中,选择"复制"命令(或按 Ctrl + C 键),将其复制到剪贴板(用于临时存放信息的内存区域)中,如图 9 – 32(a)所示。

　　　　（a）　　　　　　　　　　　　　　　　（b）

图 9 – 32　复制文本框

②在舞台的空白处,单击鼠标右键,在弹出的快捷菜单中,选择"粘贴"命令(或按Ctrl + V 键),将复制的文本框粘贴到舞台的中央,如图 9 – 32(b)所示。如果复制文本框后,按 Ctrl + Shift + V 键,则可以将文字框粘贴到原来的位置上。

③将鼠标指针移到复制的文本框上,按住鼠标不放,将其拖动到所需的位置上,松开鼠

标即可。

（5）删除文件

选中要删除的文本框，按 Delete 键，即可将其删除。

2. 分离文本

对文本框可以执行两次分离文本（Ctrl + B）的操作，第一次分离文本操作，将文字框中的每一个文字变成相互独立的对象，可以设置不同的属性（如大小、颜色、旋转等），还可以制作不同的动画效果（如文字的逐一显示），此时这些文字仍然可以编辑；第二次分离文本操作，将文字转换成图形对象，可以制作出各种特效文字，如空心字、五彩文字、立体字等等，还可以实现文字的变形动画，但此时它们已不能再按文字进行编辑了。

分离文本的操作方法如下：

①单击"绘图"工具栏上的"文本工具"按钮 **A**，在舞台上输入文字"三国鼎立"，在"属性"面板上，设置文字的字体为"华文新魏"，字号为"50"，文字颜色为"黑色"，如图 9 – 33（a）所示。

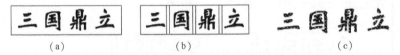

（a）　　　　　　　（b）　　　　　　　（c）

图 9 – 33　分离文本

②选中该文本框，选择"修改"→"分离"菜单命令（或按 Ctrl + B 键），将文本框中的文字变成一个个独立的字，分别放在不同的文本框中，即每个文本框中只有一个字，如图 9 – 33（b）所示，此时这些文字仍旧可以编辑和修改属性。

③按住 Shift 键的同时，依次单击分离后的文本框，将它们全部选中；继续选择"修改"→"分离"菜单命令，将文字转换为图形对象，如图 9 – 33（c）所示。选中该图形对象时，会显示出很多白色的小麻点。

3. 将文本分散到图层

将文本分散到图层，可以将同一个图层中若干个文字，分配到多个图层中，一个文字占用一个图层。这项功能便于为每个文字制作不同的动画效果，避免了在每个图层中分别输入文字的烦琐。另外，此项功能也同样适用于同一个图层中的多个对象，大大提高了动画制作效率。将文本分散到图层的操作方法如下：

①选择"绘图"工具栏上的"文本工具"按钮 **A**，在舞台上输入文字，如"渤海船院"，如图 9 – 34（a）所示。

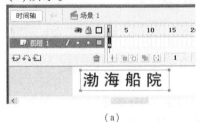 

（a）　　　　　　　　　　　　　　　　　（b）

图 9 – 34　将文字分离

（a）输入文字；（b）将文字分离

②选中该文本框,选择"修改"→"分离"菜单命令(或按 Ctrl + B 键),将文字分离成一个个独立的文字,如"渤""海""船""院",如图 9 – 34(b)所示。

③保持这些文字的选中状态,选择"修改"→"分散到图层"菜单命令,将文字分别放入不同的图层中,每个字占一个图层,如图 9 – 35 所示。原文字所在的图层将无内容,变成空白关键帧。

图 9 – 35　将文字分散到图层

4. 建立文本的超链接

在 Flash 中可以为文本建立超链接,当用户单击该文本,则会跳转到一个网页或网站,还可以用来发送电子邮件。建立文本超链接的操作方法如下:

①单击"绘图"工具栏上的"文本工具"按钮 **A**,在舞台上输入文字"中国教育和科研计算机网",设置文字的字体为"华文细黑",字号为"20",文字颜色为"蓝色""粗体"。

②在"属性"面板的"超链接"框中输入网址,如 http:∥www.edu.cn∕,如图 9 – 36 所示。若要输入电子邮件地址,则需要在电子邮件地址前加上"mailto:",如 mailto:shenlliu@eyou.com。

图 9 – 36　建立文本超链接

③按 Ctrl + Enter 键,预览播放效果,如图 9 – 37 所示。将鼠标指针移到超链接的文字上,当鼠标指针变成 形状时,单击鼠标左键,将在浏览器窗口中显示网页。

图 9－37　播放时文本超链接效果

9.2　在课件中添加特效文字

探究问题：

①在 Flash 下怎样添加特效文字？

②为什么要把文字转换为图形对象？

③你能在其他软件环境下制作特效文字吗？

五彩字制作方法

五彩字的制作方法，是先将输入的文字转换为图形对象，然后对它填充渐变色，最后再对渐变色稍加调整即可。五彩字效果如图 9－38 所示。

图 9－38　五彩字效果图

1．将文字转换为图形对象

①在 Flash 中新建一个空白文件，选择"绘图"工具栏上的"文本工具"按钮，在舞台的中央输入文字"万紫千红"；在"属性"面板上设置"文本类型"为"静态文本"，字体为"华文新魏"，字号为 90，文字颜色为黑色。

②选择"绘图"工具栏上的"箭头工具"按钮 ，选中该文本框，按 Ctrl＋B 键两次，将这 4 个字转换为图形对象，如图 9－39 所示。

图 9－39　将文字转换为图形对象

2. 填充渐变色

①在舞台的空白区域单击鼠标,取消对文字的选中状态。

②选择"绘图"工具栏上"颜色"区中的"填充色"按钮▉，在弹出的调色板中选择五彩渐变色,如图9-40所示。

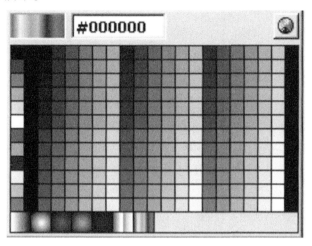

图9-40 选择填充色

③选择"绘图"工具栏上的"箭头工具"按钮，在文字左上角按住鼠标不放,向文字右下角拖动鼠标,当拖出的矩形框将全部文字包围时,松开鼠标,将文字全部选中,如图9-41所示。

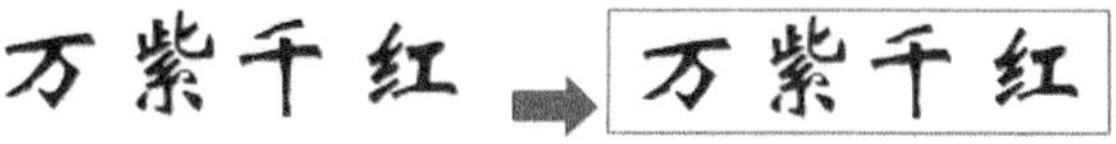

万紫千红 ➡ 万紫千红

图9-41 选取文字

④选择"绘图"工具栏上的"颜料桶工具"按钮，将鼠标指针移到文字上,单击鼠标,将文字填充为五彩渐变色,如图9-42所示。

万紫千红 ➡ 万紫千红

图9-42 填充五彩渐变色

⑤选择"绘图"工具栏上的"填充变形工具"按钮，将鼠标指针移到文字上,单击鼠标,在文字周围出现填充变形的控制点,如图9-43所示。将鼠标指针移到"旋转"控制点,按住鼠标不放,向右下角转动,使五彩渐变色向右倾斜一定角度,松开鼠标,制作完成。

图9-43 旋转渐变色

第10章　在课件中添加图形和图像

10.1　在课件中添加图形

探究问题：

①利用 Flash 中的各种绘图工具绘制几何图形。
②通过下面几个实例来探讨复杂几何图形的绘制技巧。
③研究色彩填充方法。
④制作图形的变形和旋转的方法。

10.1.1　绘制简单图形

直线、椭圆和矩形是构造复杂图形的基本元素，熟练掌握它们的绘制方法，是绘制其他复杂图形的重要前提。

1. 绘制直线

直线是使用"绘图"工具栏上的"线条工具" ╱ 来绘制的，该工具对应的"属性"面板，如图 10-1 所示。直线包括三种属性：笔触颜色、笔触高度和笔触样式，其中"笔触颜色"即线条的颜色，"笔触高度"即线条的粗细，"笔触样式"即线条的样式，如实线、虚线等，"自定义笔触样式"用于自定义线条的样式。

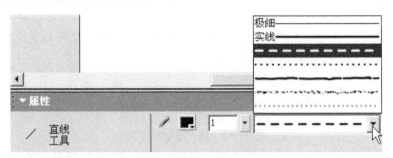

图 10-1　直线"属性"面板

在绘制直线的过程中，如果按住 Shift 键不放，可以画出角度是 45 倍数的直线，如水平、垂直、45°、135°的直线，如图 10-2 所示。

（1）制作实例：五角星

在制作各个学科的多媒体课件过程中，经常需要用到一些星形图案，如五角星、夜空中的星星等。掌握星形图案的绘制方法，可以绘制出其他类似的几何图形，如正多边形等。下面以五角星为例，来介绍它的绘制方法，效果如图 10-3 所示。

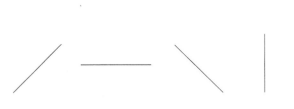

图 10 - 2　角度是 45 倍数的直线　　　　**图 10 - 3　"五角星"效果图**

（2）制作方法

①绘制五角星（一）

a. 在 Flash 中新建一个空白文件，选择"视图"→"网格"→"显示网格"菜单命令（或按 Ctrl + '键），在舞台上显示网格线。

b. 单击"绘图"工具栏上的"线条工具"按钮　，在"属性"面板上，设置"笔触颜色"为黑色，"笔触高度"为 1，在舞台上绘制一条竖直线。

c. 单击"绘图"工具栏上的"箭头工具"按钮　，单击直线，将其选中，单击"绘图"工具栏上的"任意变形工具"按钮，将鼠标指针移到直线的中心控制点上，按住鼠标左键不放，将其拖动到直线下端的顶点上，如图 10 - 4 所示。

d. 选择"窗口"→"变形"菜单命令（或按 Ctrl + T 键），在弹出的"变形"面板中，选择"旋转"选项，在"旋转角度"框中输入"72 度"，单击该面板右下角的"拷贝并应用变形"按钮　4 次，复制出另外 4 条直线，每条直线之间的夹角均为 72°，如图 10 - 5 所示。

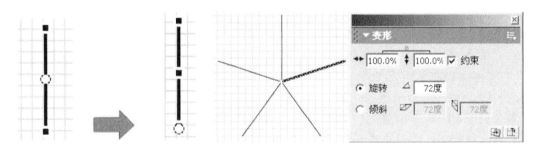

图 10 - 4　调整直线中心点的位置　　　　**图 10 - 5　旋转直线**

e. 单击"绘图"工具栏上的"线条工具"按钮　，将图形中的各个顶点用直线连接起来，如图 10 - 6（a）所示。单击"绘图"工具栏上的"箭头工具"按钮　，分别选中多余的线条，按 Delete 键将它们删除。单击"绘图"工具栏上的"任意变形工具"按钮　，将每个五角星的对角线延长，此时图形如图 10 - 6（b）所示。

f. 单击"绘图"工具栏上的"颜料桶工具"按钮　，并在该工具栏上的"颜色"区中，设置"填充色"为黄色，在五角星的部分图形中填充黄色，如图 10 - 7（a）所示。设置"填充色"为红色，在五角星其余图形中填充红色，如图 10 - 7（b）所示，五角星制作完成。（注意：填充的图形必须是封闭的）

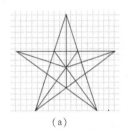 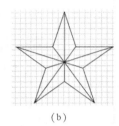 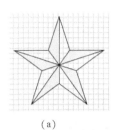 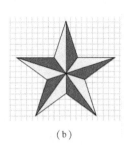

（a）　　　　　　　　（b）　　　　　　　　（a）　　　　　　　　（b）

图 10 - 6　绘制五角星　　　　　　　图 10 - 7　为五角上色

②绘制五角星（二）

a. 单击"绘图"工具栏上的"矩形工具"按钮，弹出子菜单中选择"多角星形工具"命令，打开属性面板，单击"选项"按钮，在弹出对话框中设置样式：星形；边数：5；星形顶点大小：0.50；单击"确定"按钮。

b. 拖动鼠标在舞台上绘制一个五角星形。

c. 按照"绘制五角星（一）"步骤 e，f 进行连线和填充操作即可。

2. 绘制椭圆

椭圆是由边框线和填充色组成的，设置边框线的方法同直线，而填充部分可以通过"绘图"工具栏上"颜色"区中的"填充色"按钮来设置。绘制椭圆的方法：单击"绘图"工具栏上的"椭圆工具"按钮，将鼠标指针移到舞台上，按住鼠标不放并拖动，就可画出一个椭圆。如果按住 Shift 键的同时拖动鼠标，可以画出圆。

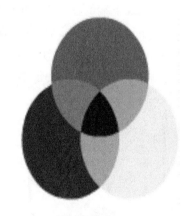

（1）制作实例：三原色和间色

在美术课程有关色彩的学习内容中，三原色和间色是最基本的知识，利用图形可以非常直观地表现它们，效果如图 10 - 8 所示，其中 3 个大圆中的颜色是三原色，而大圆相交区域中的颜色是间色。

图 10 - 8　课件"三原色和间色"效果图

制作本例时，先用"椭圆工具"按钮绘制圆，再做变形，然后填充适当颜色即可。

（2）制作方法

①绘制三个大圆

a. 在 Flash 中新建一个空白文件，单击"绘图"工具栏上的"椭圆工具"按钮，并选中该工具栏上"颜色"区中的"填充色"按钮，单击"无颜色"按钮，将填充色设为无颜色，此时"填充色"按钮显示为。

b. 鼠标指针移到舞台上，按住 Shift 键的同时，拖动鼠标在舞台上绘制一个空心圆。

c. 选中该圆，单击"绘图"工具栏上的"任意变形工具"按钮，将鼠标指针移到中心控制点上，按住鼠标不放，将中心控制点向下拖动一些距离，如图 10 - 9 所示。

图 10 - 9　向下拖动中心控制点

d. 选择"窗口"→"变形"菜单命令,在弹出的"变形"面板中,选择"旋转"选项,在"旋转角度"框中输入120°,单击"拷贝并应用变形"按钮 ➕ 2 次,复制出另外 2 个圆,如图 10 – 10 所示。

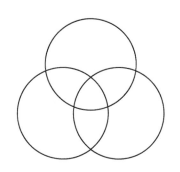 

图 10 – 10　复制出另外 2 个圆

②填充颜色

a. 单击"绘图"工具栏上的"颜料桶工具"按钮 🖌,在该工具栏上的"颜色"区中单击"填充色"按钮 ▓,在弹出的调色板中选择红色,将鼠标指针移到最上方的大圆中,单击鼠标左键,将圆填充为红色,如图 10 – 11 所示。

b. 方法同步骤 a,依次设置填充色为蓝、黄、紫、橙、绿、黑色,将图形的各个区域填充为相应的颜色,如图 10 – 12 所示(其中文字仅用于说明)。

c. 单击"绘图"工具栏上的"箭头工具"按钮 ▸,移动鼠标指针到图形的边框线上,双击鼠标,将图形中所有的边框线全部选中,按 Delete 键删除,如图 10 – 13 所示。

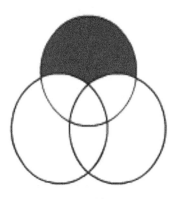

图 10 – 11　填充红色

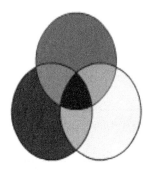 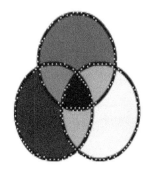 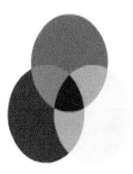

图 10 – 12　图形各部分填充颜色　　　　　**图 10 – 13　删除图形中的边框线**

d. 选择"绘图"工具栏上的"文本工具"按钮 Ａ,在"属性"面板上,设置字体为"华文行楷",字号为30,文字颜色为蓝色,在图形左侧输入文字"三原色和间色"。

e.选中文字,在"属性"面板上,单击"改变文本方向"按钮 ,在弹出的选项菜单中,选择"垂直,从左向右",将文字竖排,整个实例制作完成。

3.绘制矩形

矩形与椭圆一样,均是由边框线和填充色组成的。绘制矩形的方法:单击"绘图"工具栏上的"矩形工具"按钮 □,弹出子菜单中选择"矩形工具"命令,然后将鼠标指针移到舞台上,按住鼠标左键不放并拖动,可以画出矩形。如果按住 Shift 键的同时拖动鼠标,可以画出正方形。

另外,选择"矩形工具"时,在"绘图"工具栏下方的"选项"区中,单击"圆角矩形半径"按钮 ,在弹出的"矩形设置"对话框中设置"角半径"值,然后在舞台上按住鼠标不放并拖动,就可以画出圆角矩形,如图 10 – 14 所示。绘制直角矩形,则"角半径"的值为 0。其中"角半径"的值越大,则矩形圆角程度就越明显。

图 10 – 14　绘制圆角矩形

(1)实例:音名和唱名

音名和唱名是音乐课程中的基础知识。在乐音体系中有七个独立名称的基本音级,它们分别用英文字母 C,D,E,F,G,A,B 来标记,称为音名;这七个音名在歌唱时,依次用 do,re,mi,fa,sol,la,si 来发音,称为唱名。若用图形来表现音名和唱名的关系以及它们在琴键上的位置,就显得十分清晰了,效果如图 10 – 15 所示。

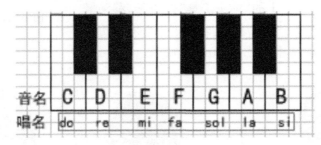

图 10 – 15　课件"音名和唱名"效果图

(2)制作方法

①绘制琴键

a.新建一个空白文件,选择"视图"→"网格"→"显示网格"菜单命令,在舞台上显示网格线。

b.单击"绘图"工具栏上的"矩形工具"按钮 □,在该工具栏上的"颜色"区中,设置"笔触颜色"为黑色,"填充色"为无颜色 ,在"属性"面板上,设置"笔触高度"为 2,在舞台的左侧绘制一个矩形(占 3 ×7 个网格),如图 10 – 16 所示。

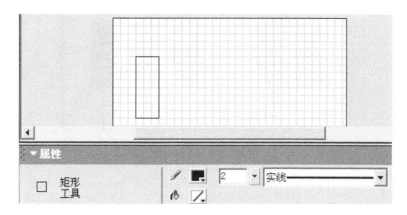

图 10 – 16　绘制空心矩形(钢琴白键)

c. 单击"绘图"工具栏上的"箭头工具"按钮，框选该矩形，按住 Ctrl 键的同时，用鼠标拖动矩形框向右移动 3 个网格，复制出一个与之相同的矩形，使用相同的方法，继续复制出另外 5 个矩形框，如图 10 – 17 所示。

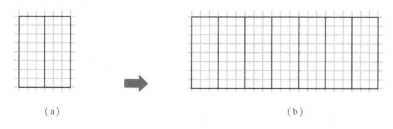

（a）　　　　　　　　　　　　　　　　　（b）

图 10 – 17　复制矩形
（a）复制出第 2 个矩形；（b）复制出第 3 个至第 7 个矩形

d. 保持"矩形工具"按钮□ 的选中状态，在"绘图"工具栏上的"颜色"区中，单击"交换颜色"按钮，将"笔触颜色"设为无颜色 ，"填充色"设为黑色，在第 1 个与第 2 个矩形之间的上部，绘制一个黑色无边框的矩形(占 2×4 个网格)，如图 10 – 18 所示。

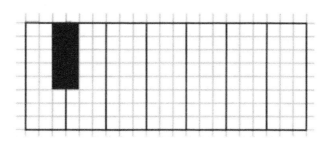

图 10 – 18　绘制黑色无边框的矩形

e. 单击"绘图"工具栏上的"箭头工具"按钮，框选该黑色无边框的矩形，按住 Ctrl 键的同时分别在第 2 个与第 3 个、第 4 个与第 5 个、第 5 个与第 6 个、第 6 个与第 7 个矩形之间的上部，拖动复制出相同的矩形，调整位置如图 10 – 19 所示。

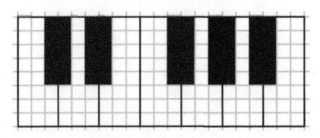

图 10－19　绘制琴键

②输入文字

a. 单击"绘图"工具栏上的"文本工具"按钮 **A**，在"属性"面板上，设置字体为"黑体"，字号为"30"，文字颜色为"黑色"，在琴键左侧输入文字"音名"，在该文字下方，继续输入文字"唱名"。

b. 方法同步骤 a，在"属性"面板上，设置字体为 Times New Roman，字号为 30，文字颜色为黑色，单击"切换粗体"按钮 **B**，使字母加粗显示，在文字"音名"的右侧输入音名 C，D，E，F，G，A，B，并使它们对应每个空心矩形框（钢琴白键），如图 10－20 所示。

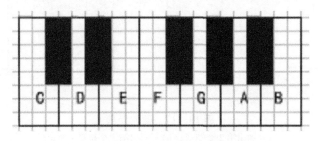

图 10－20　输入音名字母

c. 继续在"属性"面板上，设置字体为 Times New Roman，字号为"20"，文字颜色为"黑色"，在文字"唱名"的右侧输入唱名 do，re，mi，fa，sol，la，si，并使它们对应上方的音名字母，如图 10－21 所示，整个实例制作完成。

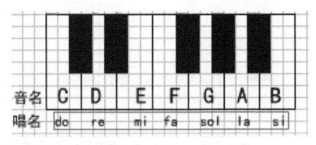

图 10－21　输入唱名

10.1.2　绘制线条

在制作课件过程中，除了绘制直线、矩形和椭圆以外，经常还需要绘制一些任意曲线来表现不规则的图形,如地图等。绘制线条,包括绘制直线和任意曲线,它的绘制工具有"铅笔工具" ✏、"钢笔工具" 🖋 和"刷子工具" 🖌。

1. 使用"铅笔工具"

使用"铅笔工具" ✏,可以绘制直线和任意曲线。线条的属性设置方法与"线条工具" ✏ 相同,可以在"属性"面板上进行设置,其中"笔触颜色"是线条的颜色,"笔触高度"是线条的粗细,"笔触样式"是线条的样式,如实线、虚线等。按住 Shift 键,可以画出水平或垂直的直线。

使用"铅笔工具"时,在"绘图工具"栏下方的"选项"区中,单击"铅笔模式"按钮 ⌐,可以在弹出的选项菜单中,选择 3 种不同的铅笔模式(伸直 ⌐、平滑 ⌡、墨水 🖉),以适应绘制不同类型图形的需要。

(1)制作实例:地形雨

地形雨是地理的学习内容,它的形成是因为暖湿空气在前进途中,遇到地形的阻挡,被迫沿迎风坡爬升,空气中的水汽因冷却凝结而形成降雨。利用图形可以直观地表现地形雨形成的过程,效果如图 10 – 22 所示。

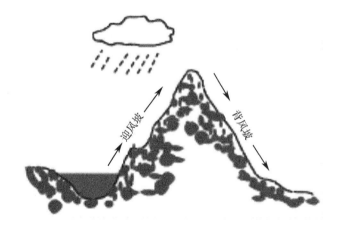

图 10 – 22　课件"地形雨"效果图

(2)制作方法

①绘制山坡

a. 在 Flash 中新建一个空白文件,选择"视图"→"网格"→"显示网格"菜单命令,在舞台上显示出网格线。

b. 单击"绘图"工具栏上的"铅笔工具"按钮 ✏,在该工具栏下方的"选项"区中,单击"铅笔模式"按钮 ⌐,在弹出的选项菜单中,选择"墨水"模式 🖉,在"属性"面板上,设置"笔触颜色"为深棕色,"笔触高度"为2。

c. 将鼠标指针移到舞台上,当指针变成 ✏ 形状时,按住鼠标不放,拖动鼠标画出一条曲线,用来表示山坡,如图 10 – 23 所示。

d. 单击"绘图"工具栏上的"刷子工具"按钮 🖌,在该工具栏下方的"选项"区中,设置"刷子大小"为较小的圆点 · ▾,"刷子形状"为圆形 ● ▾,如图 10 – 24 所示。

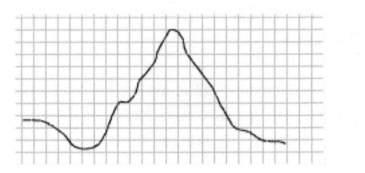 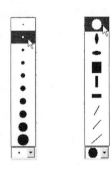

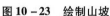

图10-23　绘制山坡　　　　　　　　　　图10-24　设置画笔的大小和形状

e. 在"绘图"工具栏上的"颜色"区中,设置"填充色"为深棕色,在山坡内侧随意涂抹,多次选择不同的刷子大小和刷子形状继续进行涂抹,此时山坡图形如图10-25所示。

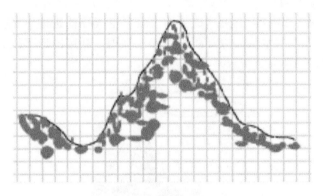

图10-25　在山坡图形上涂抹

f. 单击"绘图"工具栏上的"线条工具"按钮 ╱ ,在山坡左下角的下凹曲线上绘制一条直线将其封闭,如图10-26(a)所示。单击该工具栏上的"颜料桶工具"按钮 ,在"颜色"区中,设置"填充色"为淡蓝色,将该封闭区域填充为淡蓝色,如图10-26(b)所示。

g. 单击"绘图"工具栏上的"箭头工具"按钮 ,将鼠标指针移到湖面直线上单击,将其选中,按Delete键将其删除。

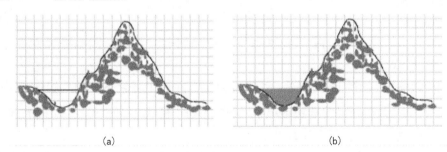

(a)　　　　　　　　　　　　　　　(b)

图10-26　绘制湖泊

②绘制云和雨

a. 单击"绘图"工具栏上的"铅笔工具"按钮 ╱ ,在该工具栏下方的"选项"区中单击

"铅笔模式"按钮 ，在弹出的选项菜单中，选择"平滑"模式 ，在该工具栏上的"颜色"区中，设置"笔触颜色"为黑色。

b. 在舞台的空白处，按住鼠标不放并拖动，绘制出云的图案，如图 10 – 27 所示。

c. 单击"绘图"工具栏上的"颜料桶工具"按钮 ，在该工具栏上的"颜色"区中，设置"填充色"为白色，将鼠标指针移到云的内部单击，把云的图案填充白色。

d. 单击"绘图"工具栏上的"线条工具"按钮 ，在该工具栏上的"颜色"区中，设置"笔触颜色"为黑色，在云的下方绘制一些短斜线，表示降雨，如图 10 – 28 所示。

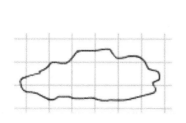

图 10 – 27　绘制云的图案

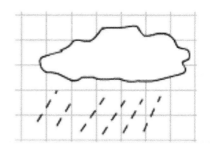

图 10 – 28　绘制短斜线表示降雨

e. 单击"绘图"工具栏上的"箭头工具"按钮 ，在云的左上角按住鼠标不放，向右下角拖出一个矩形框，将云及雨图形全部选中，按 Ctrl + G 键，将它们组合成一个图形对象。

f. 将鼠标指针移到该图形上，按住鼠标不放，将其拖动到山顶左侧的位置，如图 10 – 29 所示。

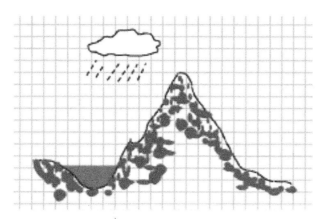

图 10 – 29　移动云的位置

③输入说明文字

a. 单击"绘图"工具栏上的"文本工具"按钮 ，在"属性"面板上，设置字体为"华文中宋"，字号为20，文字颜色为黑色，在山坡图形的左侧输入文字"迎风坡"，在山坡图形的右侧输入文字"背风坡"。

b. 选中文字"迎风坡"，单击"绘图"工具栏上的"任意变形工具"按钮 ，在文字上出现变形控制点。

c.在"绘图"工具栏下方的"选项"区中，单击"旋转与倾斜"按钮 ↻，移动鼠标指针到文字控制点上，当鼠标指针变为 ↻ 形状时，拖动鼠标将文字旋转，使其与山坡的斜面平行，同样的方法，旋转文字"背风坡"，效果如图 10 – 30 所示。

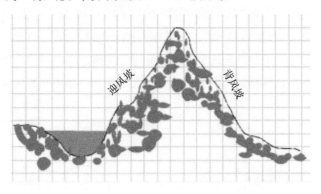

图 10 – 30　倾斜文字

d.单击"绘图"工具栏上的"矩形工具"按钮 ▢，在该工具栏上的"颜色"区中，设置"笔触颜色"为无颜色 ▨。"填充色"为红色，在舞台的空白处绘制一个红色矩形。

e.单击"绘图"工具栏上的"箭头工具"按钮 ▸，将鼠标指针移到矩形左上角顶点处，当鼠标指针变成 ▸ 形状时，按住鼠标向右拖动到矩形上边的中心点，松开鼠标；同样的方法，拖动矩形右上角顶点向左移动到上边中心点，使矩形变成一个三角形，如图 10 – 31 所示。

图 10 – 31　绘制箭头图形

f.继续在三角形的下方绘制一个矩形，框选三角形和矩形，按 Ctrl + G 键将其组合成一个箭头图形。

g.单击"绘图"工具栏上的"箭头工具"按钮 ▸，将箭头图形拖动到山坡左侧，按住 Ctrl 键的同时，拖动箭头图形 3 次，复制出 3 个箭头，将它拖动到山坡的两侧，方法同步骤 b ~ c 将它们旋转，使它们与山坡外面平行，如图 10 – 32 所示。

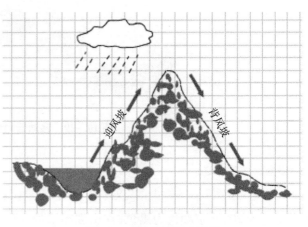

图 10 – 32　放置箭头图形

h.单击"绘图"工具栏上的"文本工具"按钮 Ａ，在"属性"面板上，设置字体为"华文彩云"，字号为 60，文字颜色为蓝色，在舞台上方中央输入标题文字"地形雨"。

i.单击"绘图"工具栏上的"线条工具"按钮╱，在"属性"面板上，设置"笔触颜色"为黑色，"笔触高度"为1，在标题文字下方绘制一条水平直线，整个实例制作完成。

2.使用"钢笔工具"

使用"钢笔工具"🖋️，能够精确地绘制出直线和曲线路径，并且在绘制完成后，可以进一步调整直线段的角度、长度以及曲线段的弯曲程度。使用"钢笔工具"并配合"部分选取工具"▹的使用，可以精确地绘制出较为复杂的曲线图形。

使用"钢笔工具"，在舞台上不同的位置单击鼠标，会创建多个节点(分转角点和曲线点两种)。若是直接单击鼠标，则创建的节点是转角点，每个转角点之间用直线段连接，如图10-33(a)所示。若在单击鼠标的同时拖动鼠标，则会创建曲线点，曲线点之间用曲线连接，如图10-33(b)所示，调整曲线点上的切线手柄，可以改变曲线的形状。

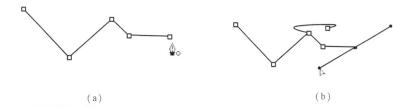

(a)　　　　　　　　　　　(b)

图 10-33　用"钢笔工具"绘制直线段和曲线段

(1)制作实例:香港特别行政区区旗

中华人民共和国香港特别行政区区旗是一面中间配有五颗星的动态紫荆花图案的红旗。红旗代表祖国，紫荆花代表香港，紫荆花红旗象征香港是祖国不可分割的一部分，在祖国怀抱中兴旺发达。花蕊上的五颗星象征香港同胞心中热爱祖国。花呈白色表示有别于代表祖国其他部分的红色，即象征"一国两制"。下面我们利用"钢笔工具"来绘制香港特别行政区区旗，效果如图10-34所示。

图 10-34　"香港特别行政区区旗"效果图

(2)制作方法

①导入图片文件

a.在Flash中新建一个空白文件，选择"文件"→"导入"菜单命令，弹出如图10-35所示的"导入"对话框,在"查找范围"下拉列表框中,选择导入文件的位置,选中需要导入的文件"香港区旗.gif,单击"打开"按钮,将该图片文件导入。

图10－35　导入图片文件

b. 在"时间轴"面板上,双击"图层1"的名称,将该图层的名称改为"图片";单击该图层的"锁定"列,出现"锁定"图标 ,表示该图层已被锁定,该图层中的图片将不能被编辑,防止误操作。

②绘制图形

a. 单击"时间轴"面板左下角的"插入图层"按钮 ,在"图片"图层上新建一个图层,双击该图层的名称,将其改名为"绘画",如图10－36所示。

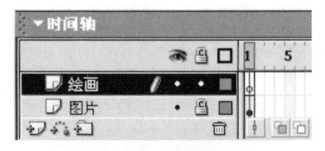

图10－36　插入图层

b. 在"绘图"工具栏上单击"查看"区中的"缩放工具"按钮 ,将鼠标指针移到舞台中央上方的紫荆花花瓣上单击,将其局部放大。

c. 选择"编辑"→"首选参数"菜单命令,在弹出如图10－37所示的"首选参数"对话框中,单击"绘画"选项,在"钢笔工具"栏中,选中"显示钢笔预览"选项,并取消对"显示实心点"的选中状态,单击"确定"按钮完成设置。

d. 选中"绘画"图层,单击"绘图"工具栏上的"钢笔工具"按钮 ,在"属性"面板上,设置"笔触颜色"黑色,"笔触高度"1,"填充颜色"为无色 ,如图10－38所示。

e. 在舞台中央上方紫荆花的花瓣底部单击鼠标,出现第1个节点(转角点);在花瓣的

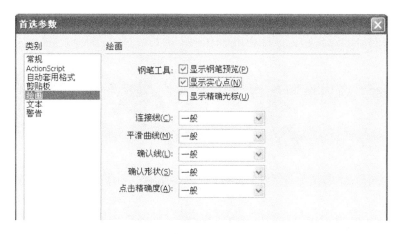

图 10 - 37　"首选参数"对话框(部分)

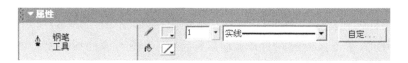

图 10 - 38　"属性"面板

图 10 - 39　绘制曲线

左侧边缘,按住鼠标不放并拖动,调整曲线的形状使其与花瓣的形状吻合,松开鼠标,出现第 2 个节点(曲线点),如图 10 - 39 所示。

　　f. 方法同步骤 e,继续在花瓣边缘的上方创建第 3 个节点(曲线点),如图 10 - 40(a)所示。

　　g. 在花瓣的尖角处,单击鼠标(不拖动鼠标),创建第 4 个节点(转角点),如图 10 - 40(b)所示。

　　h. 使用相同的方法,绘制其余曲线,并将最后绘制的线条顶点与开始顶点重合,封闭花瓣图形,如图 10 - 41 所示。

(a)

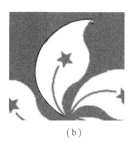

(b)

图 10 - 40　创建节点　　　　　　　　图 10 - 41　描出花瓣的轮廓

　　i. 如果绘制的线段不是很平滑,可以单击"绘图"工具栏上的"箭头工具"按钮 ,选中需要光滑处理的线段,再单击该工具栏下方"选项"区中的"平滑"按钮 数次,就可使线段变得平滑。

　　j. 继续使用"钢笔工具"按钮 ,依次在花瓣内五角星的顶点处单击鼠标,创建多个节点(转角点),各节点间用直线连接。单击"绘图"工具栏上的"箭头工具"按钮，分别选中多余的线段,按 Delete 键将它们删除,如图 10 – 42 所示。

图 10 – 42　绘制五角星

　　k. 继续使用"钢笔工具"按钮，在"属性"面板上,设置"笔触颜色"为红色,"笔触高度"为2,单击"主工具栏"(选择'窗口'→"工具栏"→"主工具栏"菜单命令)上的"对齐对象"按钮，取消"对齐对象"状态。

　　l. 将鼠标指针移到花瓣内曲线的顶点处,单击鼠标,如图 10 – 43(a)所示。然后将鼠标指针移到曲线尾部,单击鼠标的同时并拖动鼠标,绘制一条与原曲线相吻合的红色曲线,最后将鼠标指针移到该曲线点上单击,结束曲线的绘制,如图 10 – 43(b)所示。

　　m. 选择"绘图"工具栏上的"部分选取工具"按钮，将鼠标指针移到在上一步骤中绘制的曲线上,单击鼠标,显示出全部节点,拖动曲线下方的节点到花瓣的轮廓线上。

　　n. 单击"绘图"工具栏上的"颜料桶工具"按钮，在该工具栏的"颜色"区中,设置"填充色"为白色,将鼠标指针移到花瓣图形内单击,将花瓣填充为白色,重新设置"填充色"为红色,将鼠标指针移到花瓣中五角星内单击,将五角星填充为红色。

　　o. 单击"绘图"工具栏上的"箭头工具"按钮，分别在花瓣及五角星的轮廓线上单击,将它们选中后,按 Delete 键删除,如图 10 – 44(a)所示。然后用鼠标在整个花瓣图形周围拖出一个矩形框,将该图形全部选中,按 Ctrl + G 键将它组合成一个图形对象,如图 10 – 44(b)所示。

(a)　　　　　　　(b)　　　　　　　(a)　　　　　　　(b)

图 10 – 43　绘制曲线　　　　　图 10 – 44　删除轮廓线及组合

　　③旋转并复制图形

　　a. 单击"绘图"工具栏上的"任意变形工具"按钮，在图形周围出现变形控制点,用鼠标将中心控制点拖动到紫荆花图案的中心;按 Ctrl + T 键,弹出"变形"面板,选中"旋转"选项,在"旋转角度"框中输入72°,单击"拷贝并应用变形"按钮4次,复制出另外4个花瓣图形,如图 10 – 45 所示。

　　b. 选中"图片"图层,单击"时间轴"面板左下角的"插入图层"按钮 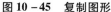,在"图片"层上新建一个图层,双击图层名,将其改为"红旗"。

　　c. 单击"绘图"工具栏上的"矩形工具"按钮 □,在该工具栏上的"颜色"区中设置"笔触颜色"为无颜色 🔲 ,"填充色"为红色,绘制一个与图片中红旗相同大小的矩形,如图10 – 46 所示。

图 10 – 45　复制图形　　　　　　图 10 – 46　绘制矩形

　　d. 单击"绘图"工具栏上的"文本工具"按钮 **A**,在"属性"面板上,设置字体为"华文琥珀",字号为"50",文字颜色为"蓝色",在区旗上方输入文字"香港特别行政区区旗"。

　　e. 选中"图片"图层,单击图层窗格右下角的"删除图层"按钮 🗑,将该图层删除,整个实例制作完成。

　　3. 使用"刷子工具"

　　使用"刷子工具",可以画出类似水彩笔绘制的线条效果。"刷子工具"绘制线条的颜色,是通过"绘图"工具栏上"颜色"区中的"填充色"按钮来设置,而不是由"笔触颜色"按钮来设置。

　　选择"刷子工具"按钮 🖌,可以在"绘图"工具栏下方的"选项"区中,设置"刷子模式""刷子大小"和"刷子形状"来改变绘制线条的不同效果。

　　"刷子模式"共有 5 种:"标准绘画" 、"颜料填充" 、"后面绘画" 、"颜料选择" 和"内部绘画" ,具体说明见表 10 – 1。"刷子工具"的使用,可以见实例"地形雨"。

表 10 – 1　刷子模式说明

刷子模式	说　明	图例说明
标准绘画	可以在舞台上的任何区域内进行涂色	
颜料填充	只能在填充和空白区域内进行涂色,不影响线条	
后面绘画	只能在空白区域内进行涂色,不影响线条和填充区域	
颜料选择	只能在被选中的图形区域内进行涂色	
内部绘画	只能在画笔笔触开始的填充区内进行图色,不影响线条	

10.1.3　填充图形

对图形填充颜色,可以使用"绘图"工具栏上的"颜料桶工具" ，选择"窗口"→"混色器"菜单命令,弹出如图10－47(a)所示的"混色器"面板,它提供了"纯色""线性""放射状""位图"等四种填充样式,填充效果如图10－47(b)所示。

1.使用"颜料桶工具"

对图形进行填充,可以使用"绘图"工具栏上的"颜料桶工具" ，填充的颜色可以通过该工具栏上"颜色"区中的"填充色"按钮来进行选择,或者是在"混色器"面板中自己调配颜色来填充。

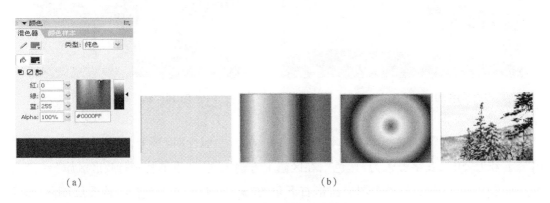

(a)　　　　　　　　　　　　　　　　　(b)

图10－47　"混色器"面板及4种填充样式
(a)"混色器"面板;(b)4种填充样式

(1)制作实例:原子

原子是化学课程中的学习内容,由于原子是微观世界的物质,较为抽象,为了帮助学生认识原子及理解分子和原子之间的关系,可以利用图形来形象地表现这些内容,效果如图10－48所示。

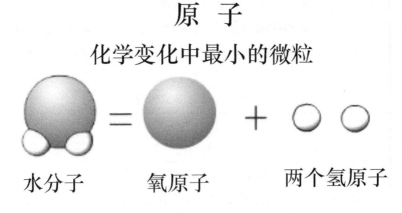

图10－48　课件"原子"效果图

（2）制作方法

①绘制分子结构图

a. 在 Flash 中新建一个空白文件，单击"绘图"工具栏上的"椭圆工具"按钮 ◯，在该工具栏上的"颜色"区中，设置笔触颜色为"黑色"，填充色为"无颜色 ⬚"；在"属性"面板上，设置笔触高度为"1"。

b. 按住 Shift 键，在舞台上绘制一个大圆和一个小圆，如图 10 – 49 所示。

c. 单击"绘图"工具栏上的"箭头工具"按钮 ◤，将鼠标指针移到大圆上单击，选中该圆，按住 Ctrl 键的同时，向左拖动鼠标复制出一个相同的大圆；相同的方法，选中小圆，并复制出两个相同的小圆，如图 10 – 50 所示。

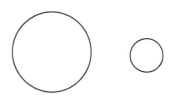

图 10 – 49　绘制大圆和小圆

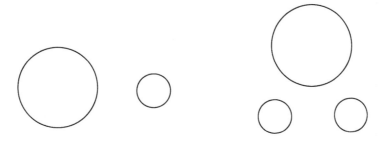

图 10 – 50　复制出 1 个大圆和 2 个小圆

d. 分别选中左侧的两个小圆，将它们移动到上方的大圆上，如图 10 – 51（a）所示。单击"绘图"工具栏上的"线条工具"按钮 ╱，分别连接大圆与小圆的交点，如图 10 – 51（b）所示。

（a）　　　　　　　　　　　　　　　　（b）

图 10 – 51　叠放图形和添加线条

（a）将两个小圆叠放到大圆上；（b）连接大圆和小圆的交点

e. 单击"绘图"工具栏上的"箭头工具"按钮 ◤、分别选中多余的线条，按 Delete 键将它们删除，如图 10 – 52（a）所示。将鼠标指针移到大圆与小圆的连接线上，当鼠标指针变为 ◥ 形状时，向上稍稍拖动鼠标，使线条由直线变成曲线，如图 10 – 52（b）所示。

（a）　　　　　　　　　　　　　　　　（b）

图 10 - 52　删除多余线条和改变线条形状

（a）删除多余线条；（b）将直线变成曲线

②为图形填充渐变色

a. 选择"窗口"→"混色器"菜单命令，弹出"混色器"面板，在"填充样式"下拉列表框中选择"放射状"填充样式；将鼠标指针移到颜色条左侧的滑块上单击，选中该颜色滑块，在下方的取色区中选择白色，再选中右侧的颜色滑决，在下方的取色区中选择红色，如图 10 - 53（a）所示。

b. 单击"绘图"工具栏上的"颜料桶工具"按钮 🪣，将鼠标指针移到大圆的左上角单击，将大圆填充为白红渐变色，如图 10 - 53（b）所示。

c. 方法同步骤 a，在"混色器"面板中，将左侧的颜色滑决（白色）向右拖动一些距离，选中右侧的颜色滑块，在下方的取色区中选择黑色，创建白黑渐变色，如图 10 - 54（a）所示。将大圆下方的两个小圆填充为白黑渐变色，如图 10 - 54（b）所示。

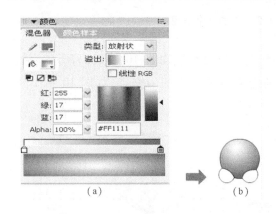

（a）　　　　　（b）　　　　　　　　　（a）　　　　　（b）

图 10 - 53　为大圆填充白红渐变色　　　　**图 10 - 54　为两个小圆填充白黑渐变色**

（a）"混色器面板"；（b）填充渐变色　　　　（a）"混色器面板"；（b）填充渐变色

d. 为舞台右侧的另一个大圆填充白红渐变色，小圆填充白黑渐变色；双击小圆，将小圆的边框线和填充色全部选中，按住 Ctrl 键的同时，向右拖动鼠标再复制出一个相同的小圆，如图 10 - 55 所示。

e. 单击"绘图"工具栏上的"线条工具"按钮 ✏️，在"属性"面板上，设置笔触颜色为"蓝色"，笔触高度为"5"，分别在舞台上绘制一个等号" = "和一 个加号" + "，如图 10 - 56 所示。

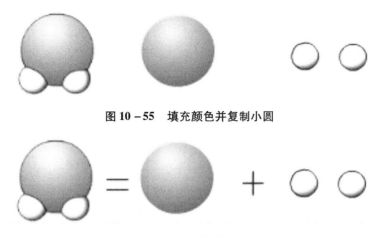

图 10-55　填充颜色并复制小圆

图 10-56　绘制等号和加号

③输入说明文字

a. 单击"绘图"工具栏上的"文本工具"按钮 **A**，在"属性"面板上，设置字体为"幼圆"，字号为"30"，文字颜色为"黑色"，在图形下方输入文字，如图 10-57 所示。

水分子　　氧原子　　两个氢原子

图 10-57　输入文字

b. 保持"文本工具"按钮 **A** 的选中状态，在"属性"面板上，设置字体为"华文琥珀"，字号为"60"，文字颜色为"红色"，在舞台上方中央输入标题文字"原子"；在标题文字下方继续输入文字"化学变化中最小的微粒"，字体为"华文宋体"，字号为"40"，文字颜色为"绿色"，如图 10-58 所示，整个实例制作完成。

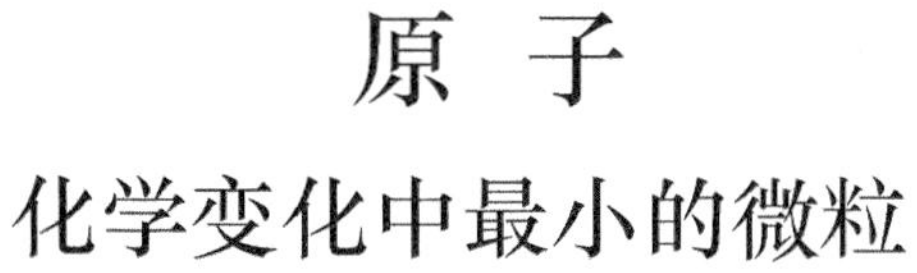

原　子
化学变化中最小的微粒

图 10-58　输入标题及说明文字

2. 使用"填充变形工具"

"填充变形工具" ，可以用来改变图形内填充的渐变色或位图的方向、大小和中心位置。单击"绘图"工具栏上的"填充变形工具"按钮 ，然后再单击需要改变的填充区域，在该区域上就会出现多个用于填充变形的控制点，调节这些控制点，就可以改变填充内容的方向、大小和中心位置。对于不同类型的渐变色或位图填充,其显示的控制点,并不完全相同(如实例动物世界中背景图案的制作方法)。如图 10 – 59 所示。

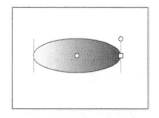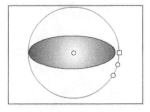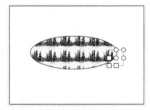

图 10 – 59 改变填充区域的方向、大小和中心位置

(1)制作实例:棱柱

棱柱的特点是上下底为全等的多边形,侧面是平行四边形,侧棱平行且相等。下面利用填充渐变色,来制作一个立体棱柱,并制作它的几何表示,效果如图 10 – 60 所示。

制作此棱柱图形,首先在棱柱的表面填充渐变色,然后利用"填充变形工具" ,调整各面中渐变色的方向和中心位置,来实现棱柱图形的三维效果。

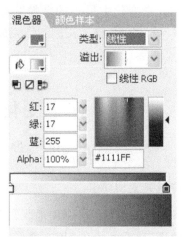

图 10 – 60 课件"棱柱"效果

(2)制作方法

①在 Flash 中新建一个空白文件,在"属性"面板上,单击"背景"按钮 ,在弹出的调色板中,选择暗绿色(颜色值为#009999),改变舞台的背景色。

②选择"视图"→"网格"→"显示网格"(或按 Ctrl + '键)菜单命令,在舞台上显示网格线。

③单击"绘图"工具栏上的"线条工具"按钮 ,在"属性"面板上,设置"笔触颜色"为黄色,"笔触高度"为2,在舞台上绘制一个棱柱图形,如图 10 – 61 所示。

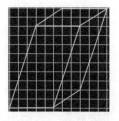

图 10 – 61 绘制棱柱图形

图 10 – 62 设置填充渐变色

④在"混色器"面板上,"填充样式"下拉列表框中选择"线性"渐变样式,移动鼠标指针到颜色条左侧的滑块上单击,将该颜色滑块选中,在下方的取色区中选择白色,选中右侧的颜色滑块,将其设为蓝色,如图 10 – 62 所示。

⑤单击"绘图"工具栏上的"颜料桶工具"按钮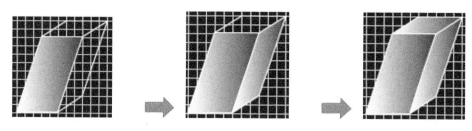,将鼠标指针分别移到棱柱的上底面、两个侧面上单击,将它们填充为白蓝渐变色,如图 10 – 63 所示。

图 10 – 63　为棱柱填充渐变色

⑥单击"绘图"工具栏上的"填充变形工具"按钮,将鼠标指针移到棱柱侧面上单击,在渐变色周围出现控制点,将鼠标指针移到右上角的旋转控制点上,按住鼠标不放,向右下角拖动,旋转渐变色的方向,如图 10 – 64 所示。

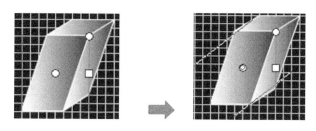

图 10 – 64　改变渐变色方向

⑦方法同步骤⑥,调整棱柱另外两个侧面的渐变色控制点,增强棱柱的立体感,单击"绘图"工具栏上的"箭头工具"按钮,在棱柱的边框线上双击,选中全部边框线。

⑧按键盘上的向右方向键数次,将棱柱的边框线平移到棱柱的右侧,如图 10 – 65 所示。

图 10 – 65　将边框线移动到棱柱的右侧

⑨单击"绘图"工具栏上的"线条工具"按钮,在"属性"面板上,设置笔触颜色为"黄色",笔触高度为"2",笔触样式为"虚线",在右侧图形内部绘制 3 条虚线,如图 10 – 66 所示。

⑩单击"绘图"工具栏上的"文本工具"按钮 A,在"属性"面板上,设置字体为"Arial",字号为"20",文字颜色为"白色"。

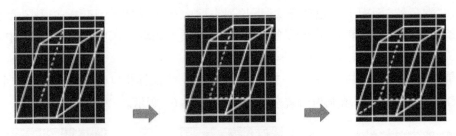

图 10 – 66　在图形内部绘制虚线

⑪在右侧棱柱下底面的 4 个顶点上,分别输入字母 A,B,C,D,在上底面的 4 个顶点,分别输入字母 A′,B′,C′,D′,如图 10 – 67 所示。

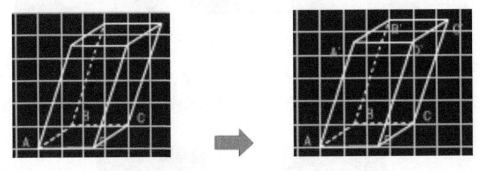

图 10 – 67　输入字母标注

⑫保持"文本工具"按钮 **A** 的选中状态,在"属性"面板上,设置字体为"华文行楷",字号为"80",文字颜色为"黄色",在舞台上方中央输入标题文字"棱柱",制作完成。

10.2　在课件中添加图像

探究问题:
①外部图像文件的导入有哪几种方法?
②为什么要把位图转换成矢量图?
③如何编辑图像?

10.2.1　添加图像

在 Flash 课件中使用外部的图像文件,先要将该图像文件导入到 Flash 中,大概有三种方法:
①"文件"→"导入"→"导入到舞台"。
②"文件"→"导入"→"导入到库"。
③"文件"→"导入"→"打开外部库"。
无论以哪种方法导入图片,导入的图像文件将存于"库"面板中,需要重复使用时,后两种导入方法可以从"库"面板中将其拖动到舞台上;另外,图像还可以被填充到一个图形内

部,如图 10 - 68 所示。

图 10 - 68 导入的图像文件

1. 制作实例:动物世界

课件"动物世界"主要阐述动物与人类密不可分的关系,倡导保护动物。下面利用 Flash 导入图像的功能,来制作该课件的封面,效果如图 10 - 69 所示。

图 10 - 69 "动物世界"效果图

2. 制作方法

(1)制作背景图案

①在 Flash 中新建一个空白文件,在"属性"面板上,单击"背景"按钮 ▣,在弹出的调色板中,设置浅蓝色(颜色值为#0099FF),改变舞台的背景色。

②展开"库"面板。

③选择"文件"→"导入"→"导入到库"菜单命令,弹出如图 10 - 70(a)所示的"导入到库"对话框,在"查找范围"下拉列表框中选择导入图像文件的位置,选中 pic01. jpg 图像文件。

④按住 Shift 键不放,选中"tdh01. jpg"图像文件,则这两个图像文件之间的所有文件均被选中,单击"打开"按钮,将它们导入到"库"面板中,如图 10 - 70(b)所示。

⑤单击"绘图"工具栏上的"矩形工具"按钮 ▢,在该工具栏上的"颜色"区中设置笔触颜色为"黑色",填充颜色为"无颜色 ▨",在舞台上绘制一个与舞台相同大小的矩形。

⑥在"时间轴"面板上,双击"图层 1"的名称,将该图层名称改为"背景"。

(a)　　　　　　　　　　　　　　　　　　　(b)

图 10-70　将多个图像文件导入到"库"面板中

⑦在"库"面板中,选中"tdh01.jpg",选择"混色器"面板,如图 10-71 所示。在"填充样式"下拉列表框中选择"位图",并在下方选择"tdh01.jpg"图像,将填充内容设为该图像。

⑧单击"绘图"工具栏上的"颜料桶工具"按钮 ,将鼠标指针移到矩形内单击,将图像填充到该矩形框中,填充的图像在水平和垂直方向上重复排列。

⑨单击"绘图"工具栏上的"填充变形工具"按钮 ,将鼠标指针移到矩形内填充的任一图像上单击,在图像周围出现控制点,如图 10-72(a)所示。将鼠标指针移到左下角的缩放控制点上,按住鼠标进行拖动,放大填充的图像,如图 10-72(b)所示。

图 10-71　设置填充样式为位图

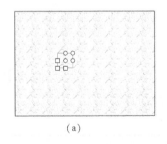

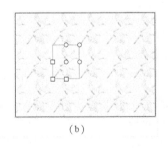

(a)　　　　　　　　　　　　　　(b)

图 10-72　放大填充的图像

⑩继续将鼠标指针移到右上角的旋转控制点上,按住鼠标向右下角拖动,使填充的图像向右倾斜一些角度,如图 10-73 所示。

⑪在"时间轴"面板上,单击"背景"图层的"眼睛"列,出现隐藏图标 ,隐藏该图层中的内容(填充的矩形)。

（2）添加图像

①单击"时间轴"面板左下角的"插入图层"按钮

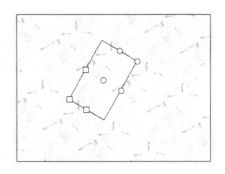

图 10－73　旋转填充的图像

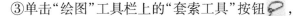，在"背景"层上新建一个图层，双击图层名，将其重命名为"图片"。

②将"库"面板中的图像 pic01. jpg 拖动到舞台上，用"箭头工具"按钮  ，单击选中该图像，按Ctrl + B 键将其分离，如图 10 – 74 所示。将鼠标在此图像外单击，取消对它的选中状态。

③单击"绘图"工具栏上的"套索工具"按钮  ，

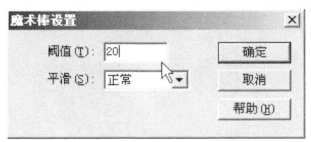

图 10－74　将图像分离

在该工具栏下方的"选项"区中单击"魔术棒属性"按钮，弹出如图 10 – 75 所示的"魔术棒设置"对话框，在"阈值"框中输入"20"，单击"确定"按钮，设置选取颜色的相近程度。

图 10－75　"魔术棒设置"对话框

④在"绘图"工具栏的"选项"区中，单击"魔术棒"按钮，将鼠标指针移到图像的白色部分单击，将此白色部分选中，按 Delete 键删除，结合"橡皮工具"按钮 ，将未被套索完全的白色背景擦除干净。如图 10 – 76 所示。

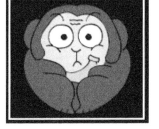

图 10－76　删除图像周围的白色部分

⑤选中该图像,按 Ctrl + G 键将其组合,单击"绘图"工具栏上的"任意变形工具"按钮，在该图像周围出现变形控制点,将鼠标指针移到右上角的缩放控制点上,按住 Shift 键的同时,向图像内侧拖动鼠标,缩小图像,如图 10 – 77 所示。

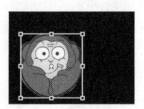

图 10 – 77　缩小图像

⑥方法同前,分别将图像 pic02. jpg,pic03. jpg,pic04. jpg,pic05. jpg 和 pic06. jpg 拖动到舞台上,并将这些图像周围的白色部分删除,调整它们的大小和位置,在"时间轴"面板上,单击"背景"图层的"眼睛"列,显示出背景图案,如图 10 – 78 所示。

图 10 – 78　舞台上各图像的位置

⑦在"图片"层的上面新建一个图层,双击图层名,将其重命名为"文字"。

⑧选中该"文字"图层的第 1 帧,单击"绘图"工具栏上的"文本工具"按钮 **A**,在"属性"面板上,设置文本类型为"静态文本",字体为"华文行楷",字号为"80",文字颜色为"红色",在舞台区的左上方输入标题文字"动物世界"。单击该图层的第 20 帧格,按 F6 键插入关键帧,并将文字移动到舞台上方的中央位置。点选该图层的第 1 帧,在下方属性面板中,将"补间"设为"动画"。

单击该图层的第 20 帧格,按 F6 键插入关键帧,单击"修改"→"变形"→"垂直翻转"。此时文字呈倒立状态。

⑨分别单击选中"背景"图层和"图片"图层的第 20 帧格,按 F5 键,即延长显示两个图层的内容到第 20 帧。

⑩选择"文件"→"保存",按 Ctrl + Enter 键,测试运行,整个实例制作完成。

10.2.2　位图矢量化

在课件制作过程中,大部分使用的都是位图图像文件,在 Flash 中还可以将它们转换为矢量图形。将位图矢量化,可以减小整个课件文件的大小,实现对文件的优化。另外,转换后的矢量图形,可以任意改变它的尺寸,而不会影响图片的质量。下面介绍如何在 Flash 中将插入的一幅位图图像矢量化,并对它做进一步的优化处理。

(1)建立文件

在 Flash 中新建一个空白文件,选择"文件"→"导入"→"导入到舞台"菜单命令,在弹出的"导入"对话框中,选中图像文件 greatwall. jpg;单击"打开"按钮,将此位图图像导入,如图 10 – 79 所示。

(2)选图像

选中该图像,选择"修改"→"位图"→"转换位图为矢量图"菜单命令,弹出如图 10 – 80 所示的"转换位图为矢量图"对话框;设置"颜色阈值"为

图 10 – 79　导入位图图像

10,"最小区域"为 1 像素,"曲线拟合"为"像素","角阈值"为"较多转角",单击"确定"按钮,将该位图图像转换为矢量图形(转换时间较长),转换后的矢量图形与原图非常相似。

图 10 – 80　"转换位图为矢量图"对话框

(3)优化

单击"绘图"工具栏上的"箭头工具"按钮 ,框选整个矢量图形;选择"修改"→"优化"菜单命令;弹出如图 10 – 81(a)所示的"最优化曲线"对话框;选中"使用多重过渡"和"显示总计消息"选项,拖动"平滑"滑块到右侧的"最大"处,单击"确定"按钮,将矢量图形进一步优化,完成后弹出如图 10 – 81(b)所示的消息框。

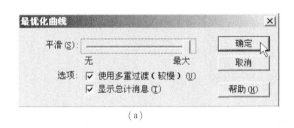

(a)

(b)

图 10 – 81　优化矢量图形

(a)"最优化曲线"对话框;(b)优化程度的消息框

第 11 章　在课件中插入声音和影片

11.1　在课件中添加声音

探究问题：

①声音文件在课件中有几种应用形式，分别有哪些作用？

②在 Flash 中如何加入声音？

③如何控制声音的停止与播放，关键技术有哪些？

11.1.1　添加背景音乐

添加背景音乐在课件制作过程中较为常用，可以增强课件的播放效果，吸引学生的注意力；另外，添加与课件内容相关的背景音乐，再配合画面上的文字和图片说明，可以增强学生的学习效果。为课件添加背景音乐，可以先创建一个单独的图层，然后将导入的音乐元件放入该图层中。另外，通过设置“属性”面板中的参数，还可以使声音实现淡入淡出、左右声道转换等特殊效果。

1. 制作实例：红楼梦

本课件将《枉凝眉》的歌曲作为背景音乐，并在画面上显示《红楼梦》作者图片和相关的说明文字，效果如图 11－1 所示。

图 11－1　课件“红楼梦”效果图

2. 制作方法

(1)添加图片

①在 Flash 中新建一个空白文件，在“属性”面板上，单击“背景”按钮，在弹出的调

色板中选择淡黄色(颜色值为#FFFFCC),将课件背景色设置为淡黄色。

②在"时间轴"面板的左侧,双击"图层 1"层的名称,将该图层重命名为"背景图片"。单击选中"背景图片"图层第 1 帧,选择"文件"→"导入"→"导入到舞台"菜单命令,在弹出的"导入"对话框中,选中图片文件 hlm01.jpg,单击"打开"按钮,导入背景图片,如图 11 – 2 所示。单击"绘图"工具栏上的"任意变形工具" ⊡ ,调整图片的大小,使它充满整个舞台区。锁定该图层。如图 11 – 3 所示。

图 11 – 2 　林黛玉的图片

图 11 – 3 　调整图片的大小

③单击"时间轴"面板左下角的"插入图层"按钮 ,在"背景图片"图层上新建一个图层,双击"图层 2"层的名称,将该图层重命名为"曹雪芹图片"。

单击选中"曹雪芹图片"图层第 1 帧,选择"文件"→"导入"→"导入到舞台"菜单命令,在弹出的"导入"对话框中,选中素材库中的图片文件 cxq01.jpg,单击"打开"按钮,导入曹雪芹的头像图片,如图 11 – 4 所示。

④选中曹雪芹的头像图片,选择"修改"→"分离"菜单命令(或按 Ctrl + B 键),将该位图图片的像素分离;在舞台的空白处单击鼠标,取消对图片的选中状态。

⑤单击"绘图"工具栏上的"套索工具"按钮 ,在该工具栏下方的"选项"区中单击"魔术棒属性"按钮 ,弹出如图 11 – 5 所示的"魔术棒设置"对话框。

图 11 – 4 　曹雪芹的头像图片

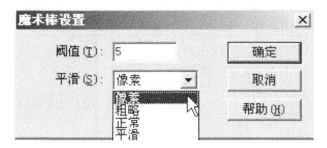
图 11 – 5 　"魔术棒设置"对话框

⑥设置"阈值"为 5,在"平滑"下拉列表中选择"像素",单击"确定"按钮,设置好魔术棒

的属性。

⑦继续在"选项"区中，单击"魔术棒"按钮 ，将鼠标指针移到图片上的空白区域，单击鼠标，将其选中，按Delete 键删除；结合"橡皮工具"按钮，依次将图片周围的空白区域全部擦除，使其透明，如图 11 - 6 所示。

⑧选中处理后曹雪芹的头像图片，按 Ctrl + G 键，将其组合，按住鼠标左键，拖动鼠标，将其拖动到舞台的左上角。锁定该图层。

（2）添加说明文字

①单击"时间轴"面板左下角的"插入图层"按钮，在"图片"图层上新建一个图层，双击"图层 3"层的名称，将该图层重命名为"说明文字"。

图 11 - 6　删除图片周围的空白区域

②单击选中"说明文字"图层第 1 帧。选择"绘图"工具栏上的"文本工具"按钮 **A**，在"属性"面板上，设置字体为"隶书"，字号为"50"，字的颜色为"红色"，在舞台的右上角输入文字"红楼梦"。

③继续在"属性"面板上，设置字体为"幼圆"，字号为"16"，字的颜色为"黑色"，在舞台区的左侧，输入说明文字，如图 11 - 7 所示。锁定该图层。

> 红楼梦
> 曹雪芹
> 中国清代小说家，《红楼梦》的作者。字梦阮，号雪芹，又号芹圃、芹溪，祖籍辽阳。

图 11 - 7　输入说明文字

（3）添加背景音乐

①单击"时间轴"面板左下角的"插入图层"按钮，在"说明文字"图层上新建一个图层，双击"图层 4"层的名称，将该图层重命名为"背景音乐"。

②选择"文件"→"导入"→"导入到库"菜单命令，在弹出的"导入"对话框中，选中声音文件"枉凝眉. mp3"，单击"打开"按钮，将其导入到"库"面板中。

③展开"库"面板，如图 11 - 8 所示，可以看出其中有刚导入的声音。

④单击选中"背景音乐"图层第 1 帧，将需要的声音元件"枉凝眉. mp3"从"库"面板中拖动到舞台上，此时"时间轴"面板，如图 11 - 9 所示。

图 11 - 8　"库"面板

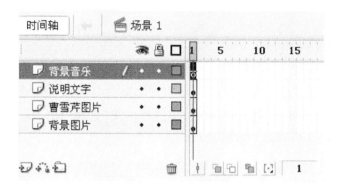

图 11 – 9　添加背景音乐

⑤单击"背景音乐"图层的第 1 帧,在"属性"面板上,设置"效果"为"淡出",如图 11 – 10 所示,使音乐在播放的最后渐渐地消失。

图 11 – 10　设置音乐播放效果

⑥保存文件,按 Ctrl + Enter 键,预览课件的播放效果,全部操作完成。

11.1.2　添加按钮声音

为按钮添加声音后,当鼠标指针移到按钮上或在按钮上单击鼠标时,会发出设定的声音。按钮元件有"弹起""指针经过""按下"和"点击"4 个状态,对应时间轴上 4 个帧,为按钮添加声音只需在相应状态的帧上插入关键帧,将声音从"库"面板中拖到舞台上即可。

1.制作实例:认识西洋乐器

在本课件的画面中,显示几种常见的西洋乐器的图片,当鼠标移到这些图片上时,会显示相应的乐器名称及乐器特色,在乐器图片上单击鼠标,则会播放该乐器演奏的音乐片断,用图片、文字及声音来介绍乐器,可以获得理想的教学效果,效果如图 11 – 11 所示。

图 11 – 11　课件"认识西洋乐器"效果图

2. 制作方法

(1)导入图片和声音

①在 Flash 中新建一个空白文件,在"属性"面板上,单击"大小"按钮 ![550 x 400 像素],在弹出的"文档属性"对话框中,设置"尺寸"为 640 px(宽)× 480 px(高),单击"背景"按钮 ■,在弹出的调色板中选择淡灰色(颜色值为#FFFFCC),将课件背景色设置为淡灰色。单击"确定"按钮,调整课件的舞台效果。

②单击"绘图"工具栏上的"文本工具"按钮 A,在"属性"面板上,设置字体为"华文隶书",字号为"50",字的颜色为"蓝色",在舞台上方中央输入标题文字"认识西洋乐器"。

③选择"文件"→"导入"→"导入到库"菜单命令,在弹出的"导入到库"对话框中,按住 Ctrl 键的同时,依次单击文件"长笛. jpg""单簧管. jpg""短笛. jpg""钢琴. jpg""萨克斯管. jpg""砂槌. jpg""手风琴. jpg""竖琴. jpg""双簧管. jpg""小号. jpg"和"小提琴. jpg",单击"打开"按钮,将其导入到"库"面板中,如图 11 –12 所示。

④方法同步骤③继续导入乐器演奏的声音文件"S_长笛. wav""S 单簧管. wav""S_短笛. wav""S_钢琴. wav""S_萨克斯管. wav""S_砂槌. wav""S_手风琴. wav""S_竖琴. wav""S_双簧管. wav""S_小号. wav"和"S_小提琴. wav"。

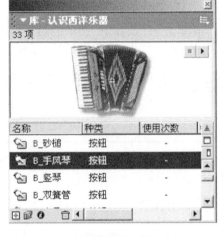

图 11 –12　将乐器图片导入"库"面板

(2)制作课件画面

①单击选中"图层 1"第 1 帧,将"手风琴"图片从"库"面板中拖动到舞台上,选中该图片,按 Ctrl + B 键将其像素分离,在舞台的空白处单击鼠标,取消对该图片的选中状态。

②单击"绘图"工具栏上的"套索工具"按钮 ✐,继续在该工具栏下方的"选项"区中,单击"魔术棒"按钮 ⚘,将鼠标指针移到图片的空白处单击,选中图片周围的空白区域,按 Delete 键将其删除,结合"橡皮工具"按钮 ▱,依次将图片周围的空白区域全部擦除,选中处理后的图片,按 Ctrl + G 键(将图片组合),如图 11 –13 所示。

图 11 –13　删除图片周围的空白区域并组合

③选中该图片,单击"绘图"工具栏上的"任意变形工具"按钮 ⊞,在图片周围出现变形控制点;将鼠标指针移到右上角的控制点上,当鼠标指针变成 ⬉ 时,按住 Shift 键的同时,向

内侧拖动鼠标,使图片等比例缩小,如图 11 – 14 所示。

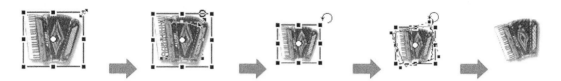

图 11 – 14　将小号图片变形(缩小和旋转)

④再次将鼠标指针移到右上角的控制点上,微移鼠标指针,当鼠标指针变成 ↻ 形状时,按住鼠标不放,向左上角拖动,使图片逆时针旋转一些角度。

⑤方法同前,分别将"库"面板中的乐器图片拖动到舞台上,删除各图片周围的空白区域,调整图片的大小及旋转角度,此时舞台如图 11 – 15 所示。

图 11 – 15　乐器图片

(3)制作按钮元件

①选中舞台上的"小提琴"图片,选择"修改"→"转换为元件"菜单命令(或按 F8 键),弹出如图 11 –16(a)所示的"转换为元件"对话框。

(a)　　　　　　　　　　　　　　　　(b)

图 11 –16　将图片转换为按钮元件

②在"名称"框中输入文字"S_小提琴",设置"类型"为"按钮",在该对话框的 9 个小方块中,用鼠标单击中央的小方块,将该元件的"注册"点(即元件的中心点)置于图片的中心,

如图 11 – 16(b)所示。此时舞台上的"小提琴"图片变成了按钮元件"S_小提琴"。

　　③双击舞台上"S_小提琴"按钮元件,进入该元件的编辑窗口;单击第 2 帧(即按钮的"指针经过"状态按 F6 键新建一个关键帧,内容与第 1 帧相同。

　　④单击"绘图"工具栏上的"文本工具"按钮 **A**,在"属性"面板上,设置字体为"华文新魏",字号为"14",字的颜色为"黑色",选中"使用设备字体",在图片下方输入文字"乐器名称:",设置字的颜色为"蓝色",输入文字"小提琴"。

　　⑤设置字的颜色为黑色,继续在下一行输入文字"乐器特色:";设置字的颜色为黑色,输入如图 11 – 17 所示的文字;单击"绘图"工具栏上的"矩形工具"按钮 ▢,设置笔触颜色为"黑色",填充色为"浅蓝"(颜色值为#3399FF),在文字周围绘制一个矩形。

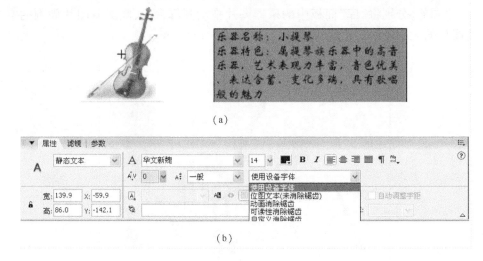

(a)

(b)

图 11 – 17　输入说明文字

　　⑥单击第 3 帧(即鼠标的"按下"状态),按 F6 键新建一个关键帧;在"属性"面板上,在"声音"下拉列表框中选择"S_小提琴",在"同步"下拉列表框中选择"开始",如图 11 – 18 所示。设置当鼠标单击按钮时,即可播放该乐器演奏的音乐片段。

图 11 – 18　为帧添加声音

　　⑦在第 1 帧上单击鼠标右键,弹出快捷菜单,选择"复制帧"命令,复制帧的内容;在第 4 帧(即鼠标的"点击"状态)上单击鼠标右键,弹出快捷菜单,选择"粘贴帧"命令,将复制的第 1 帧内容粘贴到第 4 帧上,使这两帧中的内容相同,此时"时间轴"面板如图 11 – 19 所示。

　　⑧单击"时间轴"面板右上方的 场景 1 按钮,回到主场景中;方法同前,将舞台上其余的乐器图片依次转换为按钮元件,并添加说明文字及乐器演奏的音乐片段,各乐器对应的说明文字及声音元件,如表 11 – 1 所示。

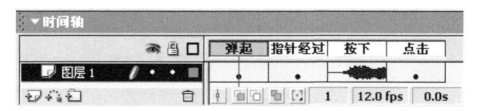

图 11 – 19　将第 1 帧内容复制到第 4 帧上

表 11 – 1　乐器对应的说明文字及声音元件

乐器名称	乐器特色	声音元件
萨克斯管	音色丰富,高音区介于单簧管和圆号间,中音区犹如人声和大提琴音色,低音区像大号和低音提琴	S_萨克斯管
短笛	音域比长笛高一个八度,可达到乐队的最高极限,音色尖锐透明,同音区不如长笛丰满,属装饰性乐器,很少独奏,用于管弦乐队和军乐队中	S_短笛
小号	音色强烈,明亮而锐利,极富光辉感,是铜管族中的高音乐器,既可奏出嘹亮的号角声,也可奏出优美而富有歌唱性的旋律	S_小号
单簧管	高音区嘹亮明朗;中音区富于表情,音色纯净,清澈优美;低音区低沉,浑厚而丰满,是木管族中应用最广泛的乐器	S_单簧管
双簧管	音色柔和软丽,有芦笛声,适于表现田园风光和忧郁抒情的情绪	S_双簧管
竖琴	具有无与伦比的美妙音色,尤其在演奏琶音音阶时更有行云流水之境界;音量虽不算大,但柔如彩虹,诗意盎然,时而温存时而神秘,是自然美景的集中体现	S_竖琴
钢琴	音域宽广,音量宏大,音色变化丰富,可以表达各种不同的音乐情绪,或刚或柔,或急或缓均可恰到好处;高音清脆,中音丰满,低音雄厚,可以模仿整个交响乐队的效果	S_钢琴
手风琴	具有多种音色,可模拟多种管乐器和弦乐器;和声丰富,可奏出小型乐队的效果;音量宏大,发音持久,不受空间局限;便于携带和演奏,是普及型乐器	S_手风琴
长笛	清新、透彻,色调是冷的。高音活泼明丽,低音优美悦耳,广泛应用于管弦乐队和军乐队	S_长笛
砂槌	属于体鸣乐器族,一般归于打击乐器类。演奏时发出轻微的"沙沙"声,通常为急板音乐或快节奏音乐伴奏,起烘托气氛的作用	S_砂槌
小提琴	属提琴族乐器中的高音乐器,艺术表现力丰富,音色优美、表达含蓄、变化多端,具有歌唱般的魅力	S_小提琴

⑨保存文件,按 Ctrl + Enter 键,预览课件的播放效果,全部操作完成。

11.2 在课件中添加影片

探究问题:

①常见的影视频文件的格式有哪些?

②在课件中导入视频文件的方法,如何对视频进行编辑?

③视频的添加与以前学习过的图片和声音的添加的方法有无异同?

④研究视频在课件中的作用,教学中哪些内容适合用视频来表现?

在制作课件过程中,经常需要添加视频影片,如历史纪录片、自然现象、名胜古迹、各种实验、珍稀物种等影片。由于视频影片提供的信息量远远超出了静态的图片,所以,在课件中使用视频影片,再结合图片和文字说明,可以获得理想的教学效果,Flash 8 在 Flash MX 版本基础上,视频处理功能增强了很多,通过 Flash 视频技术,把视频、数据、图形、声音和脚本语句实现的交互性结合起来,从而创造出更好的 Flash 作品。

11.2.1 添加视频影片

首先,我们来了解一下 Flash 8 所支持的视频类型:可以作为视频剪辑导入的文件格式有很多种,比如 MOV,AVI 和 MPG/MPEG 等格式。Flash 支持的视频类型会因电脑所安装的插件不同而不同,如果文件中导入不支持的文件格式,则会显示格式不支持的警告消息。

如果安装了 QuickTime 7,则导入嵌入视频时支持视频文件格式如表 11 – 2 所示。

表 11 – 2 Flash 8 支持的视频格式 1

文件类型	扩展名
音频视频交叉	. avi
数字视频	. dv
运动图像专家组	. mpg,. mpeg
QuickTime 视频	. mov

如果系统安装了 DirectX 9 或更高版本(仅限 Windows),则在导入嵌入视频时支持视频文件格式如表 11 – 3 所示。

表 11 – 3 Flash 8 支持的视频格式 2

文件类型	扩展名
音频视频交叉	. avi
运动图像专家组	. mpg,. mpeg
Windows Media 文件	. wmv,. asf

在 Flash 课件中添加视频影片的方法,类似于添加图片和声音,通过导入的方法将影片文件添加到课件中,导入后的视频将保存在"库"面板中,并且可以重复调用。

1. 制作实例:飞夺泸定桥

"飞夺泸定桥"是历史课的教学内容,在本课件中,添加了关于"飞夺泸定桥"的纪实影片和历史图片,并且结合影片中的解说,使学生对红军强渡大渡河的过程及历史意义,有了较为深刻的理解和认识,本课件效果如图 11 - 20 所示。

图 11 - 20　课件"飞夺泸定桥"效果图

2. 制作方法

(1)输入文字

①在 Flash 中新建一个空白文件,在"属性"面板上,单击"大小"按钮 550 × 400 像素 ,在弹出的"文档属性"对话框中,设置"尺寸"为 640 px(宽)×480 px(高),背景颜色为"淡蓝色",单击"确定"按钮,调整课件的播放尺寸。

②双击"图层 1"层的名称,将该图层重命名为"文字"。选中"文字"图层第 1 帧,单击"绘图"工具栏上的"文本工具"按钮 **A**,在"属性"面板上,设置字体为"隶书",字号为"40",字的颜色为"红色",在舞台上方中央输入标题文字"飞夺泸定桥"。

③在"属性"面板上,单击"滤镜"选项卡,单击"添加滤镜"按钮 🔩,弹出的菜单中选择"投影"命令,将投影效果添加在滤镜面板的左边的窗格中,在右侧可以对滤镜投影效果的各参数进行设置。如图 11 - 21 所示。

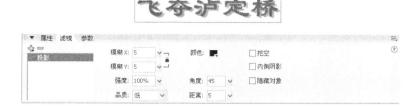

图 11 - 21　利用滤镜制作文字阴影

④单击"绘图"工具栏上的"箭头工具"按钮 ▶ ，调整文字在舞台上的合适位置。

⑤保持"文本工具"按钮 **A** 的选中状态，在"属性"面板上，设置字体为"华文新魏"，字号为"20"，字的颜色为"黑色"，在标题下方输入如图 11 – 22 所示的说明文字。

⑥锁定该图层。

图 11 – 22　在标题下输入说明文字

（2）导入图片和影片

①单击"时间轴"面板左下角的"插入图层"按钮 ，在"文字"图层上新建一个图层，双击"图层 2"层的名称，将该图层重命名为"图片"。选中"图片"图层第 1 帧，选择"文件"→"导入"→"导入到库"菜单命令，在弹出的"导入到库"对话框中，按住 Ctrl 键的同时，依次单击图片文件 photol. jpg，photo2. jpg，photo3. jpg，photo4. jpg，photo5. jpg，单击"打开"按钮，将图片导入到"库"面板中。

②在"图片"图层上新建一个图层，双击"图层 3"层的名称，将该图层重命名为"视频文件"。

选中"视频文件"图层第 1 帧，选择"文件"→"导入"→"导入视频"菜单命令，在弹出的"导入"对话框中，选中影片文件"飞夺泸定桥. mpg"，单击"打开"按钮，弹出如图 11 – 23 所示的"导入视频设置"对话框。

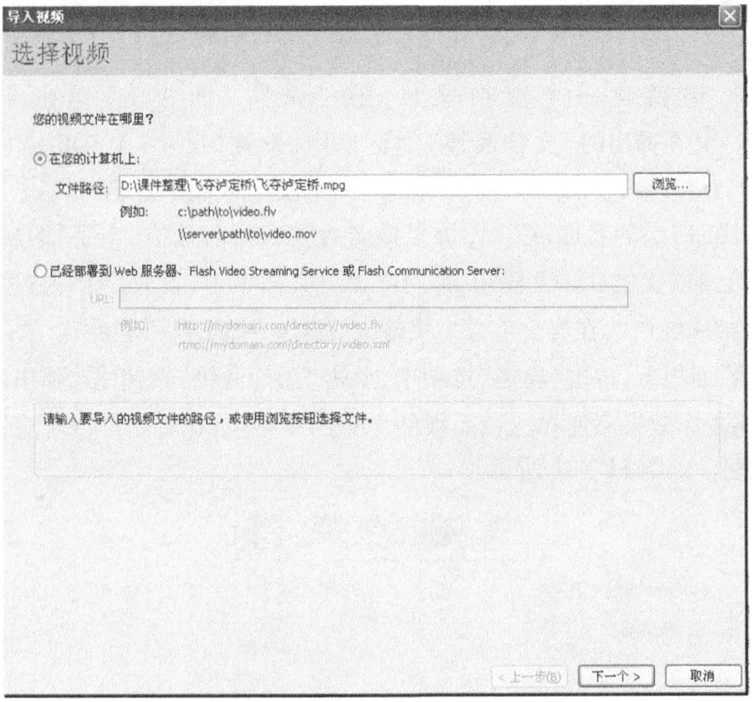

图 11 – 23　"导入视频设置"对话框

③保持该对话框中的默认设置不变,单击"下一个"按钮,弹出视频部署对话框,选择"在 swf 中嵌入视频并在时间轴上播放"选项,如图 11 – 24(a)所示。

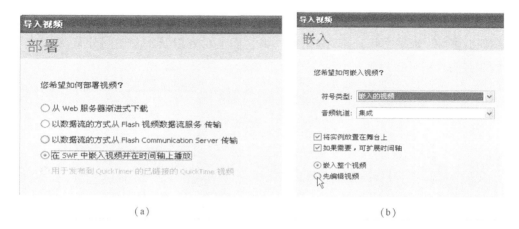

(a)　　　　　　　　　　　　　　　　　　(b)

图 11 – 24　导入视频过程

(a)视频部署对话框;(b)视频嵌入对话框

④单击"下一个"按钮,弹出嵌入视频对话框,在该对话框中进行各选项的设置,如图 11 – 24(b)所示。(由于本实例中,视频文件不需要剪辑,所以可以不进行勾选"先编辑视频"选项,直接跳转向后,直到完成。如果想要对视频文件进行剪辑,则在此对话框中勾选"先编辑视频"选项,单击"下一个"按钮,进入视频文件的剪辑操作界面,对视频文件剪辑操作后,执行下一步,直到完成视频导入过程)

⑤锁定"视频文件"图层。

⑥单击选中"图片"图层第 1 帧,选择"库"面板,依次将图片 photo1,photo2,photo3,photo4,photo5 从"库"面板中拖动到舞台上,它们和影片在舞台上的摆放位置,如表 11 – 25 所示。

图片 photo1	影片"飞夺泸定桥"	图片 photo2
图片 photo3	图片 photo5	图片 photo4

图 11 – 25　视频影片和图片的摆放位置

(3)调整图片、影片的大小和位置

①选中影片"飞夺泸定桥",单击"绘图"工具栏上的"任意缩放工具"按钮,在影片周围出现变形控制点,将鼠标指针移到右上角的控制点上,当鼠标指针变成形状时,按住 Shift 键同时,拖动鼠标,等比例改变影片的大小。

②方法同步骤①,依次调整各图片的大小,按住 Shift 键的同时,依次用鼠标单击左侧的两张图片,将它们同时选中,选择"窗口"→"对齐"菜单命令,弹出如图 11 – 26 所示的"对齐"面板。

图 11 – 26　"对齐"面板

③单击"对齐"面板上的"左对齐"按钮 ，将左侧的两张图片左对齐，同时选中右侧的两张图片，单击该面板上的"右对齐"按钮 ，使这两张图片右对齐。

④方法同步骤③，同时选中上面一行的两张图片和影片，分别单击"对齐"面板上的"上对齐"按钮 和"水平中间分布"按钮 ，将它们上对齐以及水平中间分布，继续将下面一行的 3 张图片上对齐和水平中间分布，此时舞台如图 11 –27 所示。

图 11 –27　调整图片、影片的大小和位置

⑤保存文件，按 Ctrl + Enter 键，预览课件的播放效果，全部操作完成。

11.2.2　控制音乐开关

在课件中添加音乐开关，可以使教师自主控制音乐的播放和停止，以适应授课的需要，增强了音乐播放的灵活性。音乐开关是一个按钮元件，当单击此按钮时，音乐停止播放，再次单击该按钮会重新播放音乐。

1. 制作实例：《两只蝴蝶》

在本课件中，除了文字和图片之外，还添加了背景音乐，增强了课件的感染力。另外，为了控制背景音乐的播放和停止，在课件右下角设置了一个音乐开关按钮，效果如图 11 –28 所示。

2. 制作方法

本课件中音乐开关的制作步骤：首先是新建一个影片剪辑元件，在该元件编辑窗口中，为第 1 帧添加背景音乐，在第 2 帧中设置音乐停止播放，并为这两帧添加动作语句"stop( );"，使课件在播放时不会

图 11 –28　课件：《两只蝴蝶》效果图

自动进入下一帧播放;然后再建立两个按钮元件"音乐开"和"音乐关",将"音乐开"按钮放在第 1 帧中,"音乐关"按钮放在第 2 帧中,再分别为这两个按钮添加动作语句,主要功能是帧的跳转,即在播放音乐的帧(第 1 帧)与停止音乐的帧(第 2 帧)之间跳转;最后将制作的影片剪辑从"库"面板中拖动到舞台上即可。

　　(1)添加文字和图片

　　①在 Flash 中新建一个空白文件,在"属性"面板上,单击"大小"按钮 `550 × 400 像素` ,在弹出的"文档属性"对话框中,设置"尺寸"为的 640 px(宽)×480 px(高),单击"确定"按钮,调整课件的播放尺寸。

歌曲欣赏: 两只蝴蝶

演唱: 庞龙

图 11 – 29　输入标题和演唱者

　　②单击"绘图"工具栏上的"文本工具"按钮 A,在"属性"面板上,设置字体为"华文行楷",字号为"42",字的颜色为"红色",在舞台上方中央输入标题文字"歌曲欣赏:两只蝴蝶";设置字体为"华文行楷",字号为"33",字的颜色为"绿色",在标题文字右侧输入演唱者"庞龙",如图 11 – 29 所示。

　　③选择"文件"→"导入"→"导入到舞台"菜单命令,在弹出的"导入"对话框中,选中图片文件"pic190.jpg",单击"确定"按钮,将此图片导入,如图 11 – 30 所示。

图 11 – 30　导入图片

　　④选中图片,单击"绘图"工具栏上的"任意变形工具"按钮,将鼠标指针移到图片右上角的控制点上,当鼠标指针变成形状时;按住 Shift 键不放,向内侧拖动鼠标,使图片等比例缩小。

　　⑤单击"绘图"工具栏上的"矩形工具"按钮,在该工具栏上的"颜色"区中设置"笔触颜色"为无颜色,"填充色"为浅灰色(颜色值为#CCCCCC),绘制一个与图片相同大小的灰色矩形(无边框)。

　　⑥将图片拖动到舞台左侧,选中灰色矩形,方法同步骤④,将其等比例缩小一些,选择"修改"→"形状"→"柔化填充边缘"菜单命令,在弹出的"柔化填充边缘"对话框中,设置

"距离"为 20 px,"步骤数"为 10,"方向"为"扩散",单击"确定"按钮,柔化矩形边缘,如图 11 -31 所示。

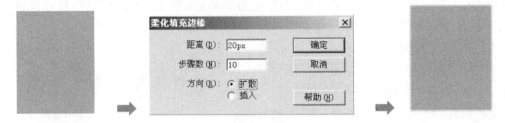

图 11 -31　柔化矩形

⑦单击"绘图"工具栏上的"箭头工具"按钮，框选整个灰色矩形,将其拖动到图片下方,并错开一些距离,产生出逼真的阴影效果,框选图片和阴影(灰色矩形),按 Ctrl + G 键,将其组合成一个图形对象,如图 11 -32 所示。

⑧单击"绘图"工具栏上的"文本工具"按钮 A,在"属性"面板上,设置"字体"为"幼圆",字号为"24",字的颜色为黑色,在图片右侧输入如图 11 -33 所示的文字。

亲爱的你慢慢飞
小心前面带刺的玫瑰
亲爱的你张张嘴
风中花香会让你沉醉
亲爱的你跟我飞
穿过丛林去看小溪水
亲爱的来跳个舞
爱的春天不会有天黑

图 11 -32　制作图片阴影效果　　　　图 11 -33　输入歌词文字

(2)添加背景音乐

①选择"插入"→"新建元件"菜单命令(或按 Ctrl + F8 键),弹出如图 11 -34 所示的"创建新元件"对话框,在名称框中输入"音乐控制",设置类型为"影片剪辑",单击"确定"按钮,进入到该元件的编辑窗口。

图 11 -34　"创建新元件"对话框

②在"时间铀"面板左侧,双击"图层 1"层的名称,将图层名改为"背景音乐"。

③选择"文件"→"导入"→"导入到库"菜单命令,在弹出的"导入到库"对话框中,选中声音文件 gdyy.mp3,单击"打开"按钮,将其导入到"库"面板中。

④单击"背景音乐"图层的第 1 帧,在"属性"面板上,设置声音为"gdyy.mp3",同步为"事件"、"重复"、100 次,表示循环播放该音乐 100 次,如图 11 – 35(a)所示。

⑤单击该图层的第 2 帧,按 F6 键新建一个关键帧,在"属性"面板上,设置声音为"gdyy.mp3",同步为"停止"、"重复"、0 次,表示停止播放该音乐,如图 11 – 35(b)所示。

（a）　　　　　　　　　　　　　　　　（b）

图 11 – 35　设置两个关键帧的声音播放属性

⑥单击"背景音乐"图层的第 1 帧,打开下方"动作"面板,选用标准模式,左侧窗格中,单击依次展开"全局函数"→"时间轴控制",双击 stop 语句,将其添加到该面板右侧的编辑窗格中,即完成了为该帧添加动作语句"stop( );",如图 11 – 36 所示。使课件停留在当前帧播放,不自动进入下一帧。

图 11 – 36　"动作"面板

⑦方法同步骤⑥,为"背景图层"的第 2 帧添加动作语句"stop( );"。

（3）制作音乐开关按钮

①选择"插入"→"新建元件"菜单命令,弹出"创建新元件"对话框,在"名称"框中输入"音乐开",设置类型为"按钮",单击"确定"按钮,进入"音乐开"元件的编辑窗口。

②选中"音乐开"元件"图层 1"的第 1 帧(即按钮的"弹起"状态),单击"绘图"工具栏上的"线条工具"按钮，在"属性"面板上,设置笔触颜色为"黑色",笔触高度为"2",绘制

一个小喇叭图案,如图 11 – 37(a)所示(注意:图形要画封闭,否则无法填充颜色)。

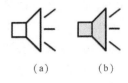

③单击"绘图"工具栏上的"颜色桶工具"按钮 ，在该工具栏上的"颜色"区中设置"填充色"为黄色,将鼠标指针移到小喇叭图案上单击,为其填充黄色,如图 11 – 37(b)所示。

图 11 – 37　绘制小喇叭图案

④单击舞台右上角的"编辑元件"按钮 ，在弹出的菜单中,选择"音乐控制",回到元件"音乐控制"的编辑窗口。

⑤选择"库"面板,在"音乐开"按钮元件上,单击鼠标右键,在弹出的快捷菜单中选择"直接复制"命令,弹出如图 11 – 38 所示的"直接复制元件"对话框。

图 11 – 38　"复制元件"对话框

⑥在名称框中输入文字"音乐关",设置类型为"按钮",单击"确定"按钮,复制出一个相同的按钮元件。

⑦单击舞台右上角的"编辑元件"按钮 ，在弹出的菜单中,选择"音乐关",进入元件的编辑窗口。

⑧选中"音乐关"元件"图层 1"的第 1 帧(即按钮的"弹起"状态),单击"绘图"工具栏上的"椭圆工具"按钮 ○,在"属性"面板上,设置"笔触颜色"为红色,"笔触高度"为 5,"填充色"为无颜色 。

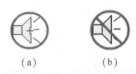

图 11 – 39　绘制静音符号

⑨按住 Shift 键,同时在小喇叭图案上绘制一个红色空心圆,如图 11 – 39(a)所示。选用"线条工具"按钮 /,继续在空心圆中绘制一条红色的斜线,如图 11 – 39(b)所示。

⑩单击舞台右上角的"编辑元件"按钮 ，在弹出的菜单中,选择"音乐控制"命令,回到"音乐控制"元件的编辑窗口。

⑪单击"背景音乐"图层的第 1 帧,打开库面板,拖动"音乐开"按钮元件到舞台区。选中"音乐开"按钮,按 Ctrl + C 键将其复制。单击该图层的第 2 帧,按 Ctrl + Shift + V 键,将复制的按钮在原来位置上粘贴。

⑫用"箭头工具"按钮 ，在"属性"面板上,单击"交换"按钮,弹出如图 11 – 40 所示的"交换元件"对话框。

⑬在该对话框中,选中"音乐关"按钮,单击"确定"按钮,关闭对话框。然后检查一下:

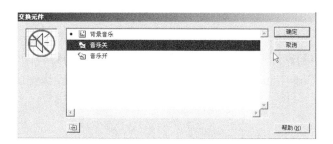

图 11-40　"交换元件"对话框

第 1 帧中舞台上是"音乐开"按钮,第 2 帧中舞台上是"音乐关"按钮,此步才完成。

⑭用"箭头工具"按钮 ,单击第 1 帧中舞台上的"音乐开"按钮,打开"动作"面板,在标准模式下,依次展开"全局函数"→"时间轴控制",在展开的语句中,双击"goto"语句,在右侧的编辑窗格中,"场景"下拉列表框中,选择"当前场景",在"类型"下拉列表框中,选择"下一帧",表示单击该按钮即可跳转到下一帧继续播放。如图 11-41 所示。

图 11-41　为"音乐开"按钮添加动作语句

⑮用"箭头工具"按钮 ,单击第 2 帧中舞台上的"音乐关"按钮,打开"动作"面板,在标准模式下,依次展开"全局函数"→"时间轴控制",在展开的语句中,双击"goto"语句,在右侧的编辑窗格中,"场景"下拉列表框中,选择"当前场景",在"类型"下拉列表框中,选择"前一帧",表示单击该按钮即可跳转到前一帧继续播放。如图 11-42 所示。

图 11-42　为"音乐关"按钮添加动作语句

⑯单击舞台右上角的"编辑场景"按钮，在弹出的菜单中选择"场景 1"，回到主场景中。

⑰将"库"面板中的影片剪辑元件"音乐控制"，将其拖动到舞台的右下角，如图 11 – 43 所示。保存文件，按 Ctrl + Enter 键，预览课件的播放效果，全部操作完成。

图 11 – 43　拖放"音乐控制"元件至舞台

第12章 制作动画型课件

12.1 图形逐帧动画

探究问题：

①什么是逐帧动画？

②掌握逐帧动画的制作方法。

③逐帧动画在制作过程中应注意什么问题？

文字或图形的逐帧动画可以实现复杂的动画效果，例如文字按笔顺书写、文字描边、文字逐个出现、人物走动、手势的挥摆、眨眼效果，等等，但同样需要制作者逐帧绘制，类似于传统动画制作方式，如图 12-1 所示。

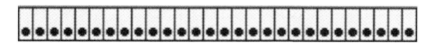

图 12-1 逐帧动画（每一帧都是关键帧）

12.1.1 单个字逐帧动画

1. 制作实例："龍"字的书写

制作"龍"字时，是从最后停笔点开始为起点，从后向前逐段均匀擦去笔画，直至擦没为止，然后翻转帧的顺序，即得如图 12-2 的效果。

图 12-2 "龍"字逐帧动画效果图

2. 制作方法

（1）在 Flash 中新建一个空白文件，在时间轴面板左侧，双击图层 1 的名称，将图层名称改为"龙"。

（2）将汉字输入法调成"全拼"，单击"绘图工具栏"中的"文本工具"按钮 A，在"属性"面板上设置字号为"60"，字的颜色为"黑色"。单击"龙"层第 1 帧，在舞台上输入"龍"字，如图 12-3 所示。

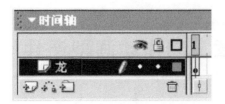

图 12 - 3　输入文本

(3)选择"绘图工具栏"中的"箭头按钮" ,将文字"龍"选中,在属性面板中,将字体调整为高 400 像素、宽 400 像素大小,如图 12 - 4(a)所示。然后按 Ctrl + B 将文字打散,如图 12 - 4(b)所示。

(a)

(b)

图 12 - 4　将文本分散到图层
(a)选定文本;(b)将文本分散到图层

(4)选择第 2 帧,按 F6 键创建一个关键帧,单击绘图工具栏上的"橡皮工具"按钮 ,均匀擦去字的最后一笔,如图 12 - 5(a)所示。

(5)选择第 3 帧,按 F6 键创建一个关键帧,继续均匀分段擦去文字的倒数第 2 个笔画,如图 12 - 5(b)所示。

(6)同理,在以后的每个帧格中,每次按 F6 键创建关键帧后,擦去笔顺倒序的那一个笔画,直到将字的笔画擦净为止。

(a)

(b)

图 12 - 5　擦去文字
(a)擦去"龍"字倒数第 1 笔;(b)擦去"龍"字倒数第 2 笔

(7)当所有字的笔画擦净后,在"时间轴"选中所有帧,单击鼠标右键选中"翻转帧"命令。至此,全部制作完成,如图 12 - 6 所示。

(8)保存文件,按 Ctrl + Enter 键,预览课件的播放效果。

播放时,文字按笔顺写在舞台上。

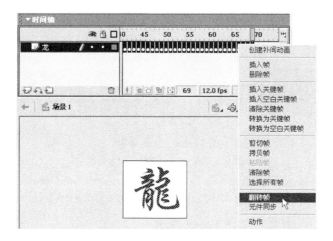

图 12 - 6　将所有帧翻转

12.1.2　多个字逐帧动画

1. 制作实例：文字的逐个出现

制作文字的逐个出现时，是在文字的分离状态下，从最后那个字开始擦去，直至擦没为止，然后翻转帧的顺序。

2. 制作方法

（1）在 Flash 中新建一个空白文件，在"属性"面板上，单击"背景"按钮 ，在弹出的调色板中选择灰色（颜色值为#999999），将课件背景色设置为灰色。

（2）单击"绘图工具栏"中的"文本工具"按钮 A，在"属性"面板上设置字体为"华文琥珀"，字号为"60"，字的颜色为"黑色"。单击"图层 1"第 1 帧，在舞台上输入"flash 的逐帧动画"，如图 12 - 7 所示。

图 12 - 7　输入文本

（3）选择"绘图工具栏"中的"箭头按钮" ，将文字框选，然后执行两次 Ctrl + B 命令，将文字分离成麻点状态，如图 12 - 8 所示。

图 12 - 8　分离文字
(a)第 1 次分离文字;(b)第 2 次分离文字

（4）选择第 2 帧，按 F6 键创建一个关键帧，单击绘图工具栏上的"橡皮工具"按钮 ，均匀擦去的最后那个字，其过程如图 12 - 9 所示。

（5）选择第 3 帧，按 F6 键创建一个关键帧，继续均匀擦去倒数第 2 个字。

（6）同理，在以后的每个帧格中，每次按 F6 键创建关键帧后，擦去剩余文字最后那一个字，直到将所有文字都擦净为止。

图 12 - 9　擦去文字
(a)均匀擦去"画"字过程;(b)"画"字完全擦除

（7）当所有文字的都擦净后，选中"图层 1"的所有帧，单击鼠标右键选中"翻转帧"命令。

（8）保存文件，按 Ctrl + Enter 键，预览课件的播放效果。实现文字的逐个出现动画。

12.2　渐　变　效　果

探究问题:

①Flash 渐变效果有几种?

②掌握形状渐变和动画渐变制作方法。

③形状渐变和动画渐变的区别有哪些?

12.2.1　形状渐变效果

形状渐变效果，又称为变形动画，它应用于分离状态的对象。如果变形前后的图形差别较小，则可以直接创建形状动画;若变形前后的图形差别较大，则需要在制作过程中，添加形状提示点，来辅助 Flash 生成平滑自然的变形动画。

1. 创建形状渐变效果

形状渐变效果的制作方法是先在起始关键帧中绘制图形一，然后再在结束关键帧中绘制图形二，中间的变形过程由 Flash 自动生成，实现从图形一变形为图形二的动画效果。

2．制作实例：函数图像变换

绘制函数 $y = A\sin(\omega . x + \psi)$ 的图像可以由函数 $y = \sin x$ 图像变换得到。在课件中，以绘制函数 $y = 3\sin(2x + \pi/3)$ 图像为例，并利用 Flash 的形状渐变效果功能，形象直观地演示函数图像的变换过程，效果如图 12 – 10 所示。

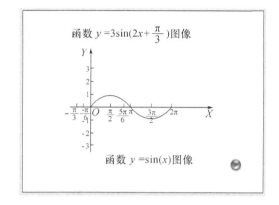

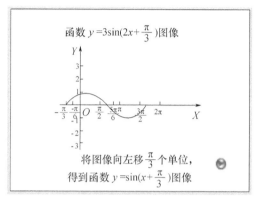

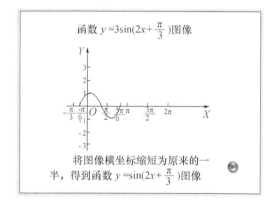

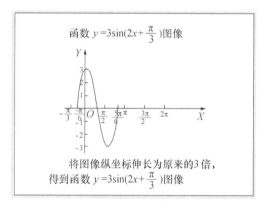

图 12 – 10　课件"函数图像变换"效果图

3．制作方法

本课件的制作步骤：首先绘制一个直角坐标系，并标上课件内容需要用到的刻度及单位，然后在新建图层的第 1 关键帧中绘制正弦曲线，再在第 15，30，45 关键帧中，通过对正弦曲线的移动和变形，得到另 3 条曲线，最后在第 1，15，30 关键帧中，创建形状渐变效果，得到4 条曲线之间的变形动画。

（1）绘制坐标轴

①在 Flash 中新建一个空白文件，在"属性"面板上，单击"大小"按钮 `550 × 400 像素`，在弹出的"文档属性"对话框中，设置"尺寸"为 640 px（宽）× 480 px（高），单击"确定"按钮，调整课件的播放尺寸。

②选择"视图"→"网格"→"编辑网格"菜单命令，弹出"网格"对话框，选中"显示网格"和"编辑网格"选项，设置"水平间隔"为 18 px（像素），"垂直间隔"为 17 px（像素），如图 12 – 11 所示，单击"确定"按钮，在舞台上显示网格线。

③在"时间轴"面板的左侧，双击"图层 1"层的名称，将其重命名为"坐标轴"。

图 12 – 11　"编辑网格"对话框

④单击"绘图"工具栏上的"线条工具"按钮 ╱，在"属性"面板上，设置笔触颜色为"黑色"，笔触高度为"2"，在舞台上绘制一条水平线，并在这条直线右端绘制箭头，作为坐标轴的正方向。

⑤单击"绘图"工具栏上的"文本工具"按钮 A，在"属性"面板上，设置字体为"Times New Roman"，字号为"30"、斜体，在水平线右端箭头下方输入字母"X"，表示 X 轴，如图 12 – 12 所示。

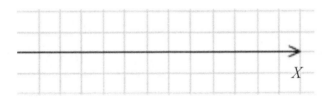

图 12 – 12　绘制 X 轴

⑥方法同步骤④~⑤，再绘制一条竖直线，表示 Y 轴，在两个坐标轴的交点处，输入字母"O"，表示原点，如图 12 – 13 所示。

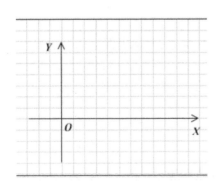

图 12 – 13　绘制 Y 轴

⑦在 X 轴原点右侧第 3 个网格线位置，绘制一条竖直短线，表示坐标轴的刻度，选择"智能 ABC 输入法"，在输入法状态条右侧的"软键盘"按钮 ▦ 上，单击鼠标右键，在弹出的

菜单中,选择"希腊字母",在右侧的软键盘上找到字母 π,单击"文本工具"按钮 A,在舞台上输入,如图 12 - 14 所示。

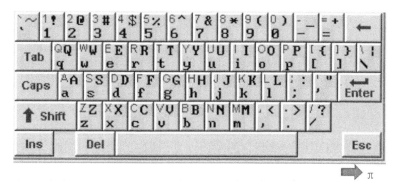

图 12 - 14　输入希腊字母 π

⑧在字母 π 的下方绘制一条短的水平线,在水平线下方继续输入数字 2,设置字体为"Times New Roman",字号为"20"、斜体,如图 12 - 15(a)所示。单击"绘图"工具栏上的"箭头工具"按钮 ,框选整个分数,按 Ctrl + G 键组合,继续在 X 轴和 Y 轴上标上刻度及单位,如图 12 - 15(b)所示。

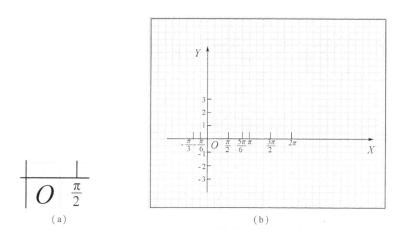

图 12 - 15　整个坐标轴的刻度和单位

⑨单击"坐标轴"图层的第 45 帧,按 F5 键。利用"锁定"图标,将该图层锁定,防止误操作。

(2)绘制函数图像

①单击"时间轴"面板左下角的"插入图层"按钮,在"坐标轴"层上新建一个图层,双击图层名,将其重命名为"函数图像"。

②单击"绘图"工具栏上的"线条工具"按钮 ,在"属性"面板上,设置笔触颜色为"红色",笔触高度为"2",在 X 轴上绘制一条从原点到 π 的红色水平线。

③单击"绘图"工具栏上的"箭头工具"按钮 ,将鼠标指针移到线段的中点处,当鼠标

指针变成 形状时,向上拖动鼠标到纵坐标为 1 的位置,松开鼠标,变成一条曲线,如图 12 - 16所示。

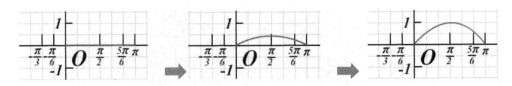

图 12 - 16　变形线条

④选中该曲线,将鼠标指针移到它的左顶点处,按住 Ctrl 键的同时,向右拖动鼠标到 π 位置上,松开鼠标,复制出一条相同的曲线;选择"修改"→"变形"→"垂直翻转"菜单命令,将曲线垂直翻转,按键盘上的向下方向键,将曲线移动到 X 轴的下方,如图 12 - 17 所示,正弦曲线绘制完成。(注意:上下曲线的结合处一定要紧密,否则形状渐变效果播放时有双线,效果不好)

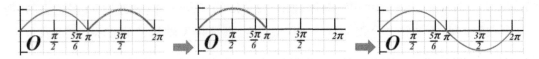

图 12 - 17　绘制正弦曲线

⑤单击"函数图像"图层的第 15 帧,按 F6 键新建一个关键帧,选中正弦曲线,按键盘上的向左方向键,向左拖动曲线到如图 12 - 18(b)所示的位置。

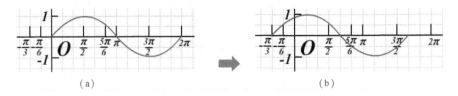

（a）　　　　　　　　　　　　　　　（b）

图 12 - 18　将正弦曲线向左拖动

⑥单击"函数图像"图层的第 30 帧,按 F6 键新建一个关键帧,选中正弦曲线,单击"绘图"工具栏上的"任意变形工具"按钮 ,曲线周围出现变形控制点。

⑦将鼠标指针移到左侧中间的控制点上,向右拖动到如图 12 - 19(a)所示的位置;继续将鼠标指针移到右侧中间的控制点上,向左拖动到如图 12 - 19(b)所示的位置。

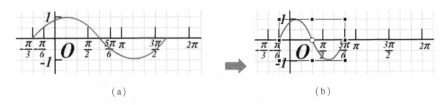

（a）　　　　　　　　　　　　　　　（b）

图 12 - 19　将曲线图像的横坐标缩短为原来的一半

⑧单击"函数图像"图层的第 45 帧,按 F6 键新建一个关键帧,选中正弦曲线,单击"绘图"工具栏上的"任意变形工具"按钮，在曲线周围出现变形控制点。

⑨将鼠标指针移到上方中间的控制点上,向上拖动到如图 12 - 20(a)所示的位置,继续将鼠标指针移到下方中间的控制点上,向下拖动到如图 12 - 20(b)所示的位置。

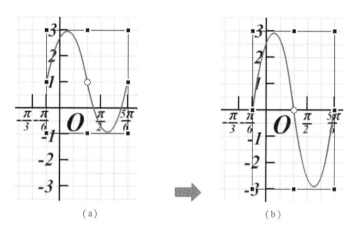

（a）　　　　　　　　　　　（b）

图 12 - 20　将曲线图像的纵坐标伸长为原来的 3 倍

⑩单击"函数图像"图层的第 1 帧,在"属性"面板上,设置"补间"为"形状",如图 12 - 21 所示。此时在时间轴上的第 1 帧与第 15 帧之间,显示出一条浅绿色背景的箭头,表示在这两帧之间建立了形状渐变效果。

同理,分别在第 15 帧、30 帧上建立形状渐变效果,此时时间轴如图 12 - 22 所示。

图 12 - 21　在第 1 帧上创建形状渐变效果

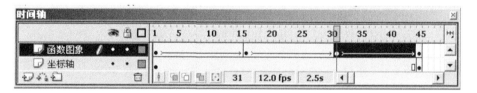

图 12 - 22　继续在 15 帧、30 帧、45 帧上创建形状渐变效果

⑪用"箭头工具"按钮，选中单击"函数图像"图层的第 1 帧,打开下方"动作"面板,选用标准模式,左侧窗格中,单击依次展开"全局函数"→"时间轴控制",双击 stop 语句,将其添加到该面板右侧的编辑窗格中,即完成了为该帧添加动作语句"stop();"。如图 12 - 23 所示。

⑫方法同步骤 11,分别为第 15 帧、30 帧和 45 帧添加动作语句"stop();",当动画播放到这些关键帧时,就会暂停下来,而不会自动进入下一帧继续播放。

⑬最后锁定"函数图像"图层。

（3）输入说明文字

①单击"时间轴"面板左下角的"插入图层"按钮，在"函数图像"层上新建一个图

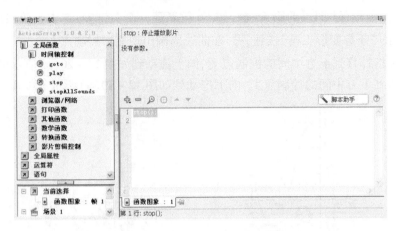

图 12 – 23 为第 1 帧添加动作语句

层,双击图层名,将其重命名为"说明文字"。

②单击"说明文字"图层的第 1 帧,在坐标轴下方输入如图 12 – 24 所示的文字,其中汉字的字体为"华文行楷",字号为"30",字的颜色为"蓝色";"$y = \sin x$"的字体为 Times New Roman,字号及颜色与汉字相同,其中字符 y 和 x 为斜体。

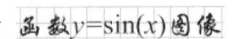

图 12 – 24 第 1 帧中的说明文字

③方法步骤同前,分别在第 15 帧、30 帧和 45 帧上,按 F7 键插入空白关键帧,依次在各关键帧中输入如图 12 – 25 所示的文字。

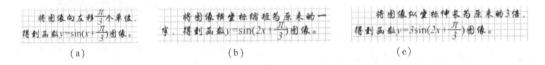

(a) (b) (c)

图 12 – 25 输入文字

(a)在 15 帧中输入文字;(b)在 30 帧中输入文字;(c)在 45 帧中输入文字

④锁定"说明文字"图层。

⑤单击"时间轴"面板左下角的"插入图层"按钮，在"说明文字"层上新建一个图层,双击图层名,将其重命名为"标题"。

⑥单击"标题"图层的第 1 帧,在舞台上方中央,输入如图 12 –26 所示的文字,其中汉字的字体为"华文行楷",字号为"40",字的颜色为"黑色",函数字母表达式的字体为"Times New Roman",字号和颜色与汉字相同。

函数 $y = 3\sin\left(2x + \dfrac{\pi}{3}\right)$ 图像

图 12 – 26 输入标题文字

⑦锁定"标题"图层。

⑧单击"时间轴"面板左下角的"插入图层"按钮，在"标题"层上新建一个图层,双击图层名,将其重命名为"按钮"。

⑨选择"窗口"→"公用库"→"按钮"菜单命令,在弹出的公用"库"面板中,双击元件文件夹图标,展开该类别下的按钮元件,选中任意一个按钮,用鼠标将按钮元件拖动到舞台的

右下角,如图 12 –27(a)所示。

⑩在按钮上单击鼠标右键,弹出快捷菜单,单击"动作"命令,在弹出"动作"面板的左侧窗格中,单击依次展开"全局函数"→"时间轴控制",双击 play 语句,将其添加到该面板右侧的编辑窗格中,如图 12 –27(b)所示。

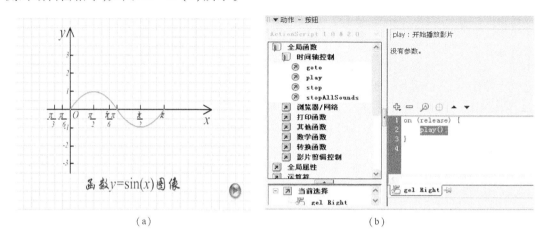

(a)　　　　　　　　　　　　　　　(b)

图 12 –27　拖放按钮并添加动作语向

(a)拖放按钮元件;(b)为按钮添加动作语句

⑪拖动鼠标将"按钮"图层中的第 31 帧~第 45 帧同时选中,在选中的帧上单击鼠标右键,在弹出的快捷菜单中,选择"删除帧"命令,将这些帧删除,即播放最后一段的变形动画时,不需要显示该按钮,此时时间轴如图 12 –28 所示。

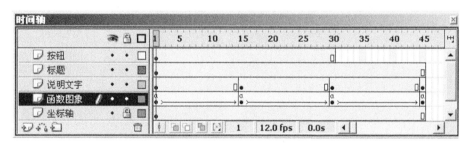

图 12 –28　删除"按钮"图层的第 31 帧~第 45 帧

⑫保存文件,按 Ctrl + Enter 键,预览课件的播放效果,全部操作完成。

12.2.2　动画渐变效果

在 Flash 中可以创建两种类型的渐变效果,一类是前面所述的形状渐变效果;另一类是动画渐变效果(在以前版本中称为"运动渐变"或"动作渐变")。动画渐变效果是同一个整体的对象的属性渐变,如位置、大小、旋转和颜色等,从而产生动画效果,它不同于形状渐变效果,是两个图形对象之间的变形。另外,动画渐变效果还能创建沿路径运动的动画,如平抛运动中小球沿曲线下落、地球绕太阳公转、飞机沿轨迹飞行等动画效果。

1. 创建动画渐变效果

用于创建动画渐变效果的对象,可以是实例、文字和组合对象。Flash 通过对实例、文字和组合对象的位置、大小、旋转、颜色等属性的不同设置,来产生动画渐变效果,如图 12 - 29 所示。

图 12 - 29　字母 A 的动画渐变效果(旋转并放大)

(1)制作实例:飞行的飞机

巍巍群山,茫茫云海,轻烟似的白云缓缓飘过,一架飞机由远而近地飞来。如图 12 - 30 所示。本例制作不难,但通过它,可以掌握创建动画补间效果的方法。制作方法如下:

①在 Flash 中新建一个空白文件。双击"图层 1"名称,将其重命名为"背景图片"。

②选中"背景图片"的第 1 帧,"文件"→"导入"→"导入到舞台"命令,在弹出的"导入"对话框中,选中素材图片文件"图片.jpg",单击"打开"将其导入到舞台。调整图片的大小,使其充满整个舞台区。

③选中"背景图片"的第 60 帧,按 F5 键(使图片延长显示到 60 帧),锁定该图层。

④新建一个图层,重命名为"飞机","文件"→"导入"→"导入到舞台"命令,导入图片"飞机.jpg",如图 12 - 31 所示。

图 12 - 30　"飞行的飞机"效果图

图 12 - 31　导入飞机的图片

⑤选中"飞机"图片,选择"修改"→"分离"菜单命令(或按 Ctrl + B 键),将该位图图片的像素分离;在舞台的空白处单击鼠标,取消对图片的选中状态。

⑥单击"绘图"工具栏上的"套索工具"按钮 ,在该工具栏下方的"选项"区中单击"魔术棒属性"按钮 ,弹出如图 12 - 32 所示的"魔术棒设置"对话框。

⑦设置"阈值"为 5,在"平滑"下拉列表中选择"像素",单击"确定"按钮,设置好魔术棒的属性。

⑧继续在"选项"区中,单击"魔术棒"按钮 ,将鼠标指针移到图片上的空白区域,单击鼠标,将其选中,按 Delete 键删除,结合"橡皮工具"按钮 ,依次将图片周围的空白区域全部擦除,使其透明。选中处理后的图片,按 Ctrl + G 键(将图片组合),如图 12 - 33 所示。

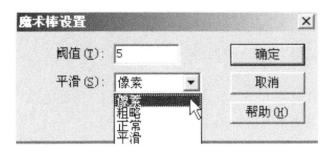

图 12 – 32 "魔术棒设置"对话框

图 12 – 33 删除图片周围的空白区域

⑨选中组合后的飞机图片,将其拖动到舞台的左侧,并用"任意变形工具"按钮 ⊞,将其缩小,如图 12 – 34 所示。

⑩选中"飞机"图层的第 60 帧,按 F6 键插入关键帧。将飞机的图片调整到舞台区的右侧,并用"任意变形工具"按钮 ⊞ 将其放大,如图 12 – 35 所示。

图 12 – 34 第 1 帧飞机的位置

图 12 – 35 第 60 帧飞机的位置

⑪选中"飞机"图层的第 1 帧,在下方的属性面板中,将"补间"设为"动画",创建动画补间效果。

⑫制作完成,保存文件,测试影片。

(2)制作实例:转动的齿轮

本课件利用 Flash 的动画渐变效果功能,制作了 3 个转动的齿轮动画,并相互啮合,效果如图 12 – 36 所示。

本课件的制作步骤:首先绘制一个轮齿图形,将其转换为元件"轮齿";然后利用"变形"面板上的"拷贝并应用变形"按钮,旋转并复制出整个齿轮图形,完成后将它转换为元件"齿轮";继续再新建一个图形元件"齿轮动画",将"齿轮"元件拖动到舞台上,并制作动画渐变效果,使齿轮顺时针旋转;最后将完成的"齿轮动画"元件拖动到舞台上 3 次,形成 3 个齿轮动画实例,调整左右两个齿轮的大小,并将中间的齿轮动画元件水平翻转,使齿轮逆时针转动,而左

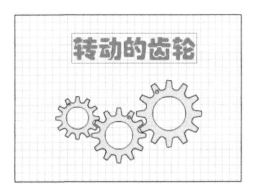

图 12 – 36 实例:"转动的齿轮"效果图

右两边的齿轮动画元件保持顺时针旋转,形成真实的齿轮转动动画效果。具体步骤如下。

①绘制单个轮齿图形

a. 在 Flash 中新建一个空白文件,选择"视图"→"网格"→"显示网格"菜单命令(或按 Ctrl + '键),在舞台上显示网格线。

b. 单击"绘图"工具栏上的"线条工具"按钮／,在"属性"面板上,设置笔触颜色为"黑色",笔触高度为"1",在舞台上绘制轮齿图形的左半边,如图 12 – 37(a)所示。

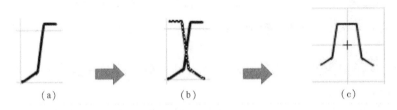

(a)　　　　　　　　(b)　　　　　　　　(c)

图 12 – 37　绘制轮齿图形

c. 单击"绘图"工具栏上的"箭头工具"按钮，框选该图形,按 Ctrl + C 键(将其复制),按 Ctrl + Shift + V 键(在原来位置上粘贴该图形),选择"修改"→"变形"→"水平翻转"菜单命令,将复制的图形水平翻转,如图 12 – 37(b)所示。

d. 按键盘上的向右方向键,将复制的图形向右移动,与左侧图形拼合成一个轮齿图形,如图 12 – 37(c)所示。(注意:轮齿图形各个线段断点一定要紧密结合,如果存有缝隙,将给以后的填充颜色带来麻烦)

e. 单击"绘图"工具栏上的"箭头工具"按钮，框选该轮齿图形,按 F8 键,弹出"转换为元件"对话框,在"名称"框中输入文字"轮齿",设置"类型"为"影片剪辑",如图 12 – 38所示。单击"确定"按钮,将图形转换为影片剪辑元件。

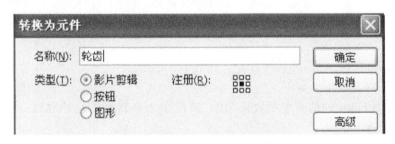

图 12 – 38　将图形转换为元件

②绘制整个齿轮图形

a. 选中轮齿元件,单击"绘图"工具栏上的"任意变形工具"按钮，在图形周围出现变形控制点。

b. 用鼠标将中心控制点向下移动一些距离,如图 12 – 39(a)所示。选择"窗口"→"变形"菜单命令(或按 Ctrl + T 键),弹出如图 12 – 39(b)所示的"变形"面板,设置"旋转"为30度,连续单击"拷贝并应用变形"按钮，直到形成一个齿轮图形,如图 12 – 39(c)所示。

c. 选择"窗口"→"工具栏"→"主工具栏"菜单命令,在菜单栏的下方显示"主工具栏"。

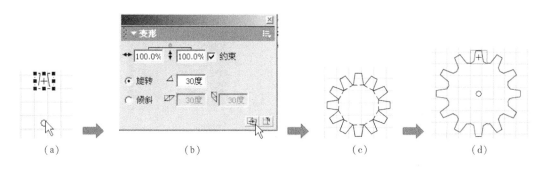

图 12 – 39　绘制齿轮图形

单击"主工具栏"上的"对齐对象"按钮，取消对齐对象状态。

　　d. 双击上面最初的那个轮齿元件，进入该元件的编辑窗口。结合键盘的上下方向键，调整轮齿元件位置（将同时影响所有复制的轮齿元件），使齿轮元件中每个轮齿衔接处的线条吻合，并没有缝隙，如图 12 – 39(d) 所示。

　　e. 单击舞台左上角的 场景1 按钮，回到主场景中。

　　f. 单击"绘图"工具栏上的"箭头工具"按钮，框选整个齿轮图形，如图 12 – 40(a) 所示。按 Ctrl + B 键，将该图形中的轮齿元件分离，使其成为一个独立的图形，如图 12 – 40(b) 所示。（如果仍存在未被分离的轮齿元件，则选中后再次执行 Ctrl + B 即可，直到所有元件都被分离为止）

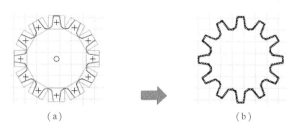

图 12 – 40　分离图形

　　g. 再次单击"主要"工具栏上的"对齐对象"按钮，重新设置为对齐对象状态；单击"绘图"工具栏上的"椭圆工具"按钮，在"属性"面板上，设置笔触颜色为"黑色"，填充色为"无颜色"即。

　　h. 按住 Shift 键的同时拖动鼠标，在舞台上绘制一个无填充色的圆，然后调整该圆的位置到齿轮图形内部，如图 12 – 41(a) 所示。单击"绘图"工具栏上的"颜料桶工具"按钮，在该工具栏的"颜色"区中设置"填充色"为灰色，为齿轮图形填充灰色，如图 12 – 41(b) 所示。

　　i. 单击"绘图"工具栏上的"椭圆工具"按钮，在该工具栏上的"颜色"区中设置笔触颜色为"无颜色"，即；单击"填充色"按钮，在弹出的调色板下端，选中黑白渐变色（放射状），如图 12 – 42(a) 所示。在舞台空白处给制一个很小的圆，如图 12 – 42(b) 所示。

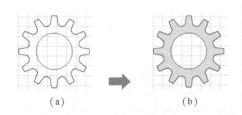
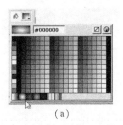

图 12 – 41　给齿轮填色　　　　　　　　　　图 12 – 42　绘制小圆

j. 选中小圆,在舞台右上角"显示比例"下拉列表框中选择"400%",将图形放大显示。

k. 单击"绘图"工具栏上的"填充变形工具"按钮▣,将鼠标指针移到缩放控制点上,当鼠标指针变成⟳形状时,向右下角拖动鼠标,增大黑白渐变色的填充半径,如图 12 – 43 所示。

l. 框选小圆,按 Ctrl + G 键,将其组合,在舞台右上角的"显示比例"下拉列表框中,选择"100%",显示图形的原始大小,将小圆拖动到齿轮图形的右上角,如图 12 – 44 所示。

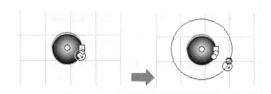

图 12 – 43　增大小圆中黑白渐变色的填充半径　　　图 12 – 44　将小圆放在齿轮图形的右上角

m. 单击"绘图"工具栏上的"箭头工具"按钮▸,框选整个齿轮图形,按 F8 键,弹出的"转换为元件"对话框,在"名称"框中输入文字"齿轮",设置"类型"为"影片剪辑",单击"确定"按钮,将该图形转换为元件。

③制作齿轮转动动画

a. 选择"插入"→"新建元件"菜单命令,弹出"创建新元件"对话框,在"名称"框中输入文字"齿轮动画",设置"类型"为"影片剪辑",单击"确定"按钮,进入该元件的编辑窗口。

b. 在"齿轮动画"元件的编辑窗口中,选择"图层 1"第 1 帧,将"库"面板中的元件"齿轮"拖动到舞台上。

c. 单击选中齿轮图形,用"任意变形工具"按钮▦,调整图形大小,在"属性"面板的左下角,设置 X 和 Y 坐标值均为 0,如图 12 – 45 所示,使齿轮图形放置在舞台的中央。

d. 单击"图层 1"的第 60 帧,按 F6 键插入一个关键帧。单击该图层的第 1 帧,在"属性"面板上,设置"补间"为"动画","旋转"为"顺时针","旋转数"为 1 次,如图 12 – 46(a)所示。此时时间轴显示一条淡蓝色背景的箭头,如图 12 – 46(b)所示。

④调整 3 个"齿轮动画"元件

a. 单击舞台左上角的 ⬛场景1 按钮,回到主场景

图 12 – 45　设置齿轮图形的中心位置

图 12-46　制作齿轮动画

(a)设置动画属性；(b)创建动画渐变

中。删除舞台上的齿轮草图，将舞台清空。

b. 单击"图层1"第 1 帧，将"库"面板中的"齿轮动画"元件拖动到舞台上 3 次，如图 12-47(a)所示；利用"绘图"工具栏上的"任意变形工具"按钮，分别调整 3 个元件的中心，使中心圈显示在元件的中间位置。同时缩小左上角的齿轮图形，放大右上角的齿轮图形，调整它们之间的位置，使 3 个齿轮图形彼此啮合，如图 12-47(b)所示。

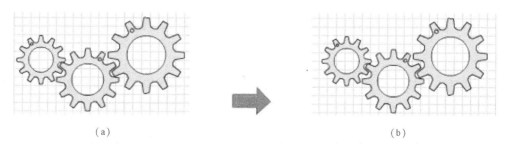

图 12-47　制作 3 个齿轮动画

c. 单击中间的齿轮图形，选择"修改"→"变形"→"水平翻转"菜单命令，将该"齿轮动画"元件水平翻转；重新调整 3 个齿轮图形彼此啮合。此时左上角和右上角齿轮转动的方向为顺时针，而中间齿轮转动的方向为逆时针，符合齿轮传动的真实效果。

d. 新建"图层2"，单击"图层2"第 1 帧，选用"绘图"工具栏上的"文本工具"按钮**A**，在"属性"面板上，设置字体为"华文琥珀"，字号为"60"，字的颜色为"蓝色"，在舞台上方中央输入标题文字"转动的齿轮"，如图 12-48 所示。

图 12-48　输入标题文字

e. 保存文件，按 Ctrl + Enter 键，预览课件的播放效果，全部操作完成。

2. 沿路径运动的动画

动画渐变效果除可以制作对象缩放、旋转、位移、颜色效果变换等效果的动画以外，还可以制作出对象沿路径(轨迹)运动的动画效果。此类动画在课件中运用较为频繁，如小球的平抛运动、地球绕太阳公转、花丛中飞翔的蝴蝶、飘飘扬扬的雪花、沿轨迹飞行的飞机(如 12-49 所示)等。

(1)实例：太阳、地球和月亮

本课件是制作月亮绕地球转动、地球绕太阳转动的动画，效果如图 12-50 所示。

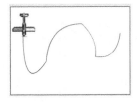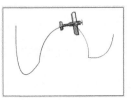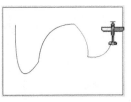

图 12 - 49　沿轨迹飞行的飞机

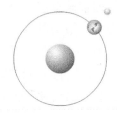

图 12 - 50　课件"太阳、地球和月亮"效果图

（2）制作方法

本课件的制作步骤：首先创建月亮绕地球转动的影片剪辑元件，将地球图形放在舞台中央，以地球图形为中心绘制一个大圆，制作月亮图形沿大圆运动的动画；然后创建地球绕太阳转动的影片剪辑元件，将太阳图形放在舞台中央，以太阳图形为中心绘制一个大圆，将前面制作的影片剪辑元件（月亮绕地球转动），从"库"面板中拖动到舞台上，并制作它沿大圆运动的动画；最后将地球绕太阳转动的影片剪辑元件拖动到主场景中，实现地球在绕太阳转动的同时，月亮绕地球转动的动画效果。

①制作月亮绕地球转动的动画

a. 在 Flash 中新建一个空白文件，选择"插入"→"新建元件"菜单命令（或 Ctrl + F8），弹出"创建新元件"对话框，在"名称"框中输入文字"月亮"，设置"类型"为"图形"，如图12 - 51所示。单击"确定"按钮，进入该元件的编辑窗口。

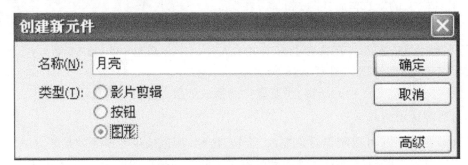

图 12 - 51　新建"月亮"元件对话框

b. 选择"窗口"→"混色器"菜单命令，弹出"混色器"面板，笔触颜色设置：✎ ◢，单击选中 ◔ ▣ ，在右侧"类型"下拉列表框中选择"放射状"。单击渐变色滑竿左侧的颜色块，

在取色区中选择白色,单击右侧的颜色块,在取色区中选择绿色,创建白—绿渐变色,如图 12 – 52(a)所示。

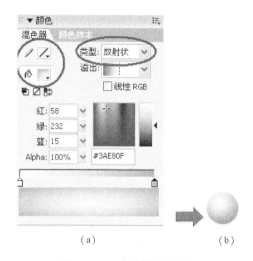

　c. 在元件编辑窗口,单击"图层 1"的第 1 帧,选用"绘图"工具栏上的"椭圆工具"按钮○,按住 Shift 键的同时拖动鼠标,在舞台上绘制一个小圆(表示月亮),如图 12 –52(b)所示。

　d. 选择"插入"→"新建元件"菜单命令(或按 Ctrl + F8 键),弹出"新建元件"对话框,在"名称"框中输入文字"月亮绕地球转动",设置"类型"为"影片剪辑",单击"确定"按钮,进入该元件的编辑窗口。

　e. 在"月亮绕地球转动"元件编辑窗口,双击"图层 1"的名称,将其重命名为"地球"。

图 12 –52　绘制月亮图形

　f. 选择"文件"→"导入"→"打开外部库"菜单命令,弹出"作为库打开"对话框,选中 Flash 源文件"地球自转.Fla",单击"打开"按钮,弹出该文件中的"库"面板,将该面板中的影片剪辑元件"地球",拖动到舞台上,如图 12 –53 所示。

图 12 –53　将元件拖动到舞台上

　g. 选中地球图形,在"属性"面板上,将地球图形放在舞台的中央。

　h. 单击"时间轴"面板左下角的"插入图层"按钮，在"地球"层上新建一个图层,双击图层名,将其改为"月亮"。

　i. 单击"月亮"图层第 1 帧,将该"库"面板中的"月亮"元件拖动到舞台上,放在地球图形的右上角。

　j. 单击"时间轴"面板左下角的"添加运动引导层"按钮，在"月亮"层上新建一个引导图层;图层名为"引导线:月亮";用于绘制月亮绕地球转动的轨迹线,如图 12 –54 所示。

k. 单击"引导线：月亮"图层的第 1 帧，在"绘图"工具栏上，单击"椭圆工具"按钮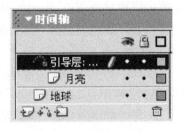，在"属性"面板上，设置笔触颜色为"黑色"，笔触高度为"1"，填充色为"无颜色 □ "，按住 Shift 键的同时拖动鼠标，以地球图形为中心在舞台上绘制一个大的空心圆。

图 12 – 54　添加运动引导层

l. 选中大圆，调整圆在舞台上的位置，如图 12 – 55 所示。

m. 单击"绘图"工具栏上的"缩放工具"按钮 🔍，将鼠标指针移到大圆右上角处单击，将其放大；单击该工具栏上的"橡皮擦工具"按钮 ▱，在大圆右上角的线条上单击鼠标，使大圆出现一个小缺口，如图 12 – 56 所示。

图 12 – 55　将大圆放在舞台中央　　　　图 12 – 56　将大圆擦出一个小缺口

n. 单击"月亮"图层的第 1 帧，拖动月亮图形，使月亮的中心圈对准引导线的上端缺口，如图 12 – 57 所示。（如果月亮元件的中心圈不在月亮图形上，可利用"任意变形工具"按钮 ⊞，将中心圈拖放回月亮图形的中央位置上）

o. 分别单击"地球""引导线：月亮"图层的第 60 帧，按 F5 键延长帧，并锁定这两个图层。

p. 单击"月亮"图层的第 60 帧，按 F6 键插入一个关键帧。拖动月亮图形，使月亮元件的中心圈对准引导线的下端缺口，如图 12 – 58 所示。

图 12 – 57　起始帧月亮的位置　　　　图 12 – 58　结束帧月亮的位置

q. 单击"月亮"图层的第 1 帧，在"属性"面板上，设置"补间"为"动画"，选中"调整到路径""同步""对齐"选项，创建月亮绕地球转动的动画，如图 12 – 59 所示。

单击舞台右上角的"编辑场景"按钮 ⬚，在弹出的菜单中，选择"场景 1"，回到主场景中。

② 制作地球绕太阳转动的动画

a. 选择"插入"→"新建元件"菜单命令（或按 Ctrl + F8 键），弹出"新建元件"对话框，在"名称"框中输入文字"太阳"，设置"类型"为"图形"，单击"确定"按钮，进入该元件的编辑窗口。

图 12－59　创建月亮绕地球转动的动画

　　b. 选择"窗口"→"混色器"菜单命令,弹出"混色器"面板,笔触颜色设置: ,单击选中 ,在右侧"类型"下拉列表框中选择"放射状",单击渐变色滑竿左侧的颜色块,在取色区中选择白色,单击右侧的颜色块,在取色区中选择红色,创建白—红渐变色,如图 12－60(a)所示。

　　c. 在元件编辑窗口,单击"图层 1"的第 1 帧,选用"绘图"工具栏上的"椭圆工具"按钮 ,按住 Shif 键的同时拖动鼠标,在舞台上绘制一个圆(表示太阳),如图 12－60(b)所示。

　　d. 单击舞台右上角的"编辑场景"按钮 ,在弹出的菜单中,选择"场景 1",回到主场景中。

　　e. 按 Ctrl＋F8 键,弹出"新建元件"对话框,在"名称"框中输入文字"地球绕太阳转动",设置"类型"为"影片剪辑",单击"确定"按钮,进入该元件的编辑窗口。

　　f. 在"地球绕太阳转动"元件的编辑窗口,"图层 1"重命名为"太阳"。

　　g. 单击"太阳"图层第 1 帧",将"库"面板中的"太阳"元件拖动到舞台上,并放置在舞台的中央。单击"太阳"图层的第 60 帧,按 F5 键延长帧,然后锁定该图层。

　　h. 新建一个图层,重命名为"地球",单击"地球图层第 1 帧",将"库"面板中的"月亮绕地球转动"影片剪辑元件,拖放到舞台上。

　　i. 在"地球"图层上新建运动引导层,重命名为"引导层:地球",单击该图层的第 1 帧,以太阳图形为中心绘制一个大的空心圆,作为地球绕太阳转动的轨迹线,如图 12－61 所示。

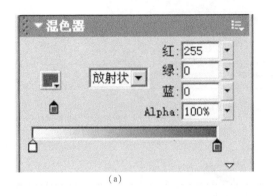 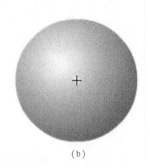

（a）　　　　　　　　　（b）

图 12 – 60　绘制太阳图形

j. 新建一个图层，重命名为"轨迹线"，用鼠标将该图层拖动到"太阳"图层的下方。

单击"引导层：地球"图层的第 1 帧，舞台上的大圆被选中状态，按 Ctrl + C 键（完成复制），单击"轨迹线"图层的第 1 帧，按 Ctrl + Shift + V 键（完成将复制的大圆在原位置上粘贴）。

单击"轨迹线"图层第 60 帧，按 F5 键，锁定并隐藏该图层。此时时间轴如图 12 – 62 所示。

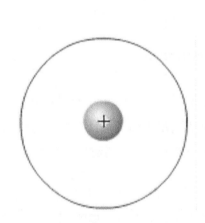 

图 12 – 61　在太阳周围绘制空心圆　　　　**图 12 – 62　"轨迹线"图层**

k. 单击"引导层：地球"图层的第 1 帧，用"橡皮擦工具" ，把大圆右上角擦出一个缺口。单击"引导层：地球"图层的第 60 帧，按 F5 键，然后锁定该图层。

l. 单击"地球"图层的第 1 帧，调整"月亮绕地球转动"元件到引导线的上端缺口处，如图 12 – 63（a）所示。单击"地球"图层的第 60 帧插入关键帧，调整"月亮绕地球转动"元件到引导线的下端缺口处，如图 12 – 63（b）所示。

m. 单击"地球"图层的第 1 帧，在"属性"面板上，设置"补间"为"动画"，选中"调整到路径""同步""对齐"选项，创建地球绕太阳转动的动画，如图 12 – 64 所示。

③输入标题文字

a. 单击舞台右上角的"编辑场景"按钮 ，在弹出的菜单中，选择"场景 1"，回到主场

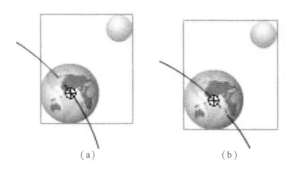

图 12 - 63　动画起始帧和结束帧地球的位置

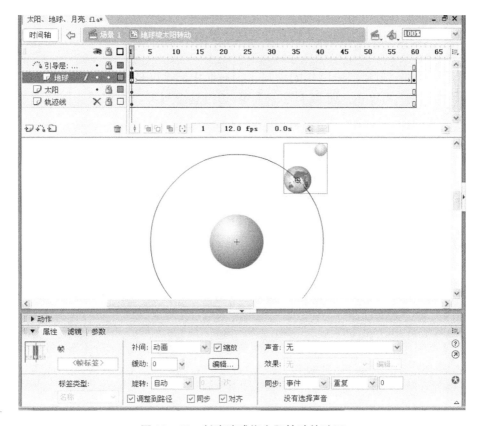

图 12 - 64　创建地球绕太阳转动的动画

景中。

　　b. 单击"图层 1"的第 1 帧，将"库"面板中的影片剪辑元件"地球绕太阳转动"拖放到舞台上，利用"绘图"工具栏上的"任意变形工具"，调整其大小。锁定该图层。

　　c. 新建一个图层，单击"图层 2"的第 1 帧，单击"绘图"工具栏上的"文本工具"按钮 **A**，在"属性"面板上，设置字体为"华文新魏"，字号为"60"，文字颜色为"蓝色"，在舞台上方中央输入标题文字"太阳、地球和月亮"，如图 12 - 65 所示。

　　d. 保存文件，按 Ctrl + Enter 键，预览课件的播放效果，全部操作完成。

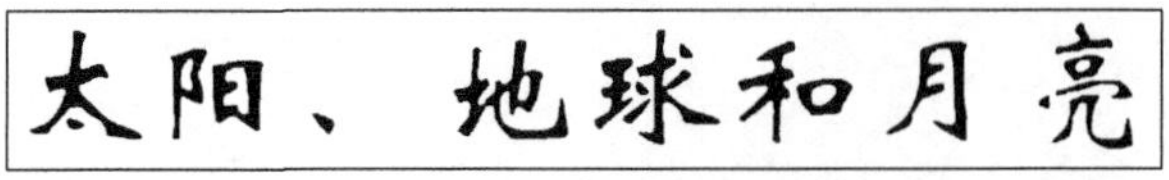

图 12 - 65　输入标题文字

12.3　遮罩动画

探究问题：

①结合下面制作实例，总结被遮罩层动画的制作要点。

②举出几个适合用被遮罩层动画来表现的小学教学内容。

遮罩动画是利用遮罩层来制作的动画，在 Flash 中遮罩层是一种特殊的图层，它就像一张不透明的纸，我们可以在这张纸上挖一个洞，透过这个洞可以看到下面被遮罩层上的内容，这个洞的形状和大小就是遮罩层上图形对象的形状和大小，如在遮罩层上绘制一个圆，则洞的形状就是这个圆，如图 12 - 66 所示。

图 12 - 66　遮罩效果

利用遮罩动画功能，可以制作出多种视觉效果奇特的动画，如探照灯、水中倒影、飘动的旗帜、流动的水、电影序幕文字，等等。

12.3.1　被遮罩层动画

将被遮罩层中的图形对象做成动画，而遮罩层中的图形对象保持不动，可以制作出飘动的旗帜、循环滚动的箭头、地球自转、镂空文字、MTV 歌词、幻灯片放映、车（或飞机、轮船）窗外的风光等动画效果，在制作课件动画中运用广泛。

1. 制作实例：冉冉升起的五星红旗

在本课件中制作五星红旗随着国歌音乐冉冉升起的动画，并利用 Flash 的遮罩动画功能，实现旗帜飘动的动画效果。效果如图 12 - 67 所示。

2. 制作方法

本课件的制作步骤：首先导入一幅图片作为课件的背景，绘制旗杆和国旗上的五星图案；然后利用 Flash 的遮罩动画功能，制作旗帜飘动的动画效果；最后导入国歌，并制作旗帜随音乐冉冉升起的动画效果。

（1）添加背景图片

①在 Flash 中新建一个空白文件，在"属性"面板上，单击"大小"按钮

550 x 400 像素 ，弹出"文档属性"对话框，设置"尺寸"为 640 px（宽）×480 px（高），单击

图 12 – 67　"冉冉升起的五星红旗"效果图

"确定"按钮,调整课件播放的尺寸。

　　②在"时间轴"面板的左侧,双击"图层 1"的名称,将其重命名为"背景图片"。

　　③选择"文件"→"导入"→"导入到舞台"菜单命令,在弹出的"导入"对话框中,选中图片文件"校园.jpg",单击"打开"按钮,图片显示在舞台中央,如图 12 – 68 所示。

图 12 – 68　导入图片

　　④选中图片,选用"绘图"工具栏上的"任意变形工具"按钮 ,调整图片的尺寸,使其与课件画面同样大小。

　　⑤单击"背景图片"图层的"锁定"列,显示"锁定"图标 ,将该图层锁定。

　　(2)绘制旗杆

　　①选择"插入"→"新建元件"菜单命令,弹出的"创建新元件"对话框,在"名称"框中输入文字"旗杆",设置"类型"为"图形",如图 12 – 69 所示,单击"确定"按钮,进入该元件的编辑窗口。

　　②选择"窗口"→"混色器"菜单命令,弹出"混色器"面板,设置笔触颜色为"无颜色

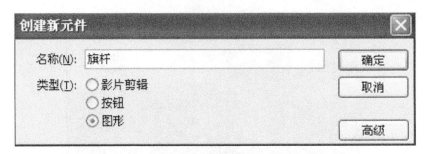

图 12 -69　创建"旗杆"元件

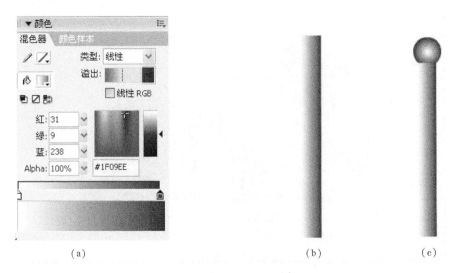

",设置填充颜色的"类型"为"线性",单击渐变色滑竿左侧的颜色块,在取色区中选择白色,单击右侧的颜色块,在取色区中选择蓝色,创建白—蓝渐变色,如图 12 -70(a)所示。

③在"旗杆"元件的编辑窗口,单击"图层 1"的第 1 帧,选用"绘图"工具栏上的"矩形工具"按钮▢,在舞台上绘制一个竖直的细长矩形,用来表示旗杆。

④选中该矩形,按 Ctrl + G 键将其组合。

⑤在"混色器"面板中,将填充颜色的"类型"改为"放射状",利用"绘图"工具栏上的"椭圆工具"按钮◯,在舞台空白处绘制一个无边框的圆,框选后将其移动到矩形的顶端,如图 12 -70(c)所示。

（a）　　　　　　　　　　　　　　　　　　（b）　　　　　（c）

图 12 -70　绘制旗杆图形

⑥单击舞台左上角的按钮 ⬅ 场景 1 ,回到主场景中。

⑦单击"时间轴"面板左下角的"插入图层"按钮 ,在"背景图片"层上新建一个图层,双击图层名,将其重命名为"旗杆"。

⑧单击"旗杆"图层第 1 帧,将"库"面板中的"旗杆"元件拖动到舞台的右侧,如图 12 -71 所示,锁定该图层。

（3）绘制五角星

①按 Ctrl + F8 键,在弹出的"创建新元件"对话框中,设置"名称"为"大五角星","类

图 12 - 71　拖放旗杆元件到舞台右侧

型"为"图形",单击"确定"按钮,进入该元件的编辑窗口。

②单击"绘图"工具栏上的"矩形工具"按钮□,弹出子菜单中选择"多角星形工具"命令。打开属性面板,单击"选项"按钮,弹出对话中设置"样式:星形""边数:5""星形顶点大小:0.50",单击"确定"按钮。如图 12 - 72 所示。

（a）　　　　　　　　　　　　（b）　　　　　　　　　　　　（c）

图 12 -72　星形工具的设置

③将工具栏上的"颜色"区中设置笔触颜色为"无颜色⊘",即 ✐ ✐ 单击"填充色"按钮▉,颜色选择"黄色"。拖动鼠标在舞台上绘制一个五角星形,如图 12 - 73 所示。

（4）制作五星图案

①选中刚绘制好的五角星,按 F8 键,弹出"转换为元件"对话框,设置"名称"为"五星","类型"为"图形",单击"确定"按钮,将其转换为元件。

②单击舞台右上角的"编辑元件"按钮⬡,在弹出的菜单中,选择"五星",进入该元件的编辑窗口。

③选中五角星,按住 Ctrl 键的同时,向右拖动鼠标,复制出一个相同的五角星,选用"任意变形工具"按钮⊞,将复制的五角星缩小并旋转。

④使小五角星的其中一角指向大五角星的中心,如图 12 - 74 所示。选中小五角星,按 F8 键,弹出"转换为元件"对话框,设置"名称"为"小五角星","类型"为"图形",单击"确定"按钮,将其转换为元件。

图 12 - 73　绘制五角星

⑤选中小五角星,利用"绘图"工具栏上的"任意变形工具",用鼠标将其中心点拖动到大五角星的中心处,如图12-75(a)所示;在"变形"面板中,设置"旋转"为23度,连续单击"拷贝并应用变形"按钮 3 次,复制出另外 3 个小五角星,调整这些图形的位置,最后效果如图 12-75(b)所示。

(5)制作旗帜飘动的画面

①按 Ctrl + F8 键,弹出"创建新元件"对话框,在"名称"对话框中输入"飘动的旗帜","类型"为"影片剪辑",单击"确定"按钮,关闭对话框,进入该元件的编辑窗口。

图12-74　复制小五角星

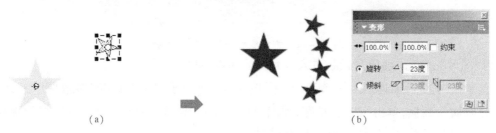

(a)　　　　　　　　　　　　　　　(b)

图 12-75　制作国旗五星图案

(a)改变小五角星中心点位置;(b)旋转复制出另外三个小五角星

②在"飘动的旗帜"元件的编辑窗口中,双击"图层 1"层的名称,将其重命名为"旗帜"。

③利用"绘图"工具栏上的"矩形工具" ,绘制一个无边框的红色矩形,如图 12-76(a)所示;单击该工具栏上的"箭头工具" ,分别将鼠标指针移动到矩形的上底边和下底边,拖动鼠标调整矩形的形状,如图 12-76(b)所示。

④选中该矩形,按 Ctrl + G 键将其组合,按住 Ctrl 键的同时,用鼠标向右拖动该图形,复制出一个相同的图形,如图 12-76(c)所示;选择"修改"→"变形"→"垂直翻转"菜单命令,将复制的图形翻转,调整图形位置,如图 12-76(d)所示,旗帜绘制完成。

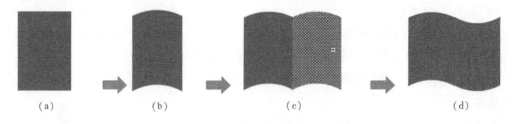

(a)　　　　　　　(b)　　　　　　　(c)　　　　　　　(d)

图 12-76 绘制旗帜

(a)绘制矩形;(b)改变形状;(c)复制图形;(d)垂直翻转

⑤框选这两个图形,按 Ctrl + G 键将其组合,按住 Ctrl 键的同时,用鼠标向右拖动该图形,再复制出一个旗帜图形,再框选这两个图形,再按 Ctrl + G 键将其组合,直到完全成为一个整体,如图 12-77 所示。

⑥在"旗帜"层上新建一个图层,双击图层名,将其重命名为"矩形遮罩"。

⑦单击"矩形遮罩"图层的第 1 帧,绘制一个无边框的灰色矩形,其尺寸能正好覆盖图形右半部的旗帜图形,如图 12 – 78 所示。

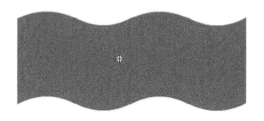
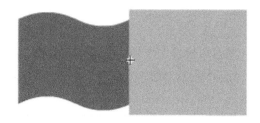

图 12 – 77　拼合两个旗帜图形　　　　　　图 12 – 78　绘制遮罩图形(矩形)

⑧单击"矩形遮罩"图层的第 30 帧,按 F5 键延长帧,锁定该图层。

⑨单击"旗帜"图层的第 30 帧,按 F6 键新建一个关键帧,选中旗帜图形,按键盘上的向右方向键,将旗帜挪到灰色矩形的右侧,并露出一半,如图 12 – 79 所示。

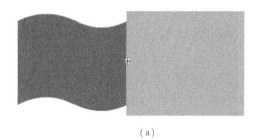
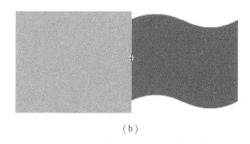

(a)　　　　　　　　　　　　　　　　　　　(b)

图 12 – 79 两个关键帧中图形的优置

(a)第 1 帧;(b)第 30 帧

⑩单击"旗帜"图层的第 1 帧,在"属性"面板上,设置"补间"为"动画",创建旗帜图形从左向右移动的动画。

⑪在"矩形遮罩"图层上鼠标右键,弹出快捷菜单,选择"遮罩层"命令(将其设为遮罩层,在其下层的"旗帜"图层自动设为被遮罩层),此时时间轴如图 12 – 80 所示。

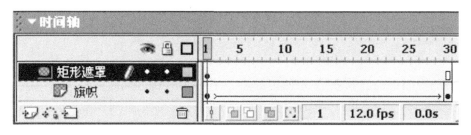

图 12 – 80　设置图层为遮罩层

⑫在"矩形遮罩"层上新建一个图层,双击图层名称,将其重命名为"五角星",单击"五角星"图层第 1 帧,将"库"面板中的"五星"元件拖放到舞台上,调整位置在旗帜图形的左上角,如图 12 – 81 所示。

⑬分别单击该图层的第 15 帧和第 30 帧,分别按 F6 键插入关键帧,单击第 15 帧,将五

星图形向下移动一些距离。

⑭单击选择"五星"图层,在"属性"面板上,设置"补间"为 "动画",创建五星图形随旗帜上下移动的动画效果,此时时间轴 如图 12－82 所示。

⑮单击舞台左上角的 场景1 按钮,回到主场景中。

⑯在"旗杆"图层上新建一个图层,双击图层名称,将其重命 名为"五星红旗",将"库"面板中"飘动的旗帜"影片剪辑元件,拖 动到旗杆图形的底端。

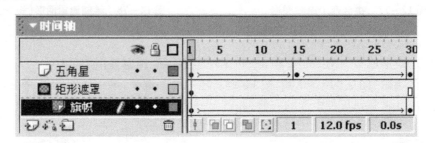

图 12 －81　为旗帜添加五星

图 12 －82　制作五星红旗

（6）添加国歌

①在"背景图片"图层上新建一个图层,重命名名为"国歌",选择"文件"→"导入"→ "导入到库"菜单命令,在"导入到库"对话框中,选中"中华人民共和国国歌. mp3"文件,单 击"打开"按钮,将其导入到"库"面板中。

②单击"国歌"图层的第 1 帧,在"属性"面板上,设置"声音"为"中华人民共和国国 歌","同步"为"数据流",如图 12 －83 所示。

图 12 －83　添加国歌

③将鼠标指针移到"国歌"图层的第 1 帧上,按住 Ctrl 键的同时,向右拖动鼠标,延长帧 的长度,直到国歌的声音波形消失（即无音乐声）时,停止拖动,此时帧的长度为 596 帧。

（7）制作旗帜升起动画

①依次单击"背景图片"和"旗杆"图层的第 596 帧,按 F5 键延长帧。

②单击"五星红旗"图层的第 596 帧,按 F6 键插入一个关键帧,选中舞台上的五星红旗 图形,连续按键盘上的向上方向键,直到红旗到达旗杆顶部。

③单击"五星红旗"图层的第 1 帧,在"属性"面板上,设置"补间"为"动画",创建红旗 随国歌声冉冉升起的动画效果。

④在"五星红旗"图层的第 596 帧上,单击鼠标右键,在弹出"动作"面板的左侧窗格中,

单击依次展开"全局函数"→"时间轴控制",双击 stop 语句,将其添加到该面板右侧的编辑窗格中,使课件不循环播放,此时时间轴如图 12 – 84 所示。

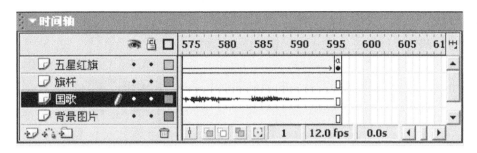

图 12 – 84　为帧添加动作语句

⑤保存文件,按 Ctrl + Enter 键,预览课件的播放效果,全部操作完成。

探究问题:
①通过下面制作实例,总结一下遮罩层动画的制作方法。
②遮罩层动画与被遮罩层动画的区别。
③遮罩层动画可以表现哪些小学教学内容?

12.3.2　遮罩层动画

遮罩层动画是保持被遮罩层中的内容不变,而将遮罩层中的内容制作成动画,它同样可以制作出很多特效动画,如电影序幕中的文字动画、水流动画、水中倒影动画等。

1. 制作实例:探照灯

探照灯就是利用 Flash 的遮罩动画功能,来制作灯光移动的动画,效果如图 12 – 85所示。

图 12 – 85　探照灯效果图

本课件的制作步骤:首先导入图片,然后在遮罩层中制作椭圆从上向下的移动动画,使被遮罩层中的图片产生类似光照的动画效果。

　　具体的制作方法如下：

　　(1)单击"文件"菜单,选择"新建"命令,在 Flash 中新建一个空白文件,在"属性"面板中,单击"大小"按钮 550 x 400 像素 ,弹出"文档属性"面板,设置"尺寸"为 640 px(宽)×480 px(高),调整课件播放的尺寸。背景颜色设为黑色。

　　(2)选择"文件"→"导入"→"导入到库"菜单命令,弹出"导入"对话框,选中图片文件"pic115.jpg",单击"打开"按钮,图片显示在舞台中央;利用"绘图"工具栏上的"任意变形工具" ,将图片缩小一些,使其充满整个舞台区,并将该图层命名为"图片",锁定该图层,如图 12 – 86 所示。

图 12 – 86　添加图片

　　(3)新建一个图层,并重命名为"灯光"。在绘图工具栏中选择椭圆工作,在当前舞台的中间用绘制一个椭圆,如图 12 – 87 所示。

图 12 – 87　绘制一个椭圆

　　(4)使用绘图工具栏中的 工具将椭圆的尺寸调到适当大小,按 Ctrl + G 将圆组合,并将其移至舞台的左下方。

（5）在"灯光"图层的第15,30,45,60帧上分别按F6插入关键帧,这时的时间轴面板如图12-88所示。

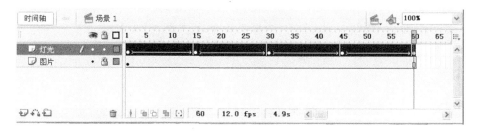

图 12-88 在"灯光"图层创建4个关键帧

（6）分别将第15帧处的椭圆拖至舞台的右上方,第30帧处拖至舞台的左上方,第45帧处为舞台的右下方,第60帧位置不变,依然保持在舞台的左下方。

（7）单击选择"灯光"图层,在"属性"面板上,设置"补间"为"动画";在时间轴上显示一条浅蓝色背景的箭头,创建一个动作补间动画。使椭圆能够从第1帧到第60帧的过程中产生位置移动。

（8）在"灯光"图层上单击鼠标右键,在弹出的快捷菜单中选择"遮罩层"命令,即完成了上层设置为遮罩层,下层的"图片"图层自动设置为被遮罩层,此时的时间轴如图12-89所示。

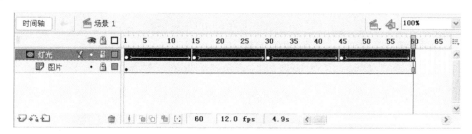

图 12-89 将该"灯光"图层设置为遮罩层

（9）完成实例,保存文件,按 Ctrl + Enter 键,预览课件的播放效果。

2. 制作实例:"毛泽东"

有时为了实现较为丰富的动画效果,也可以将遮罩层和被遮罩层的内容都制作成动画。本实例中光芒四射的效果就是利用 Flash 遮罩动画的这一功能来实现的,效果如图12-90所示。

具体制作方法如下:

（1）打开 Flash 运行界面,"文件"→"新建"命令,新建一个文档,在属性面板上设置文件大小为"400×400"像素,背景色为"黑色"(为了更好地显示场景中的内容,设置背景色为#003333)。

（2）将"图层1"重命名为"背景",单击"绘图"工具栏上的"矩形工具"按钮，在场景中绘制出一个 400×400

图 12-90 "毛泽东"效果图

像素的正方形,笔触颜色为"无颜色",即 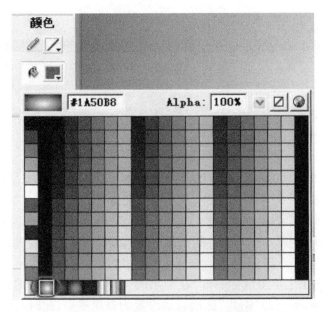,填充颜色用"放射状"渐变色进行填充,设置如图 12 – 91 所示。单击"背景"图层第 1 帧,在舞台上绘制矩形,选用"任意变形工具"按钮 ,调整矩形与舞台同等大小。

图 12 – 91　无边矩形及填充颜色设置

(3)执行"插入"→"新建元件"命令,弹出新建元件对话框,命名为"闪光线条",类型设为"图形",单击"确定"按钮,进入元件的编辑窗口。

(4)选用"线条工具"按钮 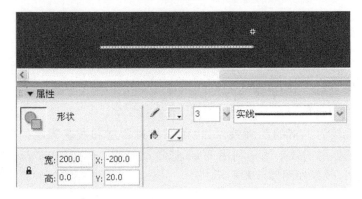,设置笔触颜色为"黄色",笔触高度为"3",单击"闪光线条"元件的"图层 1"第 1 帧,在舞台上画一条直线,具体参数设置如图 12 – 92 所示。

图 12 – 92　闪光线条的【属性】面板参数设置

(5)执行"插入"→"新建元件"命令,弹出新建元件对话框,命名为"闪光线条组合",类型设为"图形",单击"确定"按钮,进入元件的编辑窗口。

(6)在"闪光线条组合"元件的编辑窗口,单击"图层 1"的第 1 帧,从库中将名为"闪光线条"的元件拖放到舞台,选用"箭头工具"按钮 ,单击选中舞台上的"闪光线条"元件,在属性面板中,设置 X:-200,Y:20。选用"任意变形工具"按钮 ,此时"闪光线条"元件会出现中心圈,它就是对象的"变形点",用鼠标左键按住它,拖到舞台的中心"＋"处松手。如图 12-93 所示,图(a)是"变形点"在元件中心时的状态,图(b)是"变形点"已拖到场景中心时的状态。

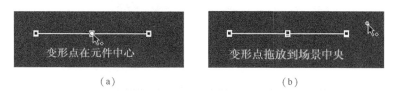

(a)   (b)

图 12-93　变形点所处的不同位置

(7)执行"窗口"→"变形"命令,弹出的"变形"面板,选中"旋转":15 度,连续单击"复制并应用变形"按钮 ,在场景中复制出的效果如图 12-94 所示。

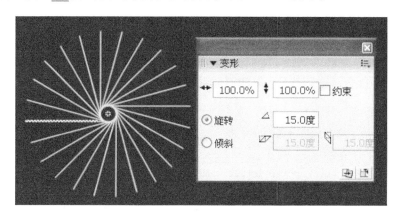

图 12-94　"变形"面板及复制完后的效果

(8)单击时间轴的第 1 帧,舞台上全部图形被选中,执行"修改"→"分离"命令,把所有线条打散,再执行"修改"→"形状"→"将线条转换为填充"命令,将线条转换为填充形状。(注:遮罩层中的内容可以是按钮、影片剪辑、图形、位图、文字等,但不能使用线条,如果一定要用线条,可以将线条转换为"填充",所以我们应该将线条转换为填充形状)

(9)执行"插入"→"新建元件"命令,弹出新建元件对话框,命名为"闪光",类型设为"影片剪辑",单击"确定"按钮,进入元件的编辑窗口。

(10)在"闪光"元件的编辑窗口,单击"图层 1"的第 1 帧,把"库"面板中的"闪光线条组合"的元件拖放到舞台中,使元件的中心点对齐舞台中的"＋"符号。单击该图层第 30 帧,按 F6 插入关键帧。单击第 1 帧,打开"属性"面板,设置补间为"动画",旋转为"顺时针"、1 次。

(11)单击选择"图层 1"的第 1 帧,执行"编辑"→"复制"。新建图层,选择"图层 2"的第 1 帧,执行"编辑"→"粘贴到当前位置"命令,使两图层中的"闪光线条组合"实例完全重合,执行"修改"→"变形"→"水平翻转"命令,让复制过来的线条和第一层中的线条方向相反,在场景中形成交叉的图形。如图 12-95 所示。

(12)选中"图层 2"的第 30 帧,按 F6 键插入关键帧。单击第 1 帧,在下方"属性"面板,

图 12 – 95　两个图层重合后的效果

设置补间为"动画",旋转为"逆时针"、1 次。用鼠标右键单击靠上的"图层 2",弹出的菜单中选择"遮罩层"命令,则"闪光"元件的时间轴面板如图 12 – 96 所示。

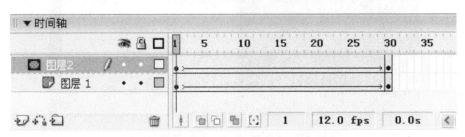

图 12 – 96　"闪光"元件的时间轴面板

(13)单击舞台左上角的 场景1 按钮,回到主场景中。在"背景"图层上新建图层,双击图层的名称,将其重命名为"闪光",单击"闪光"图层第 1 帧,把"库"面板中的"闪光"元件拖放到舞台上。锁定该图层。

(14)在"闪光"图层上新建图层,双击图层的名称,将其重命名为"毛泽东",选择"文件"→"导入"→"导入到舞台"菜单命令,在弹出的"导入"对话框中,选中图片文件"毛泽东.jpg",单击"打开"按钮,导入毛泽东的图片,如图 12 – 97 所示。

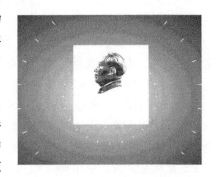

图 12 – 97　导入毛泽东图片

(15)单击选中毛泽东图片,选择"修改"→"分离"菜单命令(或按 Ctrl + B 键),将该位图图片的像素分离,在舞台的空白处单击鼠标,取消对图片的选中状态。单击"绘图"工具栏上的"套索工具"按钮 ,在该工具栏下方的"选项"区中单击"魔术棒属性"按钮 ,弹出如图 12 – 98 所示的"魔术棒设置"对话框。设置"阈值"为"5",在"平滑"下拉列表中选择"像素",单击"确定"按钮,设置好魔术棒的属性。

　　继续在"选项"区中,单击"魔术棒"按钮 ✎ ,将鼠标指针移到图片上的空白区域,单击鼠标,将其选中,按 Delete 键删除;结合"橡皮工具"按钮 ✎ ,依次将图片周围的空白区域全部擦除,使其透明,选中处理后的图片,按 Ctrl + G 键(将图片组合),如图 12 - 99 所示。调整该图片置于舞台的中央,选择工具栏中的"任意变形工具"调整好图像的大小,如图 12 - 100 所示。

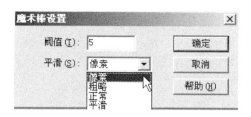

图 12 - 98　"魔术棒设置"对话框

图 12 - 99　删除图片周围的空白区域

图 12 - 100　时间轴及场景

　　(16)制作完成,保存文件,按 Ctrl + Enter 键,测试动画。

第13章　制作交互型课件

13.1　制作交互型课件基础

13.1.1　动作脚本和"动作"面板

1. 动作脚本

使用动作脚本(ActionScript),就可以随心所欲地创建交互型的课件。我们不需要了解每个动作脚本元素就可以开始编写脚本,只要明确要实现什么样的课件交互,通过使用Flash 8 的"动作"面板,就可以编写动作脚本。

Flash 8 的动作脚本和其他脚本编写语言一样,动作脚本遵循自己的语法规则,保留关键字,提供运算符,并且允许使用变量存储和获取信息。动作脚本包含内置的对象和函数,并且允许用户创建自己的对象和函数。

2. "动作"面板

在 Flash 8 中,一般通过"动作"面板来编写动作脚本。选择"窗口"→"动作"菜单命令或者按 F9 键,可以打开"动作"面板。"动作"面板有两种不同的编辑模式:标准模式和专家模式。在两种模式下,都可以将其动作语句附加到按钮、影片剪辑或者帧上,创建课件所需的交互性。

(1)在标准模式下工作

在标准编辑模式下,可以通过从菜单和列表中选择选项来创建脚本。标准模式的"动作"面板一般由五部分组成,如图 13 - 1 所示。

图 13 - 1　标准模式"动作"面板

在标准模式下,可通过从"动作"工具箱中选择项目创建动作脚本。"动作"工具箱把动作分为几个类别,例如:"全局函数""全局属性""运算符""语句""组件"等,还提供了一个按字母顺序列出所有项目的"索引"类别。当单击项目时,它的功能说明显示在面板的右上角。当双击项目时,它将出现在面板右侧的"脚本窗格"中。

在标准模式下,可添加、删除脚本窗格中的语句或更改语句在其中的顺序,也可设置动作的参数。通过"动作"面板还可以查找和替换文本、查看脚本的行号以及"固定"脚本,即当在对象或者帧之外单击时,脚本仍保留在脚本窗格中。还可用跳转菜单转到当前帧的任意对象的任意动作脚本。表 13 – 1 是对"动作"面板中主要按钮作用的说明。

表 13 – 1　"动作"面板按钮介绍(一)

按　　钮	按钮名称	说　　明
⊕	将新项目添加到脚本中	单击该按钮弹出动作选择菜单可以直接选择动作
━	删除所选动作	将所选择的一行或多行动作语句删除
🔎	查找	在脚本中查找需要的内容
✎ 脚本助手	视图选项	单击该按钮,弹出菜单,可以进行两个编辑模式的切换
▼	向下移动所选动作	将所选择的一行或多行语句向下移动
▲	向上移动所选动作	将所选择的一行或多行语句向上移动

(2)在专家模式下工作

在专家编辑模式下使用该面板,可直接向"脚本窗格"中输入文本,该模式适合有一定动作脚本设计基础者使用,如图 13 – 2 所示。

图 13 – 2　专家模式下的"动作"面板

在专家模式下,还可以检查语法错误、自动设定代码格和匹配小括号、大括号或中括号。表 13 – 2 是对在专家模式下"动作"面板中新增加的几个按钮作用的说明。

表 13 – 2 "动作"面板按钮介绍(二)

按　钮	按钮名称	说　　明
⊕	插入目标路径	单击该按钮弹出"插入目标路径"对话框选择需要控制的影片剪辑的路径
✓	语法检测	对专家模式下输入的动作脚本进行正误检测
☰	自动套用格式	对专家模式下输入的动作脚本自动调整格式
⊡	显示代码提示	对专家模式下显示对象和函数的脚本提示
80	调试选项	单击该按钮,弹出菜单用于调试动作语句

13.1.2　编写简单的交互型课件

在 Flash 8 中,可以将动作语句添加到帧、按钮和影片剪辑中,实现课件所需要的交互。例如,为帧设定动作实现某一段动画的重复播放;为帧设定动作实现文字的闪烁效果;为按钮设定动作实现控制课件的播放和停止;为按钮设定动作实现声音的打开与关闭;为影片剪辑设定动作实现影片剪辑的拖动,等等。

1.通过帧进行交互

通过帧进行交互就是指为帧设定动作语句来控制影片的播放。帧交互是一切交互型课件的基础,通过帧交互可以使动画型课件循环或分片段播放;通过帧交互可以将整个课件分成若干个部分,等等,在这个基础上实现更强的交互。

那么如何为帧设定动作呢? 选择时间轴上的关键帧(如果选定的不是关键帧,动作将被设定到前一个关键帧),如图 13 – 3(a)所示,然后选择"窗口"→"动作"菜单命令或按 F9键,打开"动作"面板,单击"动作"工具箱中的文件夹,将其展开,双击某个动作将其添加到脚本窗格中,如图 13 – 3(b)所示,设置有动作的帧在时间轴上会出现帧动作标记,即显示一个小 α,如图 13 – 3(c)所示。

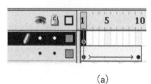
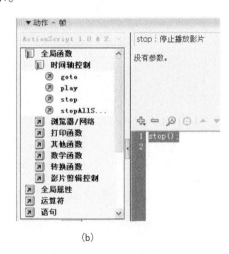

(a)　　　　　　　　　　(b)　　　　　　　　　　(c)

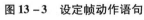

图 13 – 3　设定帧动作语句

探究问题：

①如何为帧设定动作？

②通过帧进行交互能实现哪些功能？

③动作面板的两种模式如何灵活正确应用？

（1）制作实例：坐井观天

在语文教学中，常常需要在一段文字中强调某一个词语，让词语不断地闪烁来达到突出显示的目的，效果如图 13 - 4 所示。

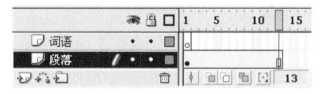

图 13 - 4　课件"坐井观天"效果图

此例可以利用设置帧的动作来实现，本例制作重点是为帧设定动作语句，实现文字的闪烁效果。

（2）制作方法

①输入文字

a.在 Flash 中新建一个空白文件，"图层 1"重命名为"段落"。插入一个新图层，"图层 2"重命名为"词语"。

b.选用"文本工具"按钮 A，打开"属性"面板，设置：字体，楷体；字号，23；字体颜色，黑色。单击"段落"图层第 1 帧，在舞台上输入静态文本：小鸟说："你弄错了。天无边无际，大得很哪！"

c.单击"段落"图层第 13 帧，按 F5 键延长帧，如图 13 - 5 所示。

图 13 - 5　为"段落"图层增加帧

d.单击"词语"图层第 6 帧；按 F7 键插入空白关键帧，如图 13 - 6（a）所示，选用"文本工具"按钮 A，打开"属性"面板，设置：字体，楷体；字号，23；字体颜色，红色。在舞台上输入文本"无边无际"，如图 13 - 6（b）所示。

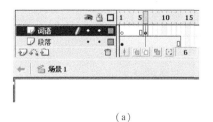

（a）　　　　　　　　　　　　　（b）

图 13 - 6　输入文字"无边无际"

e. 拖动红色文本"无边无际",使之与"段落"图层黑色文本"无边无际"重合,效果如图 13 – 7 所示。

小鸟说:"你弄错了。天 无边无际 , 大得很哪!"

图 13 – 7　将文本重合

f. 在"词语"图层第 10 帧和第 13 帧处,分别按 F7 键插入两个空白关键帧。

②. 设定动作

a. 单击"词语"图层第 13 帧空白关键帧,打开"动作"面板,在"动作"工具箱依次展开 "全局函数"→"时间轴控制"命令,双击 goto 动作语句,将其添加到"脚本窗格"中将"帧"框 中的数值"1"修改为"6"即可,如图 13 – 8 所示。

图 13 – 8　为帧添加 goto 动作语句

b. 关闭"动作"面板,"词语"图层第 13 帧空白关键帧将出现帧动作标记 a,如图 13 – 9 所示。

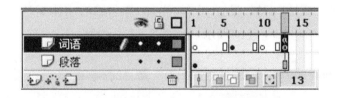

图 13 – 9　帧设定动作后效果图

完成制作,保存文件,按 Ctrl + Enter 键,测试课件效果。

2. 通过按钮进行交互

通过按钮进行交互是指在帧交互的基础上使用按钮来控制课件产生交互效果。我们在课件中常使用按钮来控制影片的播放、暂停、切换；单击按钮判断结果；单击开关按钮关闭或打开音乐，等等。在场景中选择要设置动作语句的按钮，然后选择"窗口"→"动作"菜单命令或按 F9 键，打开"动作"面板，再从"动作"工具箱中选择需要的动作语句即可。

（1）制作实例：秒针

在认识钟表教学中，为了让学生更加直观地认识 1 分钟，可以在课件中让一个秒针旋转一圈，并可以控制秒针停止或继续旋转，效果如图 13 – 10所示。

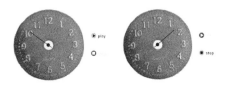

图 13 – 10　"秒针"效果图

本例制作的重点是通过给按钮设定动作语句，以使秒针旋转一圈。

（2）制作方法

①插入背景图片

a. 在 Flash 中新建一个空白文件，将"图层 1"重命名为"钟面背景"。

b. 按 Ctrl + F8 键，弹出新建元件窗口，命名为"钟面"，行为为"图形"，单击"确定"按钮，进入元件的编辑窗口。单击"图层 1"第 1 帧，选择"文件"→"导入"→"导入到舞台"菜单命令，在弹出的"导入"对话框中，选中图片文件"表盘. jpg"，单击"打开"按钮，导入表盘的图片。

c. 单击选中图片，按 Ctrl + B 键，将图片分离，选用"套索工具"按钮 ，在下方"选项"区中，单击"魔术棒"按钮 ，鼠标单击图片上的背景区域，按 Delete 键删除；结合"橡皮工具"按钮 ，依次将图片周围的背景区域全部擦除，使其透明，选中处理后的图片，按 Ctrl + G 键（将图片组合），开"属性"面板，设置"宽:260，高:260"。如图 13 – 11 所示。

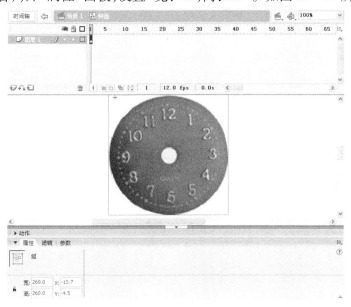

图 13 – 11　导入"表盘"图片

d. 单击舞台左上角的 场景1 按钮,回到主场景中。单击"钟面背景"图层的第 1 帧,将"库"面板中的"钟面"的元件,放置于舞台中央,选中"钟面背景"图层的第 720 帧,按 F5 键延长帧,锁定该图层。(如果找不到 720 帧,可采取半路延长,即在中途任意帧格上先按一下 F5,然后再拖动时间轴的水平工具条,即可显示 720 帧)

②绘制秒针图形

a. 单击"时间轴"面板上的"插入图层"工具按钮,将"图层 2"重命名为"秒针"。

b. 单击"秒针"图层第 1 帧,利用"绘图"工具栏上的"线条工具" ╱ 按钮和"椭圆工具" ◯ 按钮,在舞台空白处绘制一条线段和椭圆作为"秒针",如图 13 – 12 所示。

c. 选用"箭头工具"按钮 ,框选整个"秒针"图形,按 Ctrl + G 键将其组合,选用"任意变形工具"按钮 ,将鼠标指针移到中心控制点上,按住鼠标不放,将中心控制点向下拖动至小圆点处,如图 13 – 13 所示。

图 13 – 12   绘制"秒针"

d. 调整"秒针"图形与"钟面"元件位置,如图 13 – 14 所示。

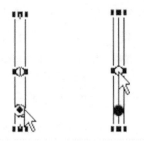

图 13 – 13   改变图形的中心控制点

图 13 – 14   调整秒针位置

③制作动画

a. 在"秒针"图层第 720 帧处,按 F6 键插入关键帧。

b. 单击"秒针"图层第 1 帧,打开"属性"面板,设置"补间"为"动画","旋转"为"顺时针""1 次"。

c. 锁定"秒针"图层。

④添加按钮

a. 单击"时间轴"面板上的"插入图层"按钮,将"图层 3"重命名为"按钮"。

b. 单击"图层 3"的第 1 帧,选择"窗口"→"公用库"→"按钮"菜单命令,打开"库 – 按钮"面板,双击依次展开"Classic Buttons"→"Circle Buttons"文件夹,如图 13 – 15 所示,将 Play 和 Stop 两个按钮分别拖放到舞台右侧 。

⑤设定动作

a. 用"箭头工具"按钮 ,单击"Play 按钮",打开"动作"面板,在标准模式下,依次展开"全局函数"→"时间轴控制",在展开的语句中,双击"play"语句,将其添加到右侧"脚本窗格"中,如图 13 – 16 所示。

b. 用"箭头工具"按钮 ,单击"Stop 按钮",打开"动作"面板,在标准模式下,依次展开

"全局函数"→"时间轴控制",在展开的语句中,双击"stop"语句,将其添加到右侧"脚本窗格"中,如图 13 – 17 所示。

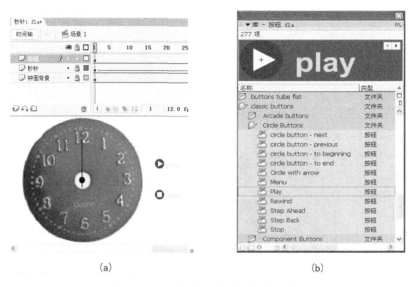

(a)　　　　　　　　　　　　　　　(b)

图 13 – 15　从公用库面板中选择按钮

图 13 – 16　为 Play 按钮设定动作

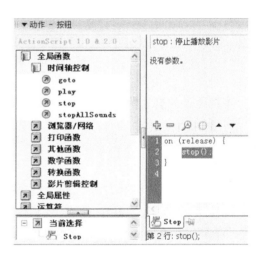

图 13 – 17　为 Stop 按钮设定动作

c.本实例制作完成,保存文件,按 Ctrl + Enter 键,测试影片。

3.通过影片剪辑进行交互

Flash 8 强大的交互性就体现在对影片剪辑的控制上,通过影片剪辑进行交互就是通过为影片剪辑(为帧或按钮)设定动作语句来控制影片剪辑本身(或控制其他的影片剪辑)。通过影片剪辑进行交互,在课件中可以实现物体的拖动、物体的复制、改变物体的属性(位置、大小、颜色、透明度),等等。在场景中单击要设置动作语句的影片剪辑,然后选择"窗口"→"动作"菜单命令或按 F9 键,打开"动作"面板,接下来从"动作"工具箱中选择需要的动作语句即可。

探究问题:

①结合实例,说明影片交互制作方法。

②影片交互、按钮交互与帧交互的区别。

③影片交互能实现哪些功能。

(1)制作实例:图形分类

在多媒体教室环境中学习认识正方形,可以让学生自己操作媒体课件,将属于正方形的图形拖放到一起,从而增强教学的趣味性。本例效果如图 13 – 18 所示。

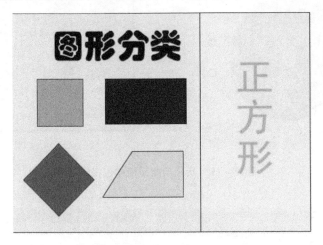

图 13 – 18　　课件"图形分类"效果图

本例通过为影片剪辑的设定动作来实现图形可以被任意拖动,着重介绍如何为影片剪辑设定动作。

(2)制作方法

①制作背景

a. 在 Flash 中新建一个空白文件,将"图层 1"重命名为"背景"。

b. 使用"绘图"工具栏中的"矩形工具"按钮□,绘制一个矩形,在"属性"面板中设置:宽,550;高,400;X,0;Y,0;填充颜色,浅绿色(#BEFF7D),使其正好覆盖整个舞台。

c. 使用"绘图"工具栏中的"线条工具"按钮╱,在舞台内绘制一条竖线,使其将矩形分成两部分,然后将右边的小矩形颜色填充为浅黄色(#FFE680),如图 13 – 19 所示。

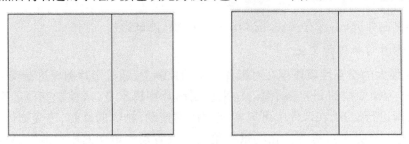

图 13 – 19　　绘制背景图形

　　d. 使用"绘图"工具栏中的"文本工具"按钮 **A**，在舞台中拖出一个文本框，使用"属性"面板设置字体"黑体"，字号为"72"、文本颜色为"黄色"（#FF9900）、改变文字方向为"垂直，从左向右"，输入文字"正方形"，然后将文字拖放到舞台右侧。

　　e. 再添加一个文本框，使用"属性"面板设置字体："华文琥珀"、字号：60、文本颜色："黑色"，在舞台上输入文字"图形分类"，然后将文字拖放到舞台左上角，如图 13－20 所示。

图 13－20　制作背景文字

　　f. 选中"背景"图层第 1 帧，则舞台上所有对象被选中，按 Ctrl＋G 键，将它们组合。

　　g. 锁定"背景"图层。

　　②制作影片剪辑元件

　　a. 单击"时间轴"面板上的"插入图层"工具按钮 ，将新的"图层 2"重命名为"图形"。

　　b. 选择"插入"→"新建元件"菜单命令，弹出新建元件对话框，名称为"zfx－1"，"类型"为"影片剪辑"，单击"确定"，进入该元件的编辑窗口。单击"图层 1"的第 1 帧，利用"矩形工具"按钮 ，在舞台上绘制一个绿色的正方形，如图 13－21 所示。

　　c. 重复步骤 b，再新建 3 个影片剪辑元件，分别命名为：zfx－2，cfx－1，tx－1。在 zfx－2 影片剪辑元件中绘制一个红色的正方形；在 cfx－1 影片剪辑元件中绘制一个蓝色长方形；在 tx－1 影片剪辑元件中绘制一个的黄色梯形，如图 13－22 所示。

图 13－21　影片剪辑元件

　　d. 单击舞台右上角的"编辑场景"按钮 ，在弹出的菜单中选择"场景 1"，回到主场景中。

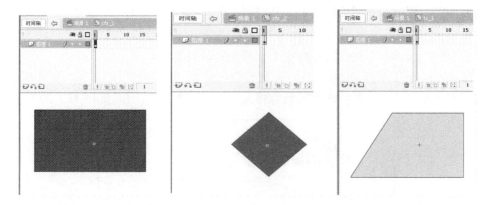

图 13 - 22　制作其余 3 个影片剪辑元件

　　e. 单击"图形"图层第 1 帧,依次将"库"面板中的 4 个影片剪辑元件拖放到舞台左侧,排列效果如图 13 - 23 所示。

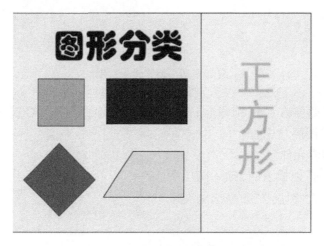

图 13 - 23　将影片剪辑元件拖放到舞台中

　　③设定动作
　　a. 在主场景中,单击舞台上的 zfx - 1 影片剪辑元件,打开"动作"面板,切换为专家模式,直接在"脚本窗格"中输入如下代码。

```
onClipEvent(load){                              //影片剪辑加载事件
            this. onPress = function(){          //按下鼠标事件
                this. startDrag();              //开始拖动影片剪辑
            };
            this. onRelease = function(){        //释放鼠标事件
                this. stopDrag();               //停止拖动影片剪辑
            };
        }
```

　　b. 选中所有输入的动作语句,单击鼠标右键,在出现的快捷菜单中选择"复制"命令,如图 13 - 24 所示。

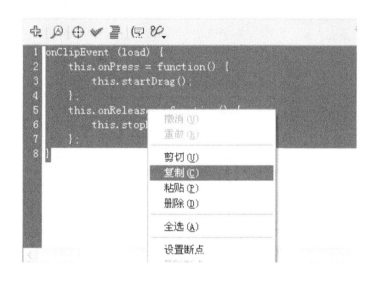

图 13 – 24　复制动作语句

c. 返回舞台,单击"zfx – 2"影片剪辑元件,打开动作面板。

d. 在"脚本窗格"中单击鼠标右键,在弹出的快捷菜单中选择"粘贴"命令。

e. 重复步骤 c – d,分别将动作语句粘贴到舞台上的"cfx – 1"和"tx – 1"两个影片剪辑元件中,至此 4 个影片剪辑元件的动作设置完成。如图 13 – 25 所示。

f. 保存文件,按 Ctrl + Enter 键,测试影片。

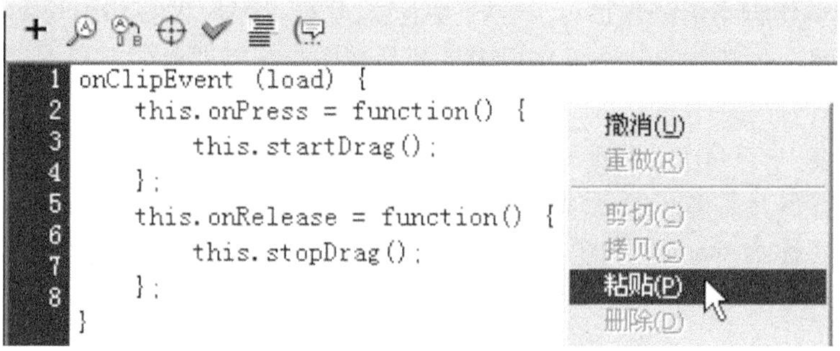

图 13 – 25　粘贴动作语句

13.1.3　动作脚本语法

动作脚本实际上相当于用编程语言编写的程序,所以需要掌握一些基本的动作语法和动作语句。

动作脚本具有一定的语法和标点规则,这些规则确定哪些字符和单词可以用于表示命令语句以及如何设置它们的顺序,等等,如图 13 – 26 所示是一段为帧设置的动作语句。例如:在动作脚本中,分号表示一个语句结束;play 表示播放影片;stop 表示停止播放影片,等等。

图 13 – 26　为帧添加的动作语句

1. **基本语法**

Flash 8 的动作脚本语法包括：点语法、大括号、分号、括号、大写和小写字母、注释、关键字、常数等，了解这些基本的动作语法规则是顺利制作交互型课件的前提。

（1）点语法

在动作脚本中，点(.)用于表示和对象或影片剪辑相关的属性或方法。点语法表达式以对象或影片剪辑的名称开始，后面跟着一个点，最后以要指定的元素结束。例如，在舞台中有一个实例名称为 football 的影片剪辑，可以利用以下动作语句控制该影片剪辑停止播放。

football. stop( )；　　　　　//停止播放影片剪辑 football

在以上动作语句中，点(.)前面的 football 是影片剪辑的实例名称，点(.)后面的 stop( )；是方法，表示停止播放。又例如：利用点语法设置 circle 影片剪辑在舞台中的位置。

circle. _x = 100；　　　　　//设置 x 轴坐标为 100

circle. _y = 200；　　　　　//设置 y 轴坐标为 200

在以上动作语句中，点(.)前面的 circle 是影片剪辑的实例名称，点(.)后面的_x 和_y 是属性，分别表示 circle 影片剪辑的 x 轴坐标和 y 轴坐标。

（2）大括号

动作脚本语句是用大括号({})将语句组合成一个整体的。例如，为按钮设置动作语句时是使用大括号来表示所有要执行的动作。

　　　on(release){　　　　　　　　　　　　　　//按钮鼠标释放事件

```
    _root. zfx. stop( ) ;                    //停止播放影片剪辑 zfx
    _root. zfx. _alpha = 50 ;                //设置影片剪辑透明度为 50%
  }                                          //动作语句结束
```

以上语句表示当单击按钮时,将停止主时间轴上的 zxf 影片剪辑的播放,然后设置该影片剪辑的透明度为 50% 。

（3）分号

动作语句是以分号(;)结束的。例如:

```
    currentdate = new Date( ) ;             //建立一个日期对象
    currentday = currentdate. getDate( ) ;  //获取今天是本月的几号
    co1 = 0 ;                                //为变量 co1 赋值 0
```

如果是在标准模式下设置动作语句,系统将自动加上分号(;);如果在专家模式下输入动作语句时省略了分号(;),Flash 也能够成功地执行动作,不过使用分号(;)是一个很好的编写习惯。

（4）括号

在定义函数时,需要将所有输入的参数放在括号里。例如,下面是一个求两个数和的函数。

```
    function addnum( x,y) {                  //定义一个名为 addnum 的函数
        return x + y ;                       //返回函数值
    }                                        //定义函数结束
```

在调用函数时,也必须将输入的所有参数放在括号里,例如:

```
    dispr = addnum( 10,20) ;                 //调用函数并将返回值赋予变量 dispr
```

另外,括号也可以改变运算的顺序,和数学中的用法非常相似,例如:

```
    a = (4 +3) * 5 ;                         //为变量 a 赋值
```

（5）大写和小写字母

一些高级语言对字母的大小写是非常敏感的,应该大写的字母不小心写成了小写就会出现错误,不过 Flash 8 的动作语句对这一点是比较宽松的,只有关键字区分大小写,对于动作语句的其余部分,大写和小写字母是可以相互交换的。例如,下面的语句是相同的。

STAR. _x = 100 ;

Star. _x = 100 ;

以上两行动作语句都是设置 star 影片剪辑 x 轴坐标为 100。

（6）注释

为自己设置的动作语句添加注释是一个非常好的习惯,这样做便于日后修改课件。Flash 动作脚本中是以字符"//"开头,后面输入要注释的文字。注释的内容对原来的动作语句是没有任何影响的。

（7）关键字

Flash 8 的动作语法规定一些单词用作特殊的用途,不能将它们用作变量、函数或标签名称。这些关键字有 break,else,instanceof,typeof,case,for,new,var,continuefunction,return,void,default,if,switch,while,delete,in,this,with。

（8）常数

常数是指固定不变的值或属性。例如,在数学中圆周率就是一个固定不变的值,在 Flash 动作语句中使用 Math. PI 表示圆周率,即 PI 就是一个常数,也是 Math 对象的一个

属性。

```
S = 5 * 5 * Math. PI;                    //求半径是 5 的圆的面积
```

又如,常数 backspace,enter,space 和 tab 等都是 Key 对象的属性,用于指代键盘的按键。下面为帧设置的动作语句可以用于当用户按了空格键后将继续播放影片。

```
_root. onEnterFrame = function( ) {       //定义影片进入帧事件
if( Key. isDown( Key. SPACE) ) {           //如果按下空格键
        play( );                           //播放影片
    }
}                                          //以上部分将循环执行
stop( );                                   //停止影片播放
```

2. 数据类型

数据类型表示变量或动作语句元素能够存储的信息类型。Flash 的数据类型包括:字符串、数字、布尔值、对象、影片剪辑。另外还有两个特殊的数据类型:空值、未定义。

(1)字符串

字符串是指字母、数字和标点符号等字符组成的序列。字符串放在单引号或双引号之间,可以在动作语句中输入它们。例如,下面的语句中,"北京"和"WXl"都是字符串。

```
City = "北京";                             //将字符串"北京"赋值给变量 city
obj - name = "wx1";                        //将字符串"wxl"赋值给变量 obj - name
```

另外,可以使用加法(+)运算符将多个字符串连起来。例如,下面的语句将两个字符串连接。

```
Name = "张三";                             //将字符串"张三"赋值给变量 Name
Class = "初二四班";                         //将字符串"初二四班"赋值给变量 Class
Allinfo = Class + Name;
```

变量 Allinfo 中保存的字符串应该是"初二四班张三"。

(2)数字

对于数字类型的数据可以用算术运算符加(+)、减(-)、乘(*)、除(/)、求模(%)、递增(++)和递减(--)进行处理。例如,下面对两个数字型的变量进行计算。

```
a = 8;                                     //将数字 8 赋值给变量 a
b = 2;                                     //将数字 2 赋值给变量 b
s1 = a + b;                                //s1 等于 10
s2 = a - b;                                //s2 等于 6
s3 = a * b;                                //s3 等于 16
s4 = a/b;                                  //s4 等于 4
s5 = a% b;                                 //s5 等于 0(求两数相除的余数)
```

另外还可以使用 Flash 的 Math(数学)对象来进行数字的计算。例如,求 16 的平方根是多少。

```
Result = Math. sqrt(16);                   //Result 等于 4
```

(3)布尔值

布尔值是 true 或 fase 中的一个。例如,可以利用布尔值来表示人的性别,判断答案的正误等。

```
xingbie = false;                           // true 表示男,false 表示女
```

```
    jieguo = = true;                        // true 表示结果正确,false 表示结果错误
    if( jieguo = = true){                    //如果结果正确
       disptext = " 你真聪明!";             //显示文字"你真聪明!"
    } else {                                 //否则显示文字"请再试一试!"
       disptext = " 请再试一试!";
    }
```

（4）对象

对象就是一些属性的集合。常用的对象有 Math（数学）、Datc（日期）、Array（数组）、Color（颜色）、Sound（声音）等。每一个对象都有相关的属性,要指定对象的属性,可以使用点(.)运算符。例如,利用 Math 对象的 random 属性产生一个 0～10 之间的随机整数。

```
    mdnum = Math. round( Math. random( ) * 10)      //产生一个 0～10 之间的随机整数
```

以上动作语句表示先利用(Math. random)产生一个 0～1 之间的随机数乘以 10,然后再利用 Math. round( )取整,同样如果要产生一个 10～100 之间的随机整数,可以使用下面的语句。

```
    mdnum = Math. round( Math. random( ) * 90) + 10         //产生一个 10～100 之间的随机整数
```

关于对象属性的使用,有些属性需要在括号里输入参数,有些属性不需要输入任何参数。例如:

```
    mydate = new Date( );           //新建一个名为 mydate 的日期对象
    myday = mydate. getDay( );      //使用 mydate 对象的 getDay 属性不需要输入参数
    maxnum = Math. max(45 ,54) ;   //使用 Math 对象的 max 属性要输入两个参数
```

（5）空值

空值也是一种数据类型,使用 null 表示。它表示"没有值",或者是没有任何数据。当一个变量,我们没有给它赋予任何值时,就可以使用 null 表示。例如,下面语句变量的值是 null。

```
    War booktxt;                    //定义一个名为 booktxt 变量
    if( booktxt = = null) {         //如果 booktxt 等于空值
    booktxt = " Flash 8 实例制作" ;   //则为变量赋值"Flash 8 实例制作"
    }
```

当第一次定义一个名为 booktxt 变量时,变量的值就为空值,所以当变量为空值时就为变量赋值"Flash 8 实例制作",最后变量 booktxt 的值就是一个字符串。

（6）未定义

未定义数据类型用 undefined 来表示,它也可以用于表示没有赋值的变量。即当第一次定义一个变量时,变量的值既为 null 也是 undefined。

3. 变量

变量相当于可以保存信息的容器,容器本身是不变的,但是它的内容可以更改。在制作交互型课件时,可以使用变量来记录和保存用户操作的信息。

当首次定义变量时,为变量指定一个已知值是一个很好的习惯,这就是所谓的初始化变量,通常是在第一帧中完成。

变量可以保存任何类型的数据:数字、字符串、布尔值、对象、影片剪辑。例如,可以使用变量保存课件中的数学运算的结果、屏幕显示的文字、用户选择的答案、循环的次数,等等。

4. 运算符

在动作语句设置过程中,常常需要进行数字运算、比较运算、字符串运算和逻辑运算等。常用的运算符详细介绍参见表 13 – 3 至表 13 – 7。

表 13 – 3　数字运算符列表

运算符	执行的运算	范例	运算结果
+	加法	$x = 5; y = 10; w = x + y;$	$w = 15$
–	减法	$x = 5; y = 10; w = y - x;$	$w = 5$
*	乘法	$x = 5; y = 10; w = x * y;$	$w = 50$
/	除法	$x = 5; y = 10; w = y/x;$	$w = 2$
%	求模(除后的余数)	$x = 5; y = 11; w = y/x;$	$w = 1$
++	递增	$w = 5; w ++;$	$w = 6$
– –	递减	$w = 5; w --;$	$w = 4$

表 13 – 4　比较运算符列表

运算符	执行的运算	范例	运算结果
<	小于	$x = 5; y = 10; w = x < y$	$w = \text{true}$
>	大于	$x = 5; y = 10; w = x > y$	$w = \text{false}$
<=	小于或等于	$x = 5; y = 10; w = x <= y$	$w = \text{true}$
>=	大于或等于	$x = 5; y = 10; w = x >= y$	$w = \text{false}$

表 13 – 5　逻辑运算符列表

运算符	执行的运算	范例	运算结果
&&	逻辑"与"	$X = \text{true}; Y = \text{false}; W = x \&\& y$	$W = \text{false}$
‖	逻辑"或"	$X = \text{true}; Y = \text{false}; W = x \parallel y$	$W = \text{true}$
!	逻辑"非"	$X = \text{true}; W = ! x$	$W = \text{false}$

表 13 – 6　等于运算符列表

运算符	执行的运算	范例	运算结果
==	等于	$X = 5; \text{if}(x == 5) \{ X = 10 \}$	$X = 10$
===	全等(数据类型必须相同)	$X = "5"; \text{if}(x === 5) \{X = 10\}$	$X = 5$
! ==	不等于	$X = "5"; \text{if}(x ! == 5) \{X = 10\}$	$X = 10$
! ===	不全等	$X = 5; \text{if}(x ! === 5) \{X = 10\}$	$X = 5$

表 13 – 7　其他常用运算符列表

运算符	执行的运算	范　　例	运算结果
=	变量赋值	X = " CAI 课件 " X = " 语文 "	为变量 X 设置值
+	连接字符串	Y = " 课件 " W = x + y	W = " 语文课件 "
.	访问对象属性	Mydate = new Date( ) ; W = mydate. getDay( ) ;	获取今天是周几

13.2　交互型课件

13.2.1　控制影片播放

影片控制语句可以用于控制课件的播放、停止、切换,这是制作课件最常用的动作语句。打开"动作"面板,在"动作"工具箱中依次展开"全局函数"→"时间轴控制"命令,可以看到如表 13 – 8 所列出的动作语句,利用这些语句能比较容易地控制影片播放。

表 13 – 8　影片控制语句列表

语　句	用　法	作　用	范　例

goto	gotoAndPlay(参数)
	gotoAndStop(参数)
		跳转到场景中指定的帧并从该帧开始播放或停止。如果未指定场景,则跳转到当前场景中的指定帧	// 从第 4 帧开始播放
			gotoAndPlay(4) ;
			//停止在第 10 帧
			gotoAndStop(10) ;

on	on(鼠标事件){
	动作语句;
	}
		产生动作的鼠标事件或者按键事件的事件处理函数	//当产生按钮的鼠标释放动作时从第 1 帧开始播放
			on(release){
			gotoAndPlay(1) ;
			}

play	play( ) ;	使影片继续播放	//继续播放影片 play( ) ;
stop	stop( ) ;	使播放的影片停止播放	//停止播放影片 stop( ) ;
stopAllsound	stopAllsound( ) ;	停止影片中尚在播放的所有声音	//停止所有声音 stopAllsound( ) ;

1. 制作实例:风光欣赏

有时需要在课件中插入多张图片,以便在教学过程中展示。课件"风光欣赏"实现了图片展示功能,并具有"下一张""上一张""第一张""最后一张"这些基本的交互控制功能,便于控制,课件的效果如图13 - 27所示。

本例的制作重点是通过为按钮设定动作语句,实现影片的播放控制。

图13 - 27　课件"风光欣赏"效果图

2. 制作方法

(1)绘制图形

①单击4次"时间轴"面板上的"插入图层"工具按钮 ，插入4个新图层,自下而上将5个图层分别命名为"图片""文字""边框""动作""按钮"。

②在"边框"图层第1帧绘制一个空心的矩形,设置 W:400,H:300,线条颜色:深绿色,放置于舞台正中央。

③选择"绘图"工具栏上的"文本工具"按钮 **A** ,属性设置字体:华文新魏、字号:44,字体颜色:黄色,选择"文字"图层第1帧,舞台上输入静态文字"风光欣赏",背景效果如图13 - 28所示。

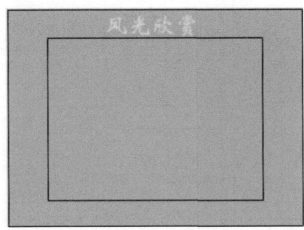

图13 - 28　"风光欣赏"背景效果图

④分别选择"文字"和"边框"图层的第 4 帧,按 F5 键增加帧。

(2)插入图片

①选择"图片"图层,分别在第 2,3,4 帧上按 F7 插入空白关键帧。在选择"文件"→"导入"→"导入到库"菜单命令,从素材库中插入文件名为"欣赏图片 1""欣赏图片 2""欣赏图片 3""欣赏图片 4"等 4 张图片,然后选中各帧,分别将库中的 4 张图片拖放到图层的第 1～4 帧中。

②调整图片的大小,使每一张图片的大小正好能够放在舞台正中的矩形框内即可,效果如图 13－29 所示。

图 13－29 插入图片并调整其大小

(3)添加按钮

①单击"按钮"的第 1 帧,选择"窗口"→"公用库"→"按钮"菜单命令,打开"库－按钮"面板,依次展开"Classic Buttons"→"Circle Buttons"文件夹,展开"Circle Buttons"库文件夹,将"circle button－next" ▶ 、"circle button－previous" ◀ 、"circle button－to beginning" ◀◀ 、"circle button－to end" ▶▶ ,这 4 个按钮拖放到舞台上。

②按图 13－30 所示调整 4 个按钮的位置,使之整齐地排列在舞台底部。

图 13－30 添加按钮并调整按钮位置

③选择"按钮"图层的第4帧,按 F5 键延长帧。

(4)为帧设定动作语句

①在"动作"图层上,分别在第2,3,4帧上按 F6 插入关键帧。

②打开"动作"面板,在标准模式下,依次展开"全局函数"→"时间轴控制",在展开的语句中,双击 stop 语句。分别为这4个关键帧都设定动作语句"stop( );",如图13-31所示。

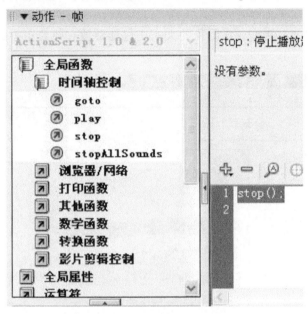

图13-31　为帧设定 stop 动作语句

(5)为按钮设定动作语句

①单击舞台上的"circle button - next"按钮，打开"动作"面板,在标准模式下依次展开"全局函数"→"时间轴控制",在展开的语句中,双击 play 动作语句,将其添加到右侧"脚本窗格"内,如图13-32所示。

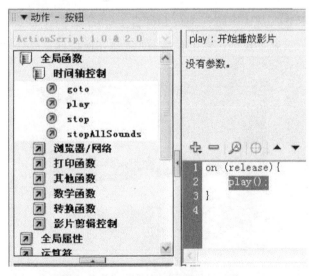

图13-32　为"下一张"按钮添加动作语句

②单击舞台上的"circle button – previous"按钮，打开"动作"面板，双击 goto 语句，添加到右下侧脚本窗格中，在上面的参数选项中，将"类型"下拉列表框中选择"前一帧"即可，如图 13 – 33 所示。

图 13 – 33　为"上一张"按钮添加 prevFrame 动作语句

③单击舞台上的"circle button – to beginning"按钮，打开"动作"面板，双击 goto 语句，将其添加到右下侧脚本窗格中，在上面的参数选项中，选中"转到并停止"单选框即可，如图 13 – 34 所示。

图 13 – 34　为按钮"第一张"添加 gotoAndstop 动作语句

④单击舞台上的"circle button – to end"按钮，打开"动作"面板，双击 goto 语句，将其添加到右下侧脚本窗格中，在上面的参数选项中，选中"转到并停止"单选框，并将"帧"文本框中的数字"1"修改为"4"即可，如图 13 – 35 所示。

图 13 – 35　为按钮"最后一张"添加 gotoAndStop 动作语句

⑤完成本课件的制作,保存文件,按 Ctrl + Enter 键测试效果。

13.2.2　拖动对象交互

拖动对象是制作交互型课件最常用的技术之一,例如,要使对象能够被拖动,必须要被制作成为影片剪辑元件或按钮元件,然后再利用影片剪辑的事件驱动函数或按钮的事件驱动函数来实现拖动。在"动作"面板上的标准模式下,为影片剪辑添加动作时,将自动添加 onClipEvent 事件驱动函数,单击该语句将出现如图 13 – 36 所示的选项,可以改变激活函数的事件。

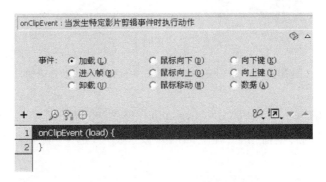

图 13 – 36　影片剪辑事件驱动函数

关于影片剪辑更多的事件,可以从"动作"工具箱中依次展开"对象""影片""MovieClip""事件"文件夹。从"事件"文件夹中能够找到 onPress(鼠标按下时)和 onRelease(鼠标释放时)两个和鼠标动作相关的事件。另外,对于按钮元件同样也有按钮事件,如图 13 – 37 所示为改变按钮执行动作时需要的事件,默认是 release(鼠标从按钮上释放时)事件。

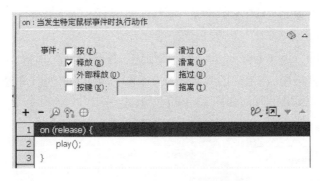

图 13 – 37　按钮的时间驱动函数

1. 制作实例:平均分

本课件是在屏幕上显示 8 个苹果对象,请学生用鼠标拖一拖,将苹果放到两个盘子里,使两个盘子里的苹果相等,并且没有剩余。如果分法正确,将显示文字"恭喜你! 完全正确!"课件效果如图 13 – 38 所示。

本课件实例主要学会利用影片剪辑事件实现拖动的物体。

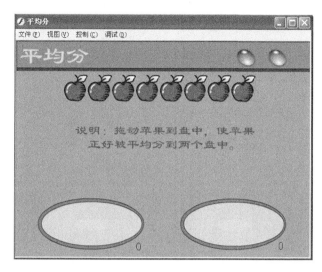

图 13 – 38 课件"平均分"效果图

2.制作方法

(1)制作课件背景

①在 Flash 中新建一个空白文件,在"属性"面板上单击"背景色"按钮██,在弹出的调色板中,选择墨绿色(#999966),将课件背景设置为墨绿色,单击"确定"按钮完成设置。

②单击"时间轴"面板上的"插入图层"工具按钮██,插入 4 个新图层,自下而上将 5 个图层重命名为"背景""苹果""判断""按钮""动作""说明文字"。

③单击"背景"图层第 1 帧,绘制一个矩形,设置宽:550,高:50,填充颜色:棕色(#CC6600),即放置于舞台顶部,再绘制一个矩形,设置宽:550,高:6,填充颜色:黑色。

④选择"绘图"工具栏上的"文本工具"按钮**A**,属性设置字体:隶书,字号:44、字体颜色:黄色,放置于舞台左上角输入静态文本:"平均分"。单击"背景"图层第 1 帧,按 Ctrl + G,将舞台上的所有对象组合为一体。

⑤选择"插入"→"新建元件"菜单命令,弹出的新建元件对话框中命名为"盘子",类型为"影片剪辑",单击"确定"按钮,进入元件的编辑窗口。在该影片剪辑元件的第 1 帧的舞台上,绘制一个果盘,效果如图 13 – 39 所示。

⑥单击舞台左上角的██ 场景1 按钮,回到主场景中。单击"背景"图层第 1 帧,将"库"面板中的"盘子"影片剪辑元件拖放到舞台上,再拖放 1 次,两个元件在舞台上位置,效果如图 13 – 40 所示。

⑦单击舞台左侧的"盘子"影片剪辑元件,打开"属性"面板,添加实例名称:pan1,如图 13 – 41 所示。同理,单击舞台右侧的"盘子"影片剪辑元件,添加实例名称:pan2。

(2)为影片剪辑设定动作

①选择"文件"→"导入"→"导入到库"菜单命令,在弹出的"导入到库"对话框中选择名为"苹果"的图片。单击"苹果"图层第 1 帧,将库面板中的"苹果"图片拖放到舞台左上角。

②选用"箭头工具"按钮**▶**,单击选中该"苹果"图片,按 F8 键,将其转化成名称为"苹

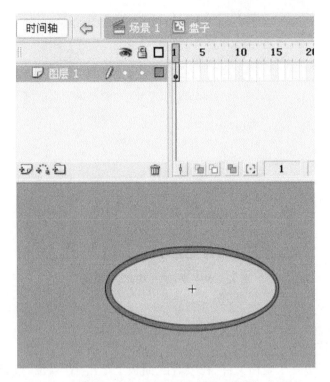

图 13 - 39　新建影片剪辑"盘子"

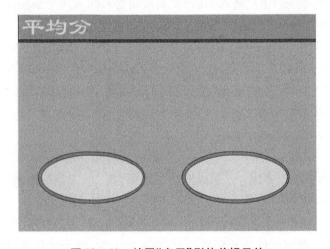

图 13 - 40　放置"盘子"影片剪辑元件

果片段","类型"为"影片剪辑"的元件。选用"箭头工具"按钮 ▶，鼠标单击舞台上的"苹果片段"元件，打开"属性"面板，为"苹果片段"影片剪辑元件添加实例名称：apple0。

　　③打开"动作"面板，在"专家模式"下输入如下动作语句：

```
onClipEvent( load){          //定义影片剪辑加载事件驱动函数
    outwhere = 0;            //设置变量 outwhere 的值,该变量表示是否已经到盘内。0 表示没
                               有,1 表示已经到达
}
```

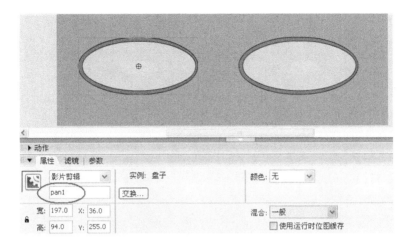

图 13 - 41　添加左侧"盘子"元件实例名

```
onClipEvent( enterFrame) {            //定义影片剪辑进入帧事件驱动函数
    this. OnPress = function( ) {        //定义影片剪辑鼠标释放事件驱动函数
     if( outwhere == 0) {               //如果 outwhere 等于 0 时
       startDrag( this) ;               //开始拖动"苹果"
       }
}
this. onRelease = function( ) {       //定义影片剪辑鼠标释放事件驱动函数
stopDrag( ) ;                         //停止拖动
    if( this. hitTest( _root. pan1 ) and outwhere == 0) {
                                      //如果"苹果"与 pan1 影片剪辑相接触并且变量 outwhere 等于 0 时
    _root. pan1num ++ ;               //设置变量 pan1num 加 1
    outwhere == 1 ;                   //设置变量 outwhere 等于 1
    }
    if( this. hitTest( root. pan2) and outwhere == 0) {
                                      //如果"苹果"与 pan2 影片剪辑相接触并且变量 outwhere 等于 0 时
    _root. pan2num ++ ;               //设置变量 pan2num 加 1
    outwhere = 1 ;                    //设置变量 outwhere 等于 1
    }
    }
    }
```

④锁定"苹果"图层。

⑤选择"绘图"工具栏上的"文本工具"按钮 **A**，打开"属性"面板，文本类型：动态文本。字体：隶书。字号：34。字体颜色：红色。变量名：pingjia。

单击"判断"图层第 1 帧，在舞台中上方拖出一个文本框，如图 13 - 42 所示。

⑥同理，在舞台上再拖放两个动态文本框，分别放置在盘子的旁边，变量名分别为 pan1num，pan2num，如图 13 - 43 所示。

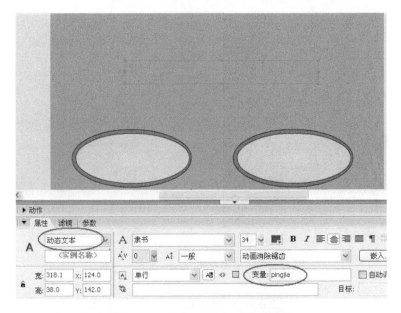

图 13 – 42　添加 pingjia 动态文本框

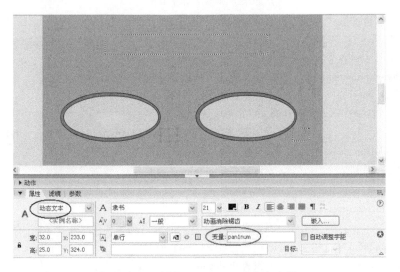

图 13 – 43　添加 pan1num 动态文本框

⑦锁定"判断"图层。

（3）为按钮和帧设定动作

①单击"按钮"图层的第 1 帧，选择"窗口"→"公用库"→"按钮"菜单命令，打开"库"面板，展开库中的"Classic Buttons"→"Ovals"又件夹，将名为 Oval buttons – blue，Oval buttons – green 的按钮，拖放到场景右上角，如图 13 – 44 所示。

②双击"蓝色"按钮，进入按钮元件的编辑状态，新建一个图层，在"指针经过"帧按 F6 插入关键帧，选择"绘图"工具栏上的"文本工具"按钮 **A**，打开"属性"面板，设置文本类型：静态文本。在舞台上输入"重新开始"，放置于按钮下方，效果如图 13 – 45 所示。

③单击舞台左上角的 **场景1** 按钮，回到主场景中。重复步骤 2，同样为"绿色"按钮添

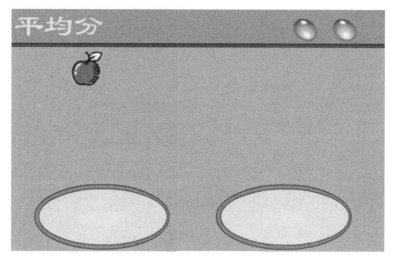

图 13 - 44　添加并排列按钮

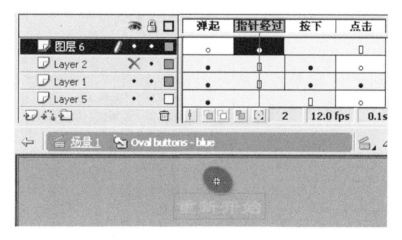

图 13 - 45　为蓝色按钮添加文字

加文字"批改作业"。

④单击舞台左上角的 场景 1 按钮,回到主场景中。选用"箭头工具"按钮 ▶ ,单击选中舞台上的"蓝色"按钮,打开"动作"面板,在"专家模式"下输入如下动作语句:

```
on(release) {                              //按钮鼠标释放事件
                                           //删除所有苹果
    for(i = maxnum;i > 0;i -- ) {          //循环语句
       removeMovieClip("apple" + i);       //删除所有复制产生的影片剪辑元件
    }                                      //计数器复位
    pan1num = 0;                           //表示左边盘子当前放了几个苹果
    pan2num = 0;                           //表示右边盘子当前放了几个苹果
    pingjia = " ";                         //清空动态文本框
    apple0. _x = intx;                     //设置 apple0 影片剪辑的 x 坐标
    apple0. _y = inty;                     //设置 apple0 影片剪辑的 y 坐标
```

```
    apple0. outwhere = 0;                    //设置 apple0 影片剪辑 outwhere 变量等于 0,表示在盘
                                               子外
                                             //重新产生苹果
      for(i = 1;i < maxnum;i ++){            //循环语句
      duplicateMovieClip("apple0","apple" + i,i);
                                             //复制 apple0 影片剪辑元件
      eval("apple" + i). _x = eval("apple" + (i - 1)). _x + apple0. _width;
                                             //设置新影片剪辑元件的 x 坐标
        }
}
```

⑤单击选中舞台上的"绿色"按钮,打开"动作"面板,在"专家模式"下输入如下动作语句:

```
on(release){                                 //按钮鼠标释放事件
     if(pan1num == pan2num){                 //如果左盘的苹果个数等于右盘的苹果个数
         pingjia = "恭喜你! 完全正确!";       //设置动态文本框变量值
     } else {                                //否则
       pingjia = "没关系! 请再想一想!";       //设置动态文本框变量值
     }
}
```

⑥单击"动作"图层第 1 帧,打开"动作"面板,在"专家模式"下输入如下动作语句:

```
pan1num = 0;                                 //表示左边盘子当前放了几个苹果
pan2num = 0;                                 //表示右边盘子当前放了几个苹果
maxnum = 8;                                  //表示一共产生多少个苹果
intx = apple0. _x;                           //设置 apple0 影片剪辑的 x 坐标
inty = apple0. _y;                           //设置 apple0 影片剪辑的 y 坐标
                                             //产生指定数量的苹果
for(i = 1;i < maxnum;i ++){                  //循环语句
    duplicateMovieClip("apple0","apple" + i,i);
                                             //复制 apple0 影片剪辑元件
    eval("apple" + i). _x = eval("apple" + (i - 1)). _x + apple0. _width;
                                             //设置新影片剪辑元件的 x 坐标
}
stop();                                      //停止播放
```

(4)完成实例制作

完成实例制作,保存文件,按 Ctrl + Enter 键,测试效果。

第 14 章　Flash 8 新增功能

14.1　滤镜与混合模式的使用

14.1.1　滤镜效果概述

Flash 8 新增了滤镜和混合模式这两项重要的功能,提高了 Flash 设计能力,使制作 Flash 动画的效果更美丽。在 Flash 8 中,使用滤镜对象类型必须是文本、影片剪辑和按钮。Flash 8 有 7 种滤镜效果,分别是投影、模糊、发光、斜角、渐变发光、渐变斜角和调整颜色。各种效果中都是在选项参数中进行设置,各选项功能如表 14 – 1 所示。

表 14 – 1　滤镜效果选项的功能

模糊 XY	是指阴影向四周模糊柔化的程度,中间的小锁是限制 X 轴和 Y 轴的阴影同时柔化,去掉小锁可单独调整一个轴
强度	这个选项更像是不透明度和颜色密度的结合,调整到最低点时阴影消失
品质	是指阴影模糊的质量,质量越高,过渡越流畅;反之就越粗糙。当然,阴影质量过高所带来的肯定是执行效率的牺牲
颜色、角度、距离	分别设置阴影的颜色,以及相对于元件本身的方向和远近
挖空	是指用对象自身的形状来切除附于其下的阴影,就好像阴影被挖空了一样。注:这与 Photoshop 高级混合里的挖空相似,在 Photoshop 中,是指对下层或隔层进行挖空,甚至一挖到底,透出背景层。而 Flash 里这个所能达到的效果,与 Photoshop 中"填充不透明度"设为零时的情形一样
内侧阴影	在对象内侧显示阴影,常用来辅助塑造一些立体效果。 注:对应于 Photoshop 混合选项中的"内阴影"项目
隐藏对象	不显示对象本身,只显示阴影

1. 制作实例:美丽的首页

在本课件中,对图片转换为影片剪辑、文本、按钮进行加工处理,应用滤镜效果,还添加了背景音乐,增强了课件的美观效果。效果如图 14 – 1 所示。

2. 美丽的首页制作方法

(1)添加背景图片和背景音乐

①在 Flash 中新建一个空白文件,将"图层 1"重命名为"背景"。

图 14 – 1　美丽的首页效果图

②选择"文件"→"导入"→"导入到舞台"菜单命令,在弹出的"导入"对话框中,选中图片文件"020. jpg",单击"确定"按钮,将此图片导入,调整图片和舞台同等大小。锁定该图层。

③单击"时间轴"面板左下角的"插入图层"按钮 ,在"背景"图层上新建一个图层,双击"图层 2"层的名称,将该图层重命名为"音乐"。

选择"文件"→"导入"→"导入到库"菜单命令,在弹出的"导入到库"对话框中,选中声音文件"35. WAV",单击"打开"按钮,将其导入到"库"面板中。单击选中"音乐"图层第 1帧,将"库"面板中的"35. WAV"声音文件拖动到舞台上。锁定该图层。如图 14 – 2 所示。

图 14 – 2　导入背景和声音

(2)用滤镜效果加工"封面图片"元件

①选择"插入"→"新建元件"菜单命令(或按 Ctrl + F8 键),弹出如图 14 – 3 所示的"创

建新元件"对话框,在名称框中输入"封面图片",设置类型为"影片剪辑",单击"确定"按钮,进入到该元件的编辑窗口。

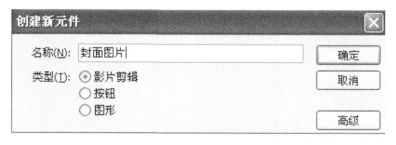

图 14 – 3　创建"封面图片"影片剪辑元件

②选择"文件"→"导入"→"导入到舞台"菜单命令,在弹出的"导入"对话框中,选中图片文件"封面. jpg",单击"确定"按钮。单击选中舞台上的图片,打开属性面板,设置:宽,155;高,220。

③单击舞台右上角的"编辑场景"按钮 ，在弹出的菜单中,选择"场景 1",回到主场景中。

④单击"时间轴"面板左下角的"插入图层"按钮 ，在"背景"图层上新建一个图层,双击"图层 3"层的名称,将该图层重命名为"图片"。单击"图片"图层的第 1 帧,将库面板中的"封面图片"元件拖动到舞台上。单击选中"封面图片"元件,打开属性面板,设置:X,43;Y,37。

⑤鼠标单击"滤镜"选项卡,单击"添加滤镜"按钮 ，在弹出的菜单中选择"投影"命令。"投影"效果右侧面板中各参数设置:品质,高;颜色,紫色(代码为#9900FF);距离,10,如图 14 –4 所示。

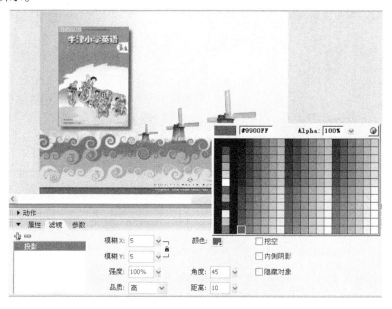

图 14 –4　"投影"效果参数设置

⑥鼠标单击"滤镜"选项卡,单击"添加滤镜"按钮 ，在弹出的菜单中选择"发光"命令。"发光"效果右侧面板中各参数设置:品质,高;颜色,黑色(代码为#000000),如图14-5所示。

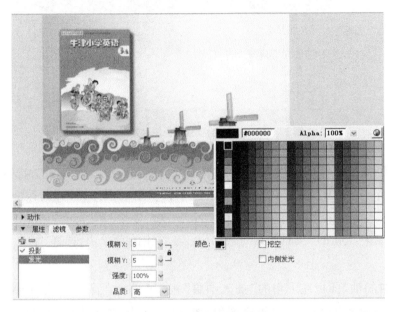

图14-5 "发光"效果参数设置

⑦鼠标单击"滤镜"选项卡,单击"添加滤镜"按钮 ，在弹出的菜单中选择"渐变发光"命令。"渐变发光"效果右侧面板中各参数设置:品质,高;右边颜色样本,黄色(代码为#FFFF00),如图14-6所示。

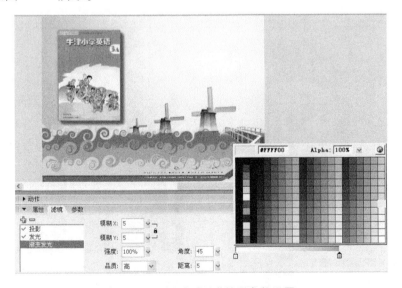

图14-6 "渐变发光"效果参数设置

⑧鼠标单击"滤镜"选项卡,单击"添加滤镜"按钮 ，在弹出的菜单中选择"调整颜色"

命令。"调整颜色"效果右侧面板中参数设置饱和度:45,如图 14 - 7 所示。

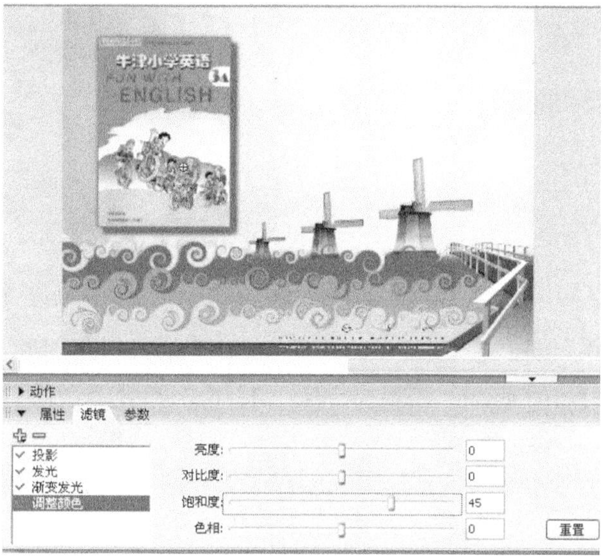

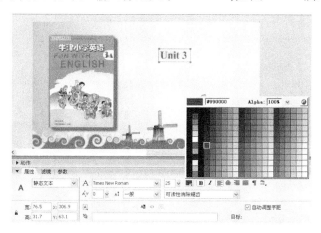

图 14 - 7　"调整颜色"效果参数设置

⑨此时完成"封面图片"影片剪辑元件的滤镜效果制作,锁定"图片"图层。

(3)用滤镜效果加工文字标题

①单击"时间轴"面板左下角的"插入图层"按钮![icon],在"图片"图层上新建一个图层,双击"图层 4"层的名称,将该图层重命名为"文字 1"。

②单击"绘图"工具栏上的"文本工具"按钮 **A**,打开"属性"面板,设置类型为"静态文本",字体为"Times New Roman",字号为"25",字的颜色为"棕色(#990000)"。单击"文字1"图层的第 1 帧,在舞台上方中央输入标题文字"Unit 3",如图 14 - 8 所示。

图 14 - 8　"Unit 3"属性设置

③选择"箭头工具"按钮 ,单击选中舞台上的"Unit 3"文本,打开属性面板,单击"滤镜"选项卡,单击"添加滤镜"按钮![icon],在弹出的菜单中选择"发光"命令。"发光"效果右侧

面板中各参数设置:品质,高;颜色,粉红色系(代码为#FF00FF)。如图14-9所示。

图14-9   "Unit 3"的"发光"效果参数设置

④单击"添加滤镜"按钮 ➕,在弹出的菜单中选择"渐变斜角"命令。"渐变斜角"效果右侧面板中各参数设置:品质,高。单击添加颜色样本,各样本颜色选择如图14-10所示。

图14-10   "Unit 3"的"渐变斜角"效果参数设置

⑤此时完成"Unit 3"文本的滤镜效果制作,锁定"文字1"图层。

⑥单击"时间轴"面板左下角的"插入图层"按钮 ➕,在"文字1"图层上新建一个图层,双击"图层5"层的名称,将该图层重命名为"文字2"。

⑦单击"绘图"工具栏上的"文本工具"按钮 Ａ,打开"属性"面板,设置类型为"静态文本",字体为"Times New Roman",字号为"25",字的颜色为"棕色(#990000)"。单击"文字2"图层的第1帧,在舞台上输入标题文字"This is my father",如图14-11所示。

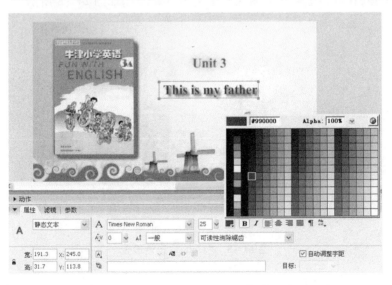

图14-11   "This is my father"属性设置

⑧选择"箭头工具"按钮 ，单击选中舞台上的"This is my father"文本，打开属性面板，单击"滤镜"选项卡，单击"添加滤镜"按钮 ，在弹出的菜单中选择"投影"命令。"投影"效果右侧面板中各参数设置：品质，高；颜色，浅灰色（代码为#999999）。

⑨单击"添加滤镜"按钮 ，在弹出的菜单中选择"斜角"命令。"斜角"效果右侧面板中各参数设置：品质，高；阴影，红色（代码为#FF0000）；加亮，蓝色（代码为#3300FF）。如图 14 - 12 所示。

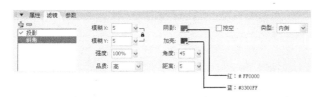

图 14 - 12　"This is my father"的"斜角"效果参数设置

⑩单击"添加滤镜"按钮 ，在弹出的菜单中选择"渐变发光"命令。"渐变发光"效果右侧面板中各参数设置：品质，高；右边颜色样本，紫色（代码为#9900FF）。如图 14 - 13 所示。

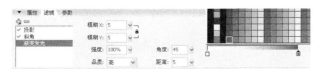

图 14 - 13　"This is my father"的"渐变发光"效果参数设置

⑪此时完成"This is my father"文本的滤镜效果制作，锁定"文字 2"图层。

（4）用滤镜效果加工按钮元件

①选择"插入"→"新建元件"菜单命令（或按 Ctrl + F8 键），弹出如图 14 - 14 所示的"创建新元件"对话框，在名称框中输入"play"，设置类型为"按钮"，单击"确定"按钮，进入到该元件的编辑窗口。

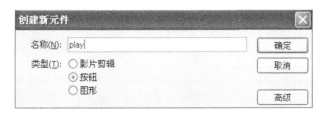

图 14 - 14　创建"play"按钮元件

②在元件的编辑窗口，将"图层 1"重命名为"按钮背景"。

③单击"绘图"工具栏上的"矩形工具"按钮 ，在该工具栏上的"颜色"区中设置"笔触颜色"为" "，"填充色"为"棕色"（#990000）。鼠标单击"弹起"帧，在舞台上绘制一个矩形（无边框）。选择"箭头工具"按钮 ，单击选中该矩形，打开属性面板，设置：宽，115；

高,60。如图 14 – 15 所示。

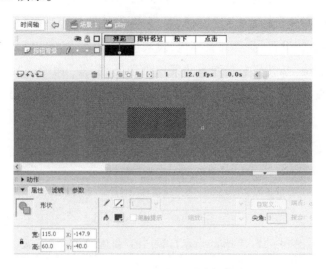

图 14 – 15　绘制"play"按钮背景

④鼠标单击"指针经过"帧,按 F6 插入关键帧,选择"箭头工具"按钮，单击选中该矩形,打开属性面板,设置:宽,80;高,40。分别单击"按下"帧和"点击"帧,按 F5 延长帧。

⑤单击"时间轴"面板左下角的"插入图层"按钮，在"按钮背景"图层上新建一个图层,双击"图层 2"的名称,将该图层重命名为"按钮文字"。

⑥单击"绘图"工具栏上的"文本工具"按钮，打开"属性"面板,设置类型为"静态文本",字体为"Times New Roman",字号为"44",字的颜色为"绿色(#00FF00)",加粗。单击"按钮文字"图层的"弹起"帧,在舞台上输入标题文字"play",如图 14 – 16 所示。

图 14 – 16　"play"按钮文字的"弹起"帧

⑦鼠标单击"指针经过"帧,按 F6 插入关键帧,选择"文本工具"按钮，拖动鼠标选中文字"play",打开属性面板,设置字号为"43",字的颜色为"蓝色(#3300FF)"。分别单击"按下"帧和"点击"帧,按 F5 延长帧,如图 14 – 17 所示。

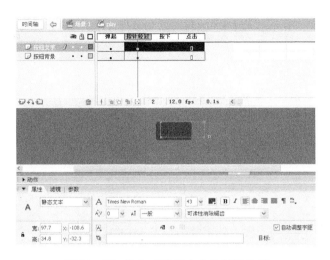

图 14 – 17 "play"按钮文字的其他 3 帧

⑧单击舞台右上角的"编辑场景"按钮 ，在弹出的菜单中，选择"场景 1"，回到主场景中。

⑨单击"时间轴"面板左下角的"插入图层"按钮 ，在"文字 2"图层上新建一个图层，双击"图层 6"的名称，将该图层重命名为"按钮"。单击"按钮"图层的第 1 帧，将库面板中的"play"元件拖动到舞台上。

⑩选择"箭头工具"按钮 ，单击选中舞台上"play"按钮元件，打开属性面板，单击的"滤镜"选项卡，单击"添加滤镜"按钮 ，在弹出的菜单中选择"投影"命令。"投影"效果右侧面板中各参数设置:品质,高;颜色,黄色(代码为#FFFF00)。如图 14 – 18 所示。

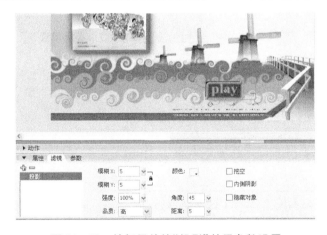

图 14 – 18 按钮元件的"投影"效果参数设置

⑪单击"添加滤镜"按钮 ，在弹出的菜单中选择"斜角"命令。"斜角"效果右侧面板中各参数设置:品质,高;阴影,浅蓝色(代码为#66FFFF);加亮,浅灰色(代码为#FFCCFF)。如图 14 – 19 所示。

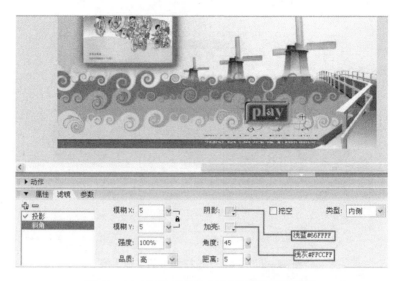

图 14 – 19　按钮元件的"斜角"效果参数设置

单击"添加滤镜"按钮![add]，在弹出的菜单中选择"渐变斜角"命令。"渐变斜角"效果右侧面板中各参数设置：品质，高。单击添加颜色样本，各样本颜色选择如图 14 – 20 所示。

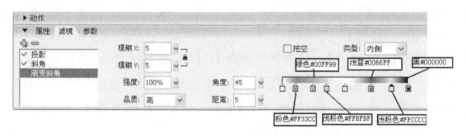

图 14 – 20　按钮元件的"渐变斜角"效果参数设置

此时完成"play"按钮的滤镜效果制作，锁定"按钮"图层。

（5）全部操作完成

保存文件，按 Ctrl + Enter 键，预览课件的播放效果。

14.1.2　滤镜效果与混合模式结合使用

使用混合模式，可以创建复合图像，是通过改变两个或两个以上重叠对象的透明度或者颜色进行交互的方法，混合也是针对影片剪辑和按钮进行编辑的。混合模式设置选项分别是：一般、图层、变暗、色彩增殖、变亮、荧屏、叠加、强光、增加、减去、差异、反转、Aphla、删除。

1. 制作实例：有透明度的按钮

在 Flash 8 中，混合模式同样限制在影片剪辑和按钮上使用的。也就是说，普通形状、位图、文字等都要预转换为影片剪辑或按钮。现在我们更进一步，把滤镜和混合模式结合应用，看看会产生什么样的效果。图 14 – 21 列举了其中三个有透明度的按钮，我们以第一个按钮为实例讲解制作过程。

图 14 – 21　应用滤镜和混合模式制作的按钮

2. 有透明度的按钮制作方法

（1）影片剪辑准备

①在 Flash 中新建一个空白文件，打开属性面板，背景："黑色"。

②选择"插入"→"新建元件"菜单命令（或按 Ctrl + F8 键），弹出如图 14 – 22（a）所示的"创建新元件"对话框，在名称框中输入"圆形"，设置类型为"影片剪辑"，单击"确定"按钮，进入到该元件的编辑窗口。

③单击"绘图"工具栏上的"椭圆工具"按钮○，打开"属性"面板，设置笔触颜色为，填充颜色为"棕色（#990000）"。按 Ctrl 键，在元件的舞台上鼠标拖动，绘制一个正圆形，如图 14 – 22（b）所示。

（a）　　　　　　　　　　　　　　　（b）

图 14 – 22　创建影片剪辑元件与绘制按钮形状

（a）创建"圆形"影片剪辑元件；（b）绘制"圆形"按钮形状

④选择"插入"→"新建元件"菜单命令（或按 Ctrl + F8 键），弹出如图 14 – 23 所示的"创建新元件"对话框，在名称框中输入"上光圈"，设置类型为"影片剪辑"，单击"确定"按钮，进入到该元件的编辑窗口。

图 14 – 23　创建"上光圈"影片剪辑元件

　　⑤单击"绘图"工具栏上的"椭圆工具"按钮◯，打开"属性"面板，设置笔触颜色为🖊️▨，填充颜色为"白色(#F FFFFF)"。在元件的舞台上用鼠标拖动绘制一个椭圆形，如图14－24(a)所示。

　　⑥单击"绘图"工具栏上的"箭头工具"按钮▸，鼠标指向舞台上的椭圆下边缘，如图14－24(b)所示。当鼠标尾部出现圆弧的时候，向上移动，将椭圆改变为如图14－24(c)所示形状。

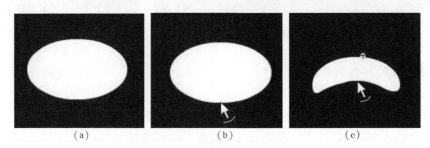

图14－24　绘制"上光圈"形状

　　⑦选择"插入"→"新建元件"菜单命令(或按 Ctrl + F8 键)，弹出如图14－25 所示的"创建新元件"对话框，在名称框中输入"下光圈"，设置类型为"影片剪辑"，单击"确定"按钮，进入到该元件的编辑窗口。

图14－25　创建"下光圈"影片剪辑元件

　　⑧单击"绘图"工具栏上的"椭圆工具"按钮◯，打开"属性"面板，设置笔触颜色为🖊️▨，填充颜色为"浅灰色(#CCCCCC)"。在元件的舞台上用鼠标拖动绘制一个椭圆形，如图14－26(a)所示。

　　⑨单击"绘图"工具栏上的"箭头工具"按钮▸，鼠标指向舞台上的椭圆右上边缘，如图14－26(b)所示。当鼠标尾部出现圆弧的时候，向下移动，将椭圆改变为如图14－26(c)所示形状。

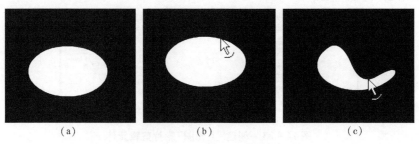

图14－26　绘制"下光圈"形状

（2）制作按钮元件过程

①选择"插入"→"新建元件"菜单命令（或按 Ctrl + F8 键），弹出如图 14 – 27 所示的"创建新元件"对话框，在名称框中输入"play"，设置类型为"按钮"，单击"确定"按钮，进入到该元件的编辑窗口。

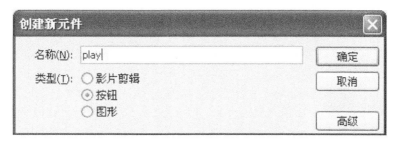

图 14 – 27　创建"play"按钮元件

②将按钮元件的"图层 1"重命名为"圆形"。单击"弹起"帧，将库面板中的"圆形"元件拖动到舞台上。鼠标单击"滤镜"选项卡，单击"添加滤镜"按钮🔧，在弹出的菜单中选择"发光"命令。"发光"效果右侧面板中各参数设置：模糊 X，30；模糊 Y，30；颜色，红色（# FF0000）；品质，高。如图 14 – 28 所示。

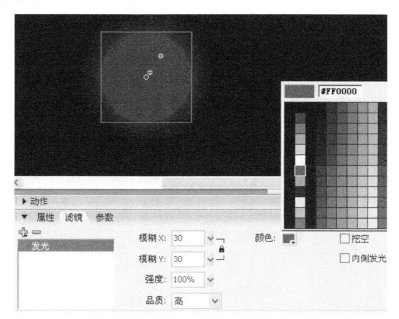

图 14 – 28　"圆形"元件的"发光"效果

③单击"时间轴"面板左下角的"插入图层"按钮🔧，在"圆形"图层上新建一个图层，双击"图层 2"层的名称，将该图层重命名为"上光圈"。单击"弹起"帧，将库面板中的"上光圈"元件拖动到舞台上。调整大小、旋转，与"圆形"元件位置适当。如图 14 – 29（a）所示。

④鼠标单击"滤镜"选项卡，单击"添加滤镜"按钮🔧，在弹出的菜单中选择"模糊"命令。"模糊"效果右侧面板中各参数设置：模糊 X，22；模糊 Y，22。如图 14 – 29（b）所示。

⑤鼠标单击"属性"选项卡,单击混合模式的下拉按钮,在弹出的菜单中依次选择"色彩增殖""变亮"命令,如图 14 – 29(c)所示。

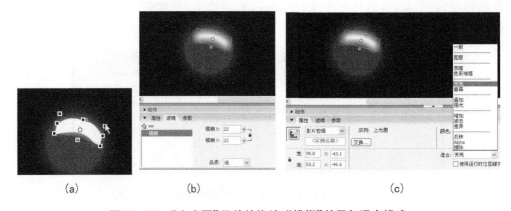

(a)　　　　　　　　　　(b)　　　　　　　　　　(c)

图 14 – 29　"上光圈"元件的拖放、"模糊"效果与混合模式

(a)拖放"上光圈"元件;(b)"上光圈"元件的"模糊"效果;(c)"上光圈"元件的混合模式

⑥单击"时间轴"面板左下角的"插入图层"按钮，在"上光圈"图层上新建一个图层,双击"图层3"层的名称,将该图层重命名为"下光圈"。单击"弹起"帧,将库面板中的"下光圈"元件拖动到舞台上。调整大小、旋转,与"圆形"元件位置适当,如图 14 – 30(a)所示。

⑦鼠标单击"滤镜"选项卡,单击"添加滤镜"按钮，在弹出的菜单中选择"模糊"命令。"模糊"效果右侧面板中各参数设置:模糊 X,15;模糊 Y,15。如图 14 – 30(b)所示。

⑧鼠标单击"属性"选项卡,单击混合模式的下拉按钮,在弹出的菜单中选择"叠加"命令,如图 14 – 30(c)所示。

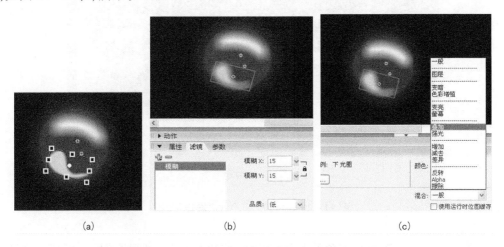

(a)　　　　　　　　　　(b)　　　　　　　　　　(c)

图 14 – 30　"下光圈"元件的滤镜和混合模式设置

⑨单击"时间轴"面板左下角的"插入图层"按钮，在"下光圈"图层上新建一个图层,双击"图层4"层的名称,将该图层重命名为"文字"。

⑩单击"绘图"工具栏上的"文本工具"按钮 A,打开"属性"面板,设置类型为"静态文

本",字体为"Chiller",字号为"65",字的颜色为"白色(#FFFFFF)",加粗。单击"文字"图层的"弹起"帧,在舞台上输入标题文字"play",如图 14 – 31 所示。

图 14 – 31　为按钮添加文字

　　⑪鼠标拖动选中所有图层的"指针经过"帧,按 F6 插入关键帧(如果图层有锁定的,请先解锁),如图 14 – 32(a)所示。单击"绘图"工具栏上的"任意变形工具"按钮，框选整体,等比例缩小一些,如图 14 – 32(b)所示。

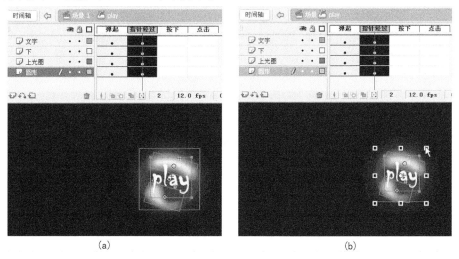

(a)　　　　　　　　　　　　　　　(b)

图 14 – 32　选择与设置"指针经过"帧
(a)"指针经过"帧;(b)"指针经过"帧整体缩小一些

　　(3)场景中的应用

　　①单击舞台右上角的"编辑场景"按钮，在弹出的菜单中,选择"场景 1",回到主场景中。将库面板中的"play"按钮元件拖动到舞台上。

②完成制作,保存文件,按 Ctrl + Enter 键,预览课件的播放效果,如图 14 – 33 所示。鼠标经过按钮时,有缩小效果。

图 14 – 33　实例最终效果

14.2　自定义缓动控制和插入时间轴特效

14.2.1　概念

自定义缓动控制仅限于 Flash Professional 8 版本,它的制作对象是图形元件,在动画渐变的基础上,按照帧或时间来更改图形元件的速率(即缓动补间),实现运动过程缓入/缓出的复杂补间效果。例如,一个球体从高处落地—弹起—落下—再弹起—再落下的运动过程,只需要设置球体图形元件的起点和终点,对全过程应用动画补间,再编辑缓动效果即可。

插入时间轴特效也是 Flash Professional 8 版本的新功能之一,它的制作对象是文本、图形(包括形状、组以及图形元件)、位图图像、按钮元件,时间轴特效是预建的动画效果,可以用最少的步骤创建复杂的动画。例如弹跳、旋转、淡入或淡出和爆炸等。例如图片的特效、爆竹的燃放等。

14.2.2　举例

1. 制作实例:《咏柳》

在本实例中,我们只选择对文本对象应用缓动控制和插入时间轴特效,为学习者提供一个入门技术。通过这个实例的制作,能举一反三,在以后的 Flash 作品中为图形、位图图像、按钮元件等增添特效,尽情展现 Flash 的动感。

2. 制作方法

(1)添加背景图片和背景音乐

①在 Flash 中新建一个空白文件,将"图层 1"重命名为"背景"。

②选择"文件"→"导入"→"导入到舞台"菜单命令,在弹出的"导入"对话框中,选中图片文件"001. bmp",单击"确定"按钮,将此图片导入,调整图片和舞台同等大小。

③单击选中该图层第 160 帧,按 F5 延长帧。锁定该图层。

④单击"时间轴"面板左下角的"插入图层"按钮 ,在"背景"图层上新建一个图层,双击"图层 2"的名称,将该图层重命名为"音乐"。

选择"文件"→"导入"→"导入到库"菜单命令,在弹出的"导入到库"对话框中,选中声音文件"咏柳歌曲. WAV",单击"打开"按钮,将其导入到"库"面板中。单击选中"音乐"图层第 1 帧,将"库"面板中的"咏柳歌曲. WAV"声音文件拖动到舞台上。锁定该图层。如图 14 – 34 所示。

图 14 – 34　导入背景和音乐

(2)制作"咏""柳""作者"图形元件

①选择"插入"→"新建元件"菜单命令(或按 Ctrl + F8 键),弹出如图 14 – 35 所示的"创建新元件"对话框,在名称框中输入"咏",设置类型为"图形",单击"确定"按钮,进入到该元件的编辑窗口。

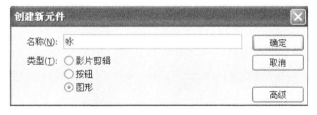

图 14 – 35　创建"咏"图形元件

②单击"绘图"工具栏上的"文本工具"按钮 **A**，打开"属性"面板，设置类型为"静态文本"，字体为"隶书"，字号为"60"，字的颜色为"棕色(#990000)"，加粗，字体呈现方法下拉按钮中选择"动画消除锯齿"。单击选中第 1 帧，在舞台上输入文字"咏"，如图 14 – 36 所示。

图 14 – 36　编辑"咏"图形元件

③选择"插入"→"新建元件"菜单命令(或按 Ctrl + F8 键)，弹出"创建新元件"对话框，在名称框中输入"柳"，设置类型为"图形"，单击"确定"按钮，进入到该元件的编辑窗口。在舞台上输入文字"柳"，如图 14 –37 所示。

图 14 –37　编辑"柳"图形元件

④选择"插入"→"新建元件"菜单命令(或按 Ctrl + F8 键),弹出"创建新元件"对话框,在名称框中输入"作者",设置类型为"图形",单击"确定"按钮,进入到该元件的编辑窗口。在舞台上输入文字"贺知章";鼠标拖动文字"贺知章",在属性面板中将字号改为"35"。如图 14 – 38 所示。

图 14 – 38　编辑"作者"图形元件

⑤单击舞台右上角的"编辑场景"按钮 ，在弹出的菜单中,选择"场景 1",回到主场景中。

(3)制作场景 1 的文字特效

①单击"时间轴"面板左下角的"插入图层"按钮 ，在"图片"图层上新建一个图层,双击"图层 3"层的名称,将该图层重命名为"咏缓动"。

②单击"咏缓动"图层的第 1 帧,将库面板中的"咏"元件拖动到舞台上。在"咏"元件保持选中状态,打开属性面板,设置 X,30;Y, – 70。如图 14 – 39(a)所示。

③单击"咏缓动"图层的第 50 帧,按 F6 插入关键帧,选中"咏"元件,打开属性面板,设置 X,70;Y,100。如图 14 – 39(b)所示。

(a)　　　　　　　　　　　　　　　　　(b)

图 14 – 39　"咏缓动"图层

(a)"咏缓动"图层的第 1 帧;(b)"咏缓动"图层的第 50 帧

④单击选中"咏缓动"图层的第1帧,属性面板中补间为"动画";单击"缓动"选项后面的"编辑..."按钮,弹出"自定义缓入/缓出"对话框,如图14-40所示。

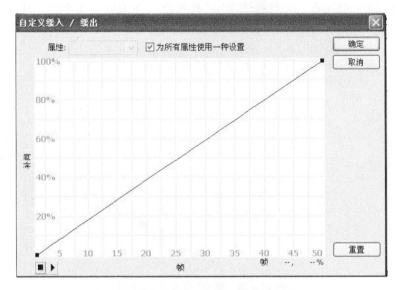

图14-40 "自定义缓入/缓出"对话框

⑤"自定义缓入/缓出"对话框显示动画变化程度的图形。帧由横轴表示,变化的百分比由竖轴表示。在横轴15帧对应的位置,鼠标单击对角线,在线上添加控制点,拖动控制点到竖轴90%,在横轴30帧对应的位置,鼠标单击在线上添加控制点,拖动控制点到竖轴60%,在横轴45帧对应的位置,鼠标单击在线上添加控制点,拖动控制点到竖轴60%,如图14-41所示。锁定"咏缓动"图层。

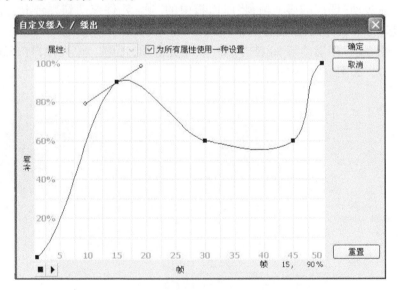

图14-41 设置"自定义缓入/缓出"对话框

此步骤制作者可以自行设置,单击控制点的手柄(方形手柄),可选择该控制点,并显示其两侧的正切点。正切点用空心圆表示。可以使用单击控制点之外的曲线区域,可以在曲线上该点处新增控制点,但不会改变曲线的形状。单击曲线和控制点之外的区域,可以取消当前选择的控制点。单击右下方的"重置"按钮,可以取消所有控制点设置。

⑥单击"时间轴"面板左下角的"插入图层"按钮,在"图片"图层上新建一个图层,双击"图层 4"层的名称,将该图层重命名为"柳缓动"。

⑦单击"柳缓动"图层的第 50 帧,按 F6 插入关键帧,将库中的"柳"元件拖动到舞台上。在"柳"元件保持选中状态,打开属性面板,设置 X,550;Y,100。如图 14 - 42(a)所示。

⑧单击"柳缓动"图层的第 100 帧,按 F6 插入关键帧,选中"柳"元件,打开属性面板,设置 X,130;Y,100。如图 14 - 42(b)所示。

(a)　　　　　　　　　　　　　　　　(b)

图 14 - 42　"柳缓动"图层

(a)"柳缓动"图层的第 50 帧;(b)"柳缓动"图层的第 100 帧

⑨单击选中"柳缓动"图层的第 50 帧,属性面板中补间为"动画"。单击"缓动"选项后面的" 编辑... "按钮,弹出"自定义缓入/缓出"对话框,在横轴设置:65 帧,100%;85 帧,80%;90 帧,100%;95 帧,90%。如图 14 - 43 所示。锁定"柳缓动"图层。

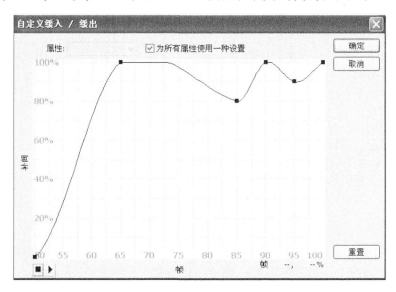

图 14 - 43　设置"自定义缓入/缓出"对话框

⑩单击"时间轴"面板左下角的"插入图层"按钮 ，在"图片"图层上新建一个图层，双击"图层5"的名称，将该图层重命名为"作者淡出"。

⑪单击"作者淡出"图层的第110帧，按F6插入关键帧，将库中的"作者"元件拖动到舞台上。在"作者"元件保持选中状态，打开属性面板，设置 X，140；Y，165；颜色，Alpha，0%。如图14-44所示。单击"作者淡出"图层的第110帧，属性面板中设置补间为动画。

图14-44　"作者淡出"图层的第110帧

⑫单击"作者淡出"图层的第140帧，按F6插入关键帧，选中"作者"元件，在属性面板中设置颜色，Alpha，100%。锁定"作者淡出"图层。

（4）制作场景2的文字特效

①选择"窗口"→"其他面板"→"场景"菜单命令（或按 Shift + F2 键），弹出"场景"对话框，单击右下角的 ➕ 按钮，插入"场景2"，双击后重命名为"文字特效"。过程如图14-45所示。

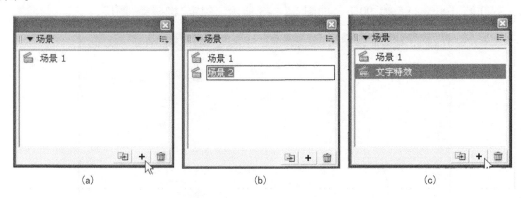

图14-45　插入场景并重命名

②在"文字特效"场景中，"图层1"重命名为"背景"，单击"背景"图层第1帧，选择"文件"→"导入"→"导入到舞台"菜单命令，在弹出的"导入"对话框中，选中图片文件"001.bmp"，单击"确定"按钮，将此图片导入，调整图片和舞台同等大小。

③单击"背景"图层第200帧，按F6插入关键帧，打开动作面板，在标准模式下，添加stop语句。锁定该图层。

④单击"时间轴"面板左下角的"插入图层"按钮 ，在"背景"图层上新建一个图层。重命名"图层2"为"题目",单击"题目"图层第1帧,把库中的"咏""柳""作者"元件拖放到舞台上,位置如图14-46所示。锁定该图层。

图14-46　拖放元件

⑤单击"时间轴"面板左下角的"插入图层"按钮 ，在"背景"图层上新建一个图层。单击"绘图"工具栏上的"文本工具"按钮 **A**，打开"属性"面板,设置类型为"静态文本",字体为"隶书",字号为"35",字的颜色为"棕色(#990000)",加粗。单击选中"图层3"第1帧,在舞台上输入第1句"碧玉妆成一树高,"。如图14-47(a)所示。

(a)　　　　　　　　　　　　　　　　　(b)

图14-47　古诗第1句的输入与"分离"特效
(a)输入古诗第1句;(b)设置"分离"特效

⑥单击"图层3"第35帧,按F6插入关键帧,选用"箭头工具"按钮▶,鼠标单击文字"碧玉妆成一树高,",依次选择"插入"→"时间轴特效"→"效果"→"分离"菜单命令,在弹出的"分离"对话框中,依次设置:效果持续时间,35帧;分离方向,右上;碎片旋转量,30度。"(可以单击右上角的"更新预览按钮",查看效果是否实现)单击"确定"按钮,完成特效设置。锁定该图层。如图14-47(b)所示。(此时时间轴上"图层3"名称自动变成"分离1")

⑦单击"时间轴"面板左下角的"插入图层"按钮，新建一个图层。选用"文本工具"按钮A,属性设置不变,单击选中"图层4"第1帧,在舞台上输入第2句"万条垂下绿绦。"。如图14-48(a)所示。

⑧单击"图层4"第70帧,按F6插入关键帧,选用"箭头工具"按钮▶,鼠标单击文字"万条垂下绿丝绦。",依次选择"插入"→"时间轴特效"→"变形/转换"→"转换"菜单命令,在弹出的"转换"对话框中,依次设置:效果持续时间,35帧;方向,出,向右。单击"确定"按钮,完成特效设置。锁定该图层。如图14-48(b)所示。此时时间轴上"图层4"名称自动变成"转换2"。

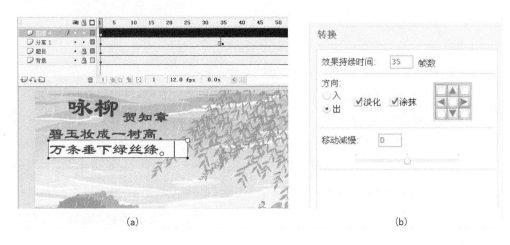

(a)   (b)

图14-48 古诗第2句的输入与"转换"特效

(a)输入古诗第2句;(b)设置"转换"特效

⑨单击"时间轴"面板左下角的"插入图层"按钮，新建一个图层。选用"文本工具"按钮A,属性设置不变,单击选中"图层5"第1帧,在舞台上输入第3句"不知细叶谁裁出,"。如图14-49(a)所示。

⑩单击"图层5"第105帧,按F6插入关键帧,选用"箭头工具"按钮▶,鼠标单击文字"不知细叶谁裁出,",依次选择"插入"→"时间轴特效"→"变形/转换"→"变形"菜单命令,在弹出的"变形"对话框中,依次设置:效果持续时间,40帧;缩放比例,60%;旋转,360度。单击"确定"按钮,完成特效设置。锁定该图层。如图14-49(b)所示。此时时间轴上"图层5"名称自动变成"变形3"。

⑪单击"时间轴"面板左下角的"插入图层"按钮，新建一个图层。选用"文本工具"

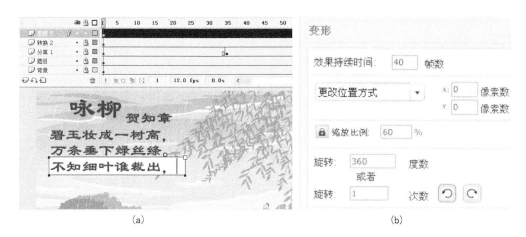

(a)　　　　　　　　　　　　　　(b)

图 14－49　古诗第 3 句的输入与"转换"特效

(a)输入古诗第 3 句;(b)设置"转换"特效

按钮 **A**,属性设置不变,单击选中"图层 6"第 1 帧,在舞台上输入第 4 句"二月春风似剪刀。"。如图 14－50(a)所示。

⑫单击"图层 6"第 145 帧,按 F6 插入关键帧,选用"箭头工具"按钮 ,单击文字"二月春风似剪刀。",依次选择"插入"→"时间轴特效"→"效果"→"模糊"菜单命令,在弹出的"模糊"对话框中,设置效果持续时间为 40 帧。单击"确定"按钮,完成特效设置。锁定该图层。如图 14－50(b)所示。此时时间轴上"图层 6"名称自动变成"模糊 4"。

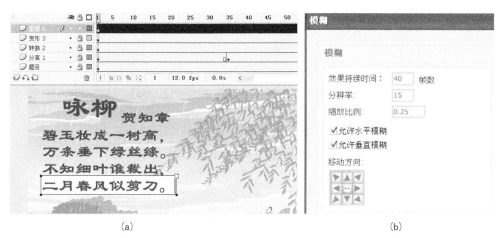

(a)　　　　　　　　　　　　　　(b)

图 14－50　古诗第 4 句的输入与"模糊"特效

(a)输入古诗第 4 句;(b)设置"模糊"特效

(5)实现重新播放

①单击"时间轴"面板左下角的"插入图层"按钮 ,新建一个图层。重命名"图层 7"为"重播"。单击"重播"图层第 200 帧,按 F6 插入关键帧。

②选择"窗口"→"公用库"→"按钮"菜单命令,打开"库－按钮"面板,双击文件夹图标,依次展开"Classic Buttons"→"Palyback"文件夹,将"gel Left" 按钮拖放到舞台上。

③选用"箭头工具"按钮 ，鼠标双击舞台上的"gel Left"按钮，进入按钮元件的编辑区，插入新图层并重命名为"按钮文字"，单击"按钮文字"图层的"弹起"帧，选用"文本工具"按钮 ，在舞台上输入"重新播放"。如图14－51所示。

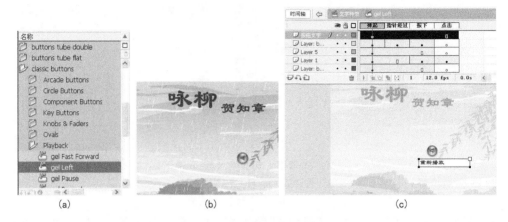

(a)　　　　　　　　　　　(b)　　　　　　　　　　　(c)

图14－51　制作重新播放按钮

④单击舞台右上角的"编辑场景"按钮 ，在弹出的菜单中，选择"文字特效"，回到主场景中。

⑤用"箭头工具"按钮 ，单击舞台上的"重新播放"按钮，打开"动作"面板，在标准模式下，依次展开"全局函数"→"时间轴控制"，在展开的语句中双击左侧的"stopAllSounds"语句，然后双击"goto"语句，在右侧的编辑窗格中，"场景"下拉列表框中，选择"场景1"，下方窗格中自动生成脚本代码。则在运行时单击该按钮即可停止当前声音并跳转到"场景1"的第1帧，即重新播放影片。如图14－52所示。

图14－52　重新播放按钮添加动作语句

（6）全部操作完成

保存文件,按 Ctrl + Enter 键,预览课件的播放效果。

14.3　组件的应用

组件是从 Flash MX 的出现才开始有的,开发人员可以将常用功能封装在组件中,设计人员可以自定义组件的外观和行为,方法是在"属性"检查器或"组件"检查器中更改参数。通过使用组件,代码编写者可以创建设计人员在应用程序中能用到的功能。

Flash 8 中对组件做了调整,分 5 类共 42 个组件。组件功能强大,实用简单方便,如播放器、年历等。但有一个弊端,用户不能根据自己的风格修改内容元素使之个性化,从而使设计者感觉界面不够美观,但可以尝试在场景中将这个组件转换成影片剪辑元件,改变外形大小、颜色、透明度,等等。本节介绍两个实例,来了解组件的使用。

14.3.1　MediaPlayback 组件的应用

1. 制作实例:视频播放器

在本实例中,我们通过媒体组件可以方便地载入 flv 视频文件和 mp3 文件到影片程序中,以对其进行播放控制。如图 14 – 53 所示。

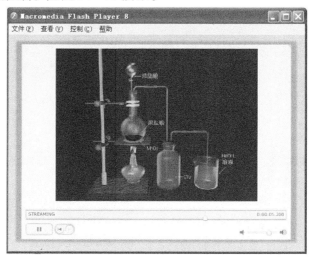

图 14 – 53　实例效果图

2. 制作方法

（1）生成 flv 格式文件

flv 也就是随着 Flash MX 的推出发展而来的视频格式,flv 格式不仅可以轻松地导入 Flash 中,速度极快,并且能起到保护版权的作用,flv 流媒体格式是一种新的视频格式,全称为 Flash Video。由于它形成的文件极小、加载速度极快,使得网络观看视频文件成为可能,有效地解决了视频文件导入 Flash 后,使导出的 SWF 文件体积庞大,不能在网络上很好地使用等缺点。目前国内视频分享网站,比如土豆网、六间房、5Show、56、优酷等都是使用 flv 这个文件技术来实现的,如果要把网页上的视频文件下载下来,这里为大家提供一个免费的维棠 flv 视频下载软件,网址 http://www.skycn.com/soft/29584.html。

生成 flv 格式文件操作步骤如下:

首先保证"Macromedia Flash 8 Video Encoder"或"QuickTime"程序的正确安装。

①依次选择"开始"→"程序"→"Macromedia"→"Macromedia Flash 8 Video Encoder"命令,弹出"Flash 8 Video Encoder"对话框。

②单击"增加"按钮,弹出对话框中选择本书对应实例文件夹下的"化学. avi"文件,则该文件被添加到"Flash 8 Video Encoder"对话框中。如图 14 – 54 所示。

图 14 – 54　增加 avi 视频文件

③单击"设置"按钮,弹出对话框,输入文件名"制取氯气"。单击"显示高级设置"按钮(其中有三个选项卡,分别是"编码""提示点""裁切和修剪",用户可以按照需要,进行设置。这里为方便起见,我们只选用"编码"选项卡),设置:品质,高;调整视频大小为宽度,530,高度,390。单击"确定"按钮,完成设置。如图 14 – 55 所示。

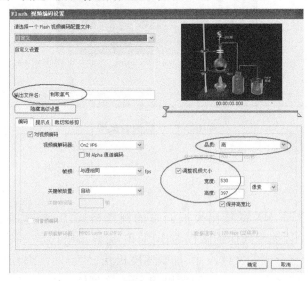

图 14 – 55　高级设置

④单击"开始队列"按钮,开始输入 flv 文件。如图 14 – 56 所示。

图 14 – 56　输出"制取氯气. flv"文件

⑤查看"制取氯气. flv"文件。

(2)应用组件创建视频播放器

①在 Flash 中新建一个空白文件,打开属性面板,背景:"灰色(#999999)"。将文件以"视频播放器"命名并保存到与"制取氯气. flv"文件相同路径下。

②选择"窗口"→"组件"(或按 Ctrl + F7),弹出的组件面板中,选择"Media – Player 6 – 7"→"MediaPlayback"组件,将其拖放至舞台上。如图 14 – 57所示。

③选择"窗口"→"信息"(或按 Ctrl + I),弹出的信息面板中设置:宽,520;高,370;X,15;Y,16。如图 14 – 58 所示。

图 14 – 57　添加组件面板

④选择"窗口"→"组件检查器"(或按 Alt + F7),弹出的组件检查器面板中,进行参数设置:Video Length,0∶0∶15∶0;URL,制取氯气. flv;Control Visibility,on。如图 14 – 59 所示。(注意"制取氯气. flv"的"."用英文状态,否则会导致视频播放不出来)

图 14 – 58　信息面板

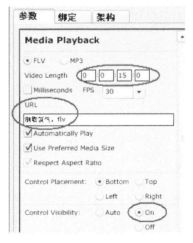

图 14 – 59　组件检查器参数设置

在组件检查器中,"参数"选项卡主要参数功能介如下。

【FLV/mp3】:所载入的文件类型。

【Video Length】:载入播放对象的时间长度。

【Millisecond】:勾选 Millisecond 复选框时,FPS 选项不可见,影片以 HH:MM:SS:MM 显示当前播放时间;取消勾选 Millisecond 复选框时,FPS 选项可见,影片以 HH:MM:SS:FF 显示当前播放时间。

【URL】:输入载入对象的完整路径和名称。

【Automatically Play】:载入对象后自动播放。

【Use Preferred Media Size】:使用组件预设的媒体播放尺寸。

【Respect Aspect Ratio】:使用对象原本的播放频率。

【Control Placement】:控制条的位置。包括:Bottom(底部)、Top(顶部)、Left(左)、Right(右)。

【Control Visibility】:是否显示控制条。

【Auto】:鼠标经过时显示控制条。包括 On(显示)、off(不显示)。

⑤选用"箭头工具"按钮 ，单击舞台上的组件,按 F8,在弹出的转换为元件对话框中命名为播放器组件;设置类型为影片剪辑。如图 14 - 60 所示。

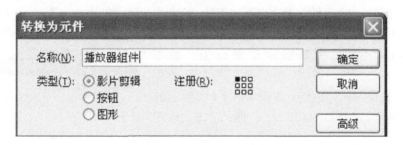

图 14 - 60　转换元件为影片剪辑

⑥鼠标单击"滤镜"选项卡,单击"添加滤镜"按钮 ，在弹出的菜单中选择"发光"命令。"发光"效果右侧面板中各参数设置:模糊 X,30;模糊 Y,30;颜色,红色;品质,高。如图 14 - 61 所示。

图 14 - 61　为组件影片剪辑设置特效

(3)全部操作完成

保存文件,按 Ctrl + Enter 键,预览课件的播放效果。

14.3.2　Data Chooser 组件的应用

1. 制作实例:万年历

在本实例中,我们通过 Data Chooser 组件制作一个精美的万年历,在优美的背景音乐中,画面的日历以特别的颜色提示当前的年、月、日、星期几。整体效果如图 14 - 62 所示。

图 14 - 62　万年历实例效果

2. 制作方法

①在 Flash 中新建一个空白文件,"图层 1"重命名为"背景"。

②选择"文件"→"导入"→"导入到舞台"菜单命令,在弹出的"导入"对话框中,选中图片文件"风景. jpg",单击"打开"按钮,将此图片导入,调整图片和舞台同等大小。锁定该图层。

③单击"时间轴"面板左下角的"插入图层"按钮，在"背景"图层上新建一个图层,双击"图层 2"重命名为"音乐"。

④选择"文件"→"导入"→"导入到库"菜单命令,在弹出的"导入到库"对话框中,选中声音文件"步步清风. mp3",单击"打开"按钮。单击"音乐"图层第 1 帧,打开属性面板,设置:

图 14 - 63　插入背景音乐

声音,步步清风. mp3;同步,事件、循环。如图 14 - 63 所示。锁定该图层。

⑤单击"时间轴"面板左下角的"插入图层"按钮，在"音乐"图层上新建一个图层,双击"图层 3"重命名为"日历"。

⑥选择"窗口"→"组件"(或按 Ctrl + F7),弹出的组件面板中,选择"User Interface"→"DataChooser"组件,将其拖放至舞台上。如图 14 - 64 所示。

⑦选择"窗口"→"组件检查器"(或按 Atl + F7),弹出的组件检查器面板,如图 14 - 65

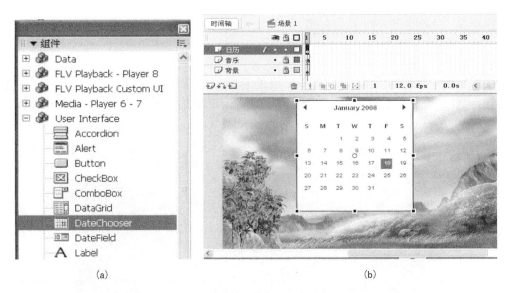

(a)

(b)

图 14 – 64 拖放组件

（a）所示。双击"dayNames"后面的值属性框,弹出对话框中,改写一周中各天的名称,从"星期日—星期六",完成后单击"确定"。如图 14 – 65（b）所示。

⑧双击"monthNames"后面的值属性框,弹出对话框中,改写一年中各月的名称,从"1月—12 月",完成后单击"确定"。如图 14 – 65（c）所示。

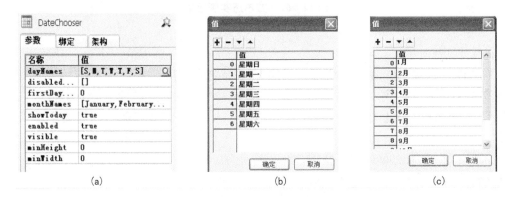

(a)

(b)

(c)

图 14 – 65 组件参数设置

在组件检查器中,"参数"选项卡主要参数功能介绍。

【dayNames】:显示一周中各天的名称数组。

【disabledDays】:指明一周中禁用的各天。

【fristDayOfWeek】:指明一周的那一天显示在第 1 列。

（0 – 6）0 表示设计者在 dayNames 中输入的第一个元素。

【monthNames】:显示一年中各月的名称数组。

【Showtoday】:默认值为 true 时,突出显示当前日期。

⑨选用"任意变形工具"按钮 □,单击舞台上的日历组件,调整大小与背景图片适中。按 F8,在弹出的转换为元件对话框中命名为日历组件;设置类型为影片剪辑。如图

14 - 66所示。

图 14 - 66　转换元件

打开属性面板,设置颜色为 Alpha,0% ,如图 14 - 67 所示。

⑩全部操作完成,保存文件,按 Ctrl + Enter 键,预览课件的播放效果,点击第一行左右的小三角,可以查看其他月份和年份。

图 14 - 67　设置颜色属性

14.4　链接和调用外部文件

14.4.1　概念

Flash 可以通过文本链接网站或网页,也通过帧、按钮、影片剪辑来调用外部文件。调用的外部文件包括:外部文本文件(∗ . txt)、外部程序文件、外部(∗ . swf)文件、外部图片文件、外部音乐文件(∗ . mp3)、外部脚本文件等。本节制作一个影片,学习 Flash 链接网站、网页或加载外部文件的各种方法与技巧。

14.4.2　举例

1. 制作实例:flash 主题网站欣赏

在本实例中,我们对"闪吧""中华轩""TOM - FLASH""闪客天地""闪客帝国""网易动画"几个以 Flash 作品为主题的网站进行链接,并且提供了一个音乐作品《牛仔很忙》,供使用者点击浏览欣赏。整体效果如图 14 - 68 所示。

2. 制作方法

事先把外部图片、外部声音素材文件存储在固定的文件夹下,记住文件夹所在路径。

（1）制作框架界面

①在 Flash 中新建一个空白文件,打开属性面板,背景:"灰色(#999999)"。将文件以"flash 主题网站欣赏"命名并保存到与外部声音素材文件相同路径下。

②将"图层 1"重命名为"背景"。选择"文件"→"导入"→"导入到舞台"菜单命令,在弹出的"导入"对话框中,选中图片文件"0055.jpg",单击"打开"按钮,将此图片导入,调整图片和舞台同等大小。

图 14 –68　flash 主题网站欣赏实例效果

单击该图层第 35 帧,按 F6 插入关键帧,打开动作面板,在标准模式下,添加 stop 语句。锁定该图层。

③单击"时间轴"面板左下角的"插入图层"按钮，在"背景"图层上新建一个图层,双击"图层 2"重命名为"背景音乐"。

④选择"文件"→"导入"→"导入到库"菜单命令,在弹出的"导入到库"对话框中,选中声音文件"16.WAV",单击"打开"按钮。单击"背景音乐"图层第 1 帧,打开属性面板,设置:声音,16.WAV;同步,事件、重复、1 次。锁定该图层。

⑤单击"时间轴"面板左下角的"插入图层"按钮，在"背景音乐"图层上新建一个图层。单击"绘图"工具栏上的"文本工具"按钮 A,打开"属性"面板,设置类型为"静态文本",字体为"华文琥珀",字号为"45",字的颜色为"黑色(#333333)"。单击选中"图层 3"第 1 帧,在舞台上输入"flash 主题网站欣赏"。如图 14 –69 所示。

⑥选用"箭头工具"按钮，鼠标单击舞台上的文字"flash 主题网站欣赏",依次选择"插入"→"时间轴特效"→"效果"→"分离"菜单命令,在弹出的"分离"对话框中,依次设置:效果持续时间,35 帧;分离方向,向下;碎片旋转量,90 度。单击右上角的"更新预览按钮",查看效果,单击"确定"按钮,完成特效设置。如图 14 –70 所示。

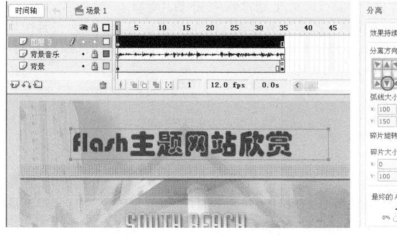

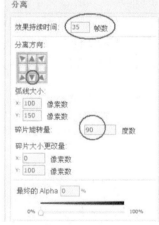

图 14 –69　输入文字 flash 主题网站欣赏　　　　**图 14 –70　文字的分离特效**

⑦单击时间轴右上角的"编辑元件"按钮，选择元件"分离 1"命令，进入元件编辑界面，如图 14 – 71(a)所示。在帧任意位置，单击鼠标右键，弹出菜单中选择"选择所有帧"命令，此时元件的所有图层的全部帧都被选中，如图 14 – 71(b)所示。再单击鼠标右键，弹出菜单中选择"翻转帧"命令，如图 14 – 71(c)所示。

⑧单击舞台右上角的"编辑场景"按钮，在弹出的菜单中，选择"场景 1"，回到主场景中。锁定并隐藏该图层。

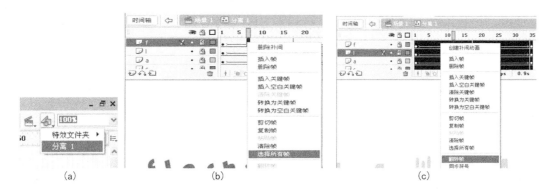

图 14 – 71　进入元件编辑界面

⑨单击"时间轴"面板左下角的"插入图层"按钮，在"分离 1"图层上新建一个图层重命名为"暗格"，单击第 35 帧，按 F6 插入关键帧。选用"矩形工具"按钮，打开"属性"面板，设置笔触颜色为"浅灰(#999999)"，填充颜色为"　　"，单击图层"分离 1"的第 35 帧，在背景图片上方和下方分别绘制矩形，如图 14 – 72(a)所示。

选用"线条工具"按钮，在上方的矩形中画 5 条线，使截出的网格宽度相同，如图 14 – 72(b)所示。锁定该图层。

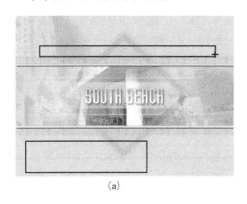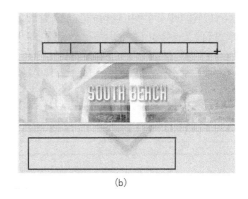

(a)　　　　　　　　　　　　　　　　(b)

图 14 – 72　绘制矩形与线条

(a)绘制矩形;(b)绘制线条

⑩单击"时间轴"面板左下角的"插入图层"按钮，在"暗格"图层上新建一个图层并重命名为"文字"，单击第 35 帧，按 F6 插入关键帧。单击"绘图"工具栏上的"文本工具"按钮，打开"属性"面板，设置类型为"静态文本"，字体为"华文琥珀"，字号为"15"，字的颜

色为"黑色(#333333)"。

单击"文字"图层的第35帧,在舞台上分别输入"闪吧""中华轩""TOM－FLASH""闪客天地""闪客帝国""网易动画""音乐排行榜"。

⑪选用"文本工具"按钮 A,打开"属性"面板,其他设置不变,字的颜色为"棕色(#990000)"。单击"文字"图层的第35帧,在舞台上输入"《周杰伦 牛仔很忙》"。

各文字位置摆放如图14－73所示,锁定该图层。

(2)制作音乐控制按钮

①选择"窗口"→"公用库"→"按钮"菜单命令,打开"库－按钮"面板,双击文件夹图标,展开"buttons bar capped"文件夹,将"bar capped grey"按钮拖放到库面板上。如图14－74所示。

图14－73　添加文本

图14－74　应用公用库按钮

②在库面板中"bar capped grey 按钮"上单击鼠标右键,快捷菜单中选择"直接复制"命令,弹出直接复制元件对话框,重命名为:试听。如图14－75所示。

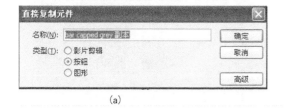

(a)

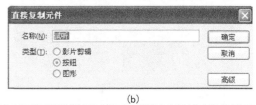

(b)

图14－75　直接复制按钮元件

③同理,参照上述步骤,用"直接复制"命令,再分别复制出名为"停止""flash 欣赏""关闭"的按钮元件。操作完成后,它们已经以按钮元件形式在库面板中了。

④单击时间轴右上角的"编辑元件"按钮 ◑,选择元件"试听"命令,进入"试听"按钮元件的编辑界面,如图14－76(a)所示。选用"箭头工具"按钮 ▸,单击"text"图层的"弹起"帧,选用"文本工具"按钮 A,打开属性面板,设置字号"15"、加粗。单击舞台上的按钮

文字,将按钮原有的文字"Enter"改为"试 听",如图 14 - 76(b)所示。

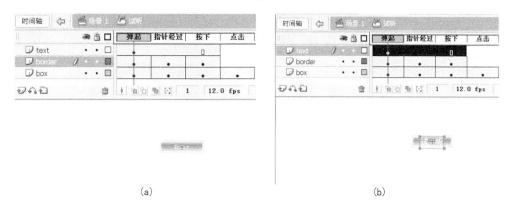

(a)　　　　　　　　　　　　　　　　　(b)

图 14 - 76

(a)进入"试听"按钮元件编辑区;(b)改写按钮文字

⑤方法同上,分别将"停止"按钮元件的原有的文字"Enter"改写为"停 止";将"flash 欣赏"按钮元件的原有的文字"Enter"改写为 flash 欣赏;将"关闭"按钮元件的原有的文字"Enter"改写为"关 闭"。如图 14 - 77 所示。

图 14 - 77　改写按钮文字

(3)制作发送邮件按钮

①选择"插入"→"新建元件"菜单命令(或按 Ctrl + F8),弹出的"创建新元件"对话框,在"名称"框中输入文字"发送邮件",设置"类型"为"按钮",如图 14 - 78 所示,单击"确定"按钮,进入该元件的编辑窗口。

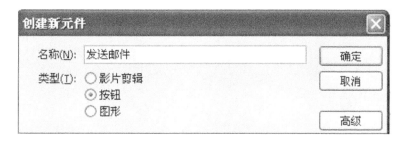

图 14 - 78　创建"发送邮件"按钮元件

②选择"文件"→"导入"→"导入到舞台"菜单命令,在弹出的"导入"对话框中,选择文件"0020. jpg"、单击"打开"按钮,将其导入到舞台上。

③选中该图片,按 Ctrl + B 键将其分离,在舞台的空白处单击鼠标,取消对该图片的选中状态。选用"套索工具"按钮 ,在"选项"区中,单击"魔术棒"按钮 ,将鼠标指针移到图片的白色背景处单击,选中图片周围的空白区域,按 Delete 键将其删除,结合"橡皮工具"按钮 ,依次将图片周围的空白区域全部擦除,选中处理后的图片,按 Ctrl + G 键(将图

片组合）。

　　④选用"文本工具"按钮 A，打开属性面板，设置字体颜色为"黑色"、取消加粗。在舞台上输入文字"联系管理员"，如图 14－79 所示。

图 14－79　添加按钮文字

　　⑤鼠标拖动选中按钮的"指针经过""按下""点击"帧，按 F5 延长帧。
　　⑥单击舞台右上角的"编辑场景"按钮，在弹出的菜单中，选择"场景1"，回到主场景中。
　　⑦单击"时间轴"面板左下角的"插入图层"按钮，在"文字"图层上新建一个图层并重命名为"按钮"，单击第 35 帧，按 F6 插入关键帧。依次将库面板中名为"试听""停止""flash 欣赏""关闭""发送邮件"的按钮元件拖放到舞台上，调整大小、位置，如图 14－80 所示。锁定该图层。

图 14－80　拖放按钮到舞台上

　　（4）链接网站、调用外部文件
　　①将"文字"图层解除锁定，选用"箭头工具"按钮，单击舞台上的文本"闪吧"，打开属性面板，在 RUL 链接框中输入网址："http：//www. flash8. net"，如图 14－81 所示。这样当运行时点击文本"闪吧"就会自动弹出对应的网站了。

图 14 - 81　建立超链接

②方法同上,将其他文本创建超链接。

中华轩:http://www.sinodoor.com

TOM - FLASH:http://flash.ent.tom.com

闪客天地:http://www.flashsky.com

闪客帝国:http://www.flashempire.com

网易动画:http://cartoon.163.com

③将"按钮"图层解除锁定,选用"箭头工具"按钮 ,单击舞台上的按钮"试听",打开动作面板,切换到专家模式,如图 14 - 82 所示,输入动作脚本如下:(注意:除了汉字以外,都要采用英文输入法)

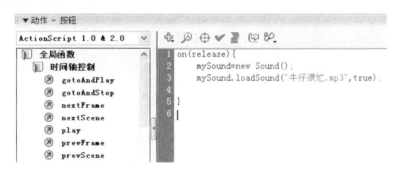

图 14 - 82　为"试听"按钮添加动作语句

```
on(release){
mySound = new Sound();                    //建立一个新的声音对象 mySound
mySound.loadSound("牛仔很忙.mp3",true);
                                          //加载外部的 *.mp3 声音文件到 mySound 对象中,并且按数据流
                                          的方式播放
}
```

④单击舞台上的按钮"停止",打开动作面板,切换到专家模式,如图 14 - 83 所示,输入

动作脚本如下：

```
on(release){
    mySound.stop();                    //当按下清除按扭后,停止声音的播放
}
```

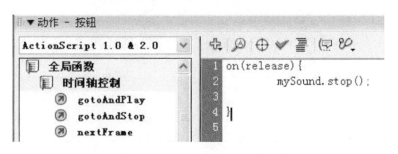

图 14 – 83　为"停止"按钮添加动作语句

　　⑤选择"插入"→"新建元件"菜单命令（或按 Ctrl + F8），弹出"创建新元件"对话框，在
"名称"框中输入文字"flash 播放"，设置"类型"为"影片剪辑"，单击"确定"按钮，进入该元
件的编辑窗口。

　　⑥单击舞台右上角的"编辑场景"按钮 ，在弹出的菜单中，选择"场景 1"，回到主场
景中。在"文字"图层上新建一个图层并重命名为"空影片剪辑"，单击第 35 帧，按 F6 插入
关键帧。单击该图层第 35 帧，将库面板中名为"flash 播放"的空影片剪辑元件拖放到舞台
上。打开属性面板，为该影片剪辑命实例名：mymc，如图 14 – 84 所示。

图 14 – 84　创建、拖放影片剪辑并命实例名

　　⑦单击舞台上的按钮"flash 欣赏"，打开动作面板，切换到专家模式，如图 14 – 85 所示，
输入动作脚本如下：

```
on(release){                         //鼠标离开按钮后执行下面的代码
    loadMovie("牛仔很忙.swf","mymc");  //加载外部"*.swf"文件到"mymc"空影片剪辑中
```

```
mymc._x = 70;            //加载影片的 x 轴坐标
mymc._y = 20;            //加载影片的 y 轴坐标
mymc._xscale = 70;       //加载影片的宽度
mymc._yscale = 70;       //加载影片的高度
}
```

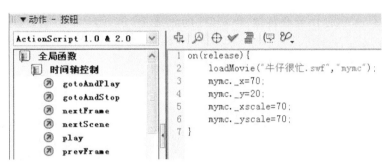

图 14 – 85　为"flash 欣赏"按钮添加动作语句

⑧单击舞台上的按钮"关闭",打开动作面板,切换到专家模式,如图 14 – 86 所示,输入动作脚本如下:

```
on(release){             //鼠标离开按扭后执行下面的代码
  unloadMovie(mymc);     //删除用 loadMovie 加载的 *.swf 文件
}
```

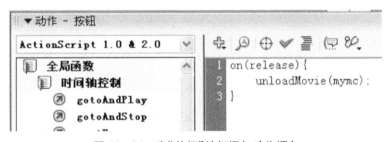

图 14 – 86　为"关闭"按钮添加动作语句

⑨单击舞台上的按钮"发送邮件",打开动作面板,切换到专家模式,如图 14 – 87 所示,输入动作脚本如下:(假设管理员的邮件地址为:diandian2212@163.com)

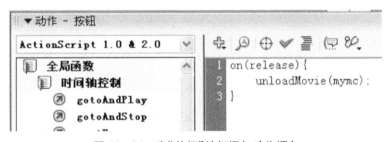

图 14 – 87　为"发送邮件"按钮添加动作语句

```
on(release) {
  getURL("mailto:diandian2212@163.com");
```

}

　　注意 getURL 里不要加上 blank 参数,如果加上了会弹出一个空白页面影响美观。加好语句之后按 Ctrl + Enter,发布后会发现邮件链接不生效,这是因为启动邮件链接要在浏览器页面才能生效,所以需要按【F12】键将动画发布成 htfm 格式才能测试效果。在浏览器窗口中点击添加了邮件链接的文本或按钮、mc,就会启动用户计算机系统上设置的默认邮件软件,比如 Outlook Express 的新邮件窗口,就可以发送邮件了。

　　(5)全部操作完成

　　保存文件,按 Ctrl + Enter 键,预览课件的播放效果。

参 考 文 献

[1]郭建璞.多媒体技术基础及应用[M].北京:电子工业出版社,2011.

[2]刘永刚.多媒体课件制作 & 应用[M].沈阳:辽宁教育出版社,2005.

[3]向华,徐爱云.多媒体技术与应用[M].北京:清华大学出版社,2007.